U0387281

演化
EVOLUTION

感谢
中国科学院古脊椎动物与古人类研究所、中国古动物馆
为《演化》提供的翻译与审校支持!

演化
EVOLUTION

[法]让-巴普蒂斯特·德·帕纳菲厄（Jean—Baptiste de Panafieu） 著
[法]帕特里克·格里斯（Patrick Gries） 摄
邢路达　胡晗　王维　译

北 京 出 版 集 团 公 司
北京美术摄影出版社

"如果我们拿起人类的骨骼，然后稍作调整：倾斜骨盆，缩短四肢，延长手脚，融合手指和脚趾，伸长上下颌并缩短前额，最后再拉长我们的脊椎，那么，这具骨骼将与马的骨架别无二致……"——布封，1753

目　录

动物标本数据说明

本书图注中的体型数据为对应照片中动物标本个体的测量数据。如该照片中的标本仅头部可见，则此数据为该类群体型的平均值。

体长（l.）指含尾部在内的骨骼全长。
身高（h.）及肩高（s.h.）指所拍摄骨骼姿态的垂直高度。
其他测量数据：翼展（w.span），直径（diam.），最大体长（max.l.）

序

周忠和

中国科学院院士，中国科学院古脊椎动物与古人类研究所所长

由法国学者帕纳菲厄与摄影师格里斯合作的科普作品《演化》最初版本为法文，后来被首先翻译为英文出版，其英文全名是 *Evolution in Action: Natural History Through Spectacular Skeletons*（演化进行时：透过精美的骨骼窥视自然历史），受到了广泛的好评。如今得知这一本难得的好书即将被翻译成中文出版，令人欣慰、欣喜。

我清楚地记得，美国的《科学》杂志在2005年度十大科学突破评选中，将"Evolution in action"列入其首。为什么在达尔文早在1859年就发表了《物种起源》并第一次正式提出其伟大的演化理论一百多年之后，还受到如此高的关注呢？尽管《科学》杂志新闻编辑Colin Norman对此回应道，我们的选择主要基于生物学家们取得的科学成就，而不是针对有关"智能设计论"的争论。但毋庸置疑的事实是，西方世界（特别是美国）反对、质疑达尔文的声音（尽管不是来自科学界）从来就没有停歇，与此同时我们对生物演化还在不断地取得新的认识。

第一次看到这本书，我首先想到的便是很多年前有幸参观过的法国自然历史博物馆，特别是那里最为著名的比较解剖大厅，那里琳琅满目、形形色色的动物骨骼着实令人震撼。作为一名古脊椎动物学家，或许是出于职业的本能，对动物的骨骼有着别人难以想象的亲切感。仅凭书中200多张堪称艺术精品的脊椎动物骨骼照片（大多数取材于法国自然历史博物馆的藏品），就让我有了一睹为快的冲动。

法国作者、法国自然历史博物馆、骨骼照片、生物演化，这些元素汇集到一起，自然而然令我想到了曾在这里工作的居维叶——比较解剖学和古生物学的创始人。这个地方还曾经出了另外一位伟大的人物——最早提出演化思想的拉马克。这些因素无疑增加了这本书的历史厚重感。

除了精美的照片外，这本书的文字内容我也十分欣赏，用一个个生动的生命演化故事通俗地演绎了隐藏在背后的机理。书的构思可谓不同寻常，全书共分六篇，共有44章，从不同动物身体的结构对比入手，再依次讲述生物物种形成的机理、自然选择（包括性选择）的神奇力量、生物结构发生改变的过程和机理（"演化的修补"的标题可谓对"智能设计论"最好的反击）、环境对生物演化的塑造，以及演化与时间。从中读者不仅可以了解到许多现代脊椎动物的知识，而且还可以熟悉一些生物演化历史上最为重要的化石和事件。作者还恰如其分地讨论了自然选择和性选择的关系，并且批评了社会达尔文主义者对达尔文科学理论的滥用和曲解。

精美的图片，加之最新科学的解释。艺术享受之余，你会了解到许多不同类型动物骨骼和躯体的神奇和奥妙。科学与艺术的联袂在本书中得到了很好的诠释。

Evolution翻译为进化还是演化？这个问题也曾困惑很多人。"进化"一词尽人皆知，然而"演化"才是更准确的翻译。正因为"进化"一词的广泛使用，不知误导了多少国人对演化真谛的认识。令我感到欣慰的是，本书的中文版采用了"演化"这一翻译。本书作者也反复提醒读者，生物的演化并没有预设的方向性，随机性是生物演化的重要特征之一，人类并不比任何生物类群更加高等。读完本书，读者或许能够更加准确地了解什么是生命演化意义上的"适应"。

三位优秀的青年古生物学家联手完成了对本书的翻译。据我了解，他们都有很好的英文基础和中文表达功底、比较扎实的古脊椎动物学知识背景，以及对大自然和生命世界的广泛爱好。看得出，他们确实花费了很大的功夫，虽然是分工合作，在保证内容准确的同时，语言风格还是基本做到了一致，读起来也很顺畅，可谓基本做到了信、达、雅。我也借此机会向他们表示衷心的祝贺。

缘起

沙维叶·巴莱尔

早在学生时代的绘画课上，我就在酝酿出版这样一本书了。课上观察动物模型时，我发现其中很多结构的活动方式自己无法理解。为了体会某个姿势或动作，我会根据想象画出骨骼，然后再附上肌肉。通过补充这些看不到的结构，我开始思考这些解剖学特征的演变历程——这些过去的"记忆"保留在骨骼上，历久弥新。

该书的付梓是一群热情的伙伴们共同努力的结果，其中有我的同事，也有各大博物馆的馆长，他们用行动告诉我，在追逐好奇心的旅途中，相互帮助与理解是多么的重要。

书中出现的所有标本都属于现生动物，在我们看来，它们依然栩栩如生。为了尽量呈现出动物所有的基本结构，大部分标本都经过了修复、组装、拆除金属支架的繁琐过程。最后，我们再选择可以反映最多信息的角度进行拍摄。

对每一种动物的拍摄，都因它们身上展现出的繁复、优美和典雅而成为一次次独特的邂逅。大部分标本来自法国自然历史博物馆，他们也是第一家支持我们并向我们敞开大门的博物馆；其他的标本则来自摩纳哥海洋博物馆、弗拉戈纳尔博物馆、迈松阿尔福市国家兽医学校、马赛自然历史博物馆、图卢兹自然历史博物馆、伯夫罗讷河畔纳恩市的收藏家，以及荷兰奇境动物园等收藏机构。

我们选择了黑白照片这种永恒不朽的表达方式来呈现标本，创作灵感同样来自绘画。在这个黑白世界里，时间停止了流逝，生命在黑暗的包裹中，化为光与影的杰作。

前言

让-皮埃尔·加斯克

法国自然历史博物馆荣誉教授

　　构建一个由一种或几种理论支撑的知识体系是科学的精髓所在。自19世纪初以来，通过多个学科在不同层级、以不同方法对不同对象的多方面研究，生命科学在各个领域都取得了极大的进步，并在达尔文思想中找到了共同的理论基础。与其他理论一样，我们今日所谓的演化论①包含基于大量观察资料的一系列基本观点和一整套理论阐释。同时，技术的进步也使得我们可以通过新的观察与实验方法对这一理论进行深入的探讨。

　　然而，不断怀疑前人知识的准确性，并去验证它们是否可以合理解释新观察到的现象，也是科学精神的表现。在科学领域并不存在绝对真理或终极必然。科学的进步是在不断的争辩，以及假说与事实之间的循环往复中实现的，这一点常常被普通大众所误解，甚至有人将理论与教条、知识与信仰相互混淆。这两种完全不同的认知方式常常会导致无法调和的矛盾，如同在历史上那些戏剧性的冲突一样。因此，科学思想与科学理论的历史，不能与政治、经济等因素，以及意识形态所构成的社会"大历史"背景相脱离。从这种观点来看，演化论与哥白尼提出的日心说具有相同的典范意义，都在社会发展的进程中扮演了重要的角色，这两种理论都因为驳斥了上帝的真理——《圣经》而遭到了教会的罪责。然而演化论后来的命运比日心说更加坎坷，因为后者仅仅是讨论了地球在宇宙系统中的地位，演化论却将矛头对准了依照神的模样创造出来的人类自身，以及人在生物界中的地位。此外，世人拒绝达尔文关于物种历时可变的观点不仅因为这种说法违背了宗教信条，更重要的原因在于，大家不愿接受人类也不过是动物世界中的普通一员，人类的出现也与其他物种的起源一样，是由随机因素所主导的演化进程这一结果。因此，从达尔文的时代起，即便是相信演化理论的学者们也不能接受达尔文学说中的部分核心观点：演化没有预设的方向和目的，偶然因素在不断改变着演化的进程。

达尔文在著作中几乎没有用到"演化"（evolution）这个词，而是用"带有改变的传衍"（descent with modification）②来阐释他的理论。这意味着尽管当时演化论的主要证据来自卡尔·冯·贝尔③关于个体发育的比较胚胎学成果，而遗传的基本规律直到达尔文死后才得到科学界的普遍认可④，并促成了遗传学的兴起，但遗传变异的基本思想在达尔文的演化论体系中已有所体现。"演化"这个词最初的含义并不理想：赫伯特·斯宾塞⑤是最早使用这个概念的人，并将其用于社会学研究。在他的著作中，"演化"被视为一种必然的进步，而自然选择片面地解释为适者生存。在这种背景下，"达尔文主义"更多被用来作为社会意识形态的理论依据，而非用于自然科学研究，其思想内涵也与达尔文本来的学说南辕北辙。在维多利亚时代的英国，甚至整个早期工业化时代的社会都很容易受到这种社会学说的影响。遗憾的是，现在仍有许多人将其与作为自然科学理论的真正演化论学说相混淆。

达尔文学说的两大支柱——物种内的连续变异⑥和自然选择及性选择的研究正随着日新月异的新实验手段应用而不断深入。经过半个世纪的努力，种内变异的物质基础终于在20世纪中期有了答案，而随着对种群遗传学⑦的深入探索，选择发生的机制也变得逐渐明晰。生态学的兴起使我们可以探知哪些环境因素在影响着自然选择，并揭示出在一个多个物种共存的生态系统中，一种十分脆弱的稳定性得以维系的一些基本原理。化石——这一地中的奇迹，如同随机打开的天窗，使我们得窥真实的远古生命。通过同位素分析等一系列物理化学方法，古生物学已经为重建动植物群落积累了足够的数据，从而使我们了解了过去物种的生活环境与生活方式。到了20世纪后半叶，遗传学与发育生物学在分子层面的结合使我们得以探知一个生命形成的整个过程，在这一连串的反应变化中，一个细微的偏差将导致巨大的变化。上述这些发现相互影响，并最终在达尔文一个半世纪前所大胆提出的理论框架中融为一体——要知道，这一理论的诸多证据都是在达尔文过世一百年以后才被发现的。

这本由沙维叶·巴莱尔编辑，让-巴普蒂斯特·德·帕纳菲厄撰写，并配有帕特里克·格里斯拍摄的精美摄影作品的图书，为大家展示了动物的整个身体，只有通过这样的展示，我们人类才能将其准确地识别并理解动物身体的奥秘——这种探求精神正是人类的天性。本书的方法十分明了：从标本实物入手，将这些来自各大博物馆——尤其是法国自然历史博物馆比较解剖学大厅的精美骨架，通过摄影呈现出来，并以此激发大家的观察与思考。文本则以小故事的形式呈现，每个故事都是构建演化这座宏伟大厦的一块基石，并最终超越照片所展示的实物，为读者展开整个生命世界的神奇画卷。所有的这些努力只有一个目的：让这些新世纪的生命演化知识成为世人皆知的常识。

译注

① "the theory of evolution"过去常译为"进化论"，但当代生物学认为生物并没有从低等到高等、从简单到复杂进化的必然规律。因此，近年来更多学者采用了我国近代学人严复的译法，将evolution一词译作"演化"，本书皆采用这种译法。

② 作为达尔文《物种起源》中阐释进化论的核心表述，"descent with modification"这个短语的中文一直没有一个统一翻译方式，不同学者对其的译法各不相同，如"经过改变的继承""世代间的改变""带有饰变的传代""兼变传衍"等。其基本含义是生命在传代繁衍时发生改变，而这些改变又会影响到传代，有利的改变将通过繁衍被保留下来，即"改变"与"传衍"相互影响、同时发生，于是采用了上述译法。

③ 卡尔·冯·贝尔（Karl von Baer, 1792—1876），德裔俄国生物学家、人类学家和地理学家，比较胚胎学创始人。

④ 事实上，"遗传学之父"孟德尔早在1865年便发表了通过豌豆杂交试验而发现的遗传基本定律，但这一重要发现当时并未得到学界的肯定，也没有引起达尔文的注意，直到35年之后，才由三位生物学家重新发现并证明，见本书绪论。

⑤ 赫伯特·斯宾塞（Herbert Spencer, 1820—1903），英国社会学家，将演化论用于社会研究的"社会达尔文主义之父"。

⑥ 生物学概念，指群体内性状表型无明显分组的变异，多为正态分布的数值型差异，比如人类的身高、体重等。

⑦ 遗传学分支，又称群体遗传学，是在分子层面通过研究种群在自然选择、性选择、遗传漂变、突变，以及基因流动等演化动力的影响下，等位基因的分布和改变，来解释适应和物种形成等现象，从而解释演化机制的学科。

绪论

让-巴普蒂斯特·德·帕纳菲厄

　　自踏上对宇宙规律的求索之旅，人类得到了许多重要、明晰的结论：地球是圆的；它绕太阳做公转；蠕虫与细菌并非由有机质自发生成的。同样，生命的演化现在也已成为不争的事实。每一个物种——动物、植物、微生物，都在随时间发生着变化。当今地球上的所有生命，都是几十亿年前的一种单细胞生物的后裔。自最早的生命出现以来，成百上千万的物种在地球上诞生繁衍，又销声匿迹，其中也包括我们自己：智人（*Homo sapiens*）。

　　尽管不会明确提及，但所有生命科学领域的研究都是在演化论的框架下进行的。当一位牧民为自己的奶牛选择配种的公牛时，他便在执行与自然选择类似的选择过程；当一位医生研究某种细菌对抗生素产生抗药性的原理时，他便在分析与动物演化相同的机制；当一位遗传学家为了攻克癌症或其他遗传疾病而解析人类基因序列时，他也会将其与黑猩猩的基因序列进行对比，从而了解人类基因的独特性；当一位生态学家想要评估某地区自然环境的生物多样性时，他将会用到许多种群遗传学的概念。

　　演化论是唯一将动物学、古生物学、胚胎学、动物行为学、生态学、医学等生命科学各个分支所积累的资料综合在一起的理论。就此而言，它不再仅仅是一个"理论"，一个可以被某次看似与其相悖的观察推翻的想法。如同历史，演化论所记述的对象主要是过去的演变历程，这一过程是无法直接观察的。它的证据来自相互独立的不同领域，比如基因和化石。与其他实验科学一样，研究者会提出假说，并用进一步的观察和实验对其进行验证。而演化这一事实也确实不断在实验室和大自然中被证实。尽管化石物种的不断发现逐渐填补了我们对远古生命的认识空白，但现生物种的演化历程仍有许多未解之谜，演化发生的确切机制也有太多的未知之事。物种变化的本质、速率，以及具体的化学反应过程是当今诸多研究者关注的主题，它也证明着演化论是一个充满活力的研究领域。

演化思想最早萌发于欧洲，有着悠久的历史。早在18世纪，英法等国的学者们便开始关注各种动植物的起源问题。但这种兴趣很快就遭到了教会的扼杀。毋庸置疑，任何关于物种可变的想法都与《圣经·创世纪》中的叙述相左：包括人在内的所有生命皆由上帝创造。接纳物种灭绝或改变等于变相地认为上帝的创造并不完美，甚至认为人类可能是其他低等生物的后裔。在法国，布封伯爵最早提到了物种可变的可能性，但随即又将其看法收回。在英国，伊拉斯谟斯·达尔文①同样提出了物种可变的假说。第一个系统阐述演化思想的博物学家是让-巴普蒂斯特·拉马克②，他于1809年出版了其重要著作《动物哲学》。拉马克是法国自然历史博物馆的动物学教授，他认为动物会发生变化来适应其生活的环境。当环境发生变化的时候，动物的行为和器官的使用方式会发生改变，这一"用"与"不用"会导致解剖学特征的改变，并遗传给下一代。然而对拉马克而言，演化是由动物的主观意愿主导的。这种演化机制的有趣之处在于，其假设是建立在动物通过自身的改变来回应自己对生存的需求的基础之上的。但拉马克用这种动物的主观意愿来揭示变化的想法缺乏足够的证据，因此其同时代的许多科学家并不相信。最终，当科学家们证实动物有生之年发生的改变无法遗传给后代时，拉马克的这一获得性遗传理论被彻底废除了。

随着灭绝物种化石的发现以及动物学和胚胎学研究的发展，演化思想得到了更多博物学家的支持，但仍然缺乏一套系统的理论将全部的证据综合起来。终于，1859年查尔斯·达尔文③发表了《物种起源》（*On the Origin of Species*），这本书主要针对的是其他博物学家，但也引起了公众的极大兴趣。在这本巨著中，达尔文用大量篇幅列举了广博的证据来论证物种发生了"带有改变的传衍"，并提出了解释物种发生变化并不断产生新种的机制——自然选择："在变化的环境下，几乎生物构造的每一部分都会表现出个体差异；由于生物会以几何级数增长，在生命的某一阶段，在某一年、某一季节都会出现激烈的生存斗争，这些都是无可争辩的事实。各生物之间以及生物与生活条件之间有着无比复杂的关系，会引起构造、体质和习性上对生物有利的无限变异。所以，如果有人说，有利于生物本身的变异，从未像人类本身经历过的许多有利变异那样发生过，那是不可能的。如果对生物有利的变异的确发生过，具有此特征的生物个体，就会在生存斗争中获得保存自己的最佳机会；根据强有力的遗传原理，它们便会产生具有相似特征的后代。我把这种保存有利变异的原理，或适者生存的原理，称为自然选择。"对达尔文而言，物种的变化不是为了达到适应环境的"目的"，而是物种内存在天生的变异，自然选择的过程会保留为个体提供即时益处的变异，而非为了后代的益处或为了实现"未来可预见的计划"。《物种起源》立刻在英、法、德等国获得了巨大的成功，达尔文的思想也得到了坚定的拥护者，如英国的托马斯·赫胥黎④和德国的恩斯特·海克尔⑤。到了19世纪末，达尔文学说已经被科学界广泛接受。

达尔文学说所面对的一个主要难题是物种内变异的本质。他已认识到这些变异随机出现，可以遗传，但却不了解其中的生物学机制。遗传性状的基本元素——基因早于1866年由格雷格·孟德尔⑥发现并描述，但他的研究成果一直被埋没，直到20世纪初才被重新发现。孟德尔的研究主要是为了理解物种的性状如何在遗传过程中不发生改变，因此当时看来并不能支持演化理论。直到种群遗传学兴起，才使得基因研究与演化论联系在一起。到了20世纪40年代，生物学家恩斯特·迈尔⑦、遗传学家西奥多修斯·杜布赞斯基⑧和古生物学家乔治·辛普森⑨将各自领域的研究相互结合，形成了"综合演化论"，或称新达尔文主义（neo-Darwinism）：物种的变异是由基因突变引起的；这些突变随机发生；突变的基因在特定条件下可以遗传给后代——这些认识与达尔文的结论完全吻合。

此后，许多具体演化机制的研究又极大丰富了演化论的内涵。20世纪50年代，大家普遍接受的机制是由微小突变引起的渐进、连续式的演化，中间没有质变式的飞跃。然而，随后研究者发现当突变影响到结构基因⑩或胚胎发育节奏时，物种可以突然形成或发生骤变。现在，分子生物学在演化研究中扮演着至关重要的角色。人类、黑猩猩、老鼠、苍蝇、蠕虫，甚至细菌的基因测序让我们可以重建过去新类群开始分化时的遗传事件。计算机技术的进步使我们可以将不同物种的基因序列进行对比，并通过遗传距离的远近得到"系统发育树"来表示物种间的亲缘关系。这些通过基因序列建立的系统发育树与过去通过比较解剖学证据得到的系统发育树基本吻合。比较解剖学仍是一个重要的研究领域，因为演化研究的对象是真实存在的生命，只有详细地观察才能完整地重建它们演化的历史。比如脊椎动物的头骨，由许多块骨骼构成，这些骨骼必须在发育过程中巧妙地连接在一起才可以成形，是最复杂的器官之一。骨骼还有另外一个重要之处：它是连接现生动物与古生物的纽带，因为古生物的研究对象——化石通常只保留了生物体坚硬的部分，即甲壳与骨骼。

分子生物学的发展使许多生物学家认识到演化的核心在于基因，基因的演化策略即加强繁殖能力并留下更多拷贝，这就解释了许多使人困惑的现象，比如蜂群中不育的工蜂。为什么通常促进个体繁殖能力的自然选择在这里会夺走工蜂的繁殖机会呢？这是因为蜂群中的所有蜜蜂是通过基因联系在一起的：蜂王与工蜂各分享一半的基因，所以通过帮助唯一可以繁殖的蜂王哺育后代，工蜂也提高了自身基因的增殖。

然而，有些人高估了基因的能力。一些生物学家认为所有的解剖学特征和行为特征都是由基因决定的，致力寻找（甚至认为已经发现了）影响性取向、宗教信仰甚至忠贞程度的基因，并引用一些特殊事件来证明这些特征的适应性价值。这种将所有动植物身上的特征都冠以"适应主义"的做法遭到了许多人的批评，因为这种结论通常只考虑到一种因素而忽视了其他器官、行为或生存环境的影响。自然选择是对整个生物体起作用而非只针对一个特征。而且，一个器官的演化取决于很多因素而非只是器官自身的适应性，比如整个物种的基因遗传情况或选择过程对其他特征的影响，这些因素并不一定都指向一个演化结果。演化并不能提供一个完美的解决方案，只能在现有的条件下修修补补。

除了医学方面的应用，人类基因的研究为人类的出现和现代人族群的早期扩散提供了许多重要的信息，并借此在演化论的框架下破译许多人类特征的适应性价值。比如生活在热带地区的人群肤色较深是因为他们的黑色素水平较高，以此来抵御紫外线的照射。再比如一些类似糖尿病的疾病与形成脂肪储备的基因有关，这些基因在食物营养种类繁多时是十分有用的，但在持续食用高热量的食物时则会变得有害，比如导致肥胖。而这些特征很大程度上都受到了几万年以来人群的迁徙与基因交流的影响。

达尔文在《物种起源》一书中没有提到人类的演化，但是所有的读者都明白，自然选择机制也同样适用于我们自己。人类可能是猴子的后代，这种推论引起了公众的愤怒，尤其是宗教人士。英国教会马上驳斥了达尔文的理论，最主要的原因无疑是它与《圣经》相抵触，同时也因为它对生命本质的客观理性描述，以及演化过程中偶然因素占重要地位的认识。达尔文理论中的演化机制建立在突变的随机性上，这种随机性可以产生复杂的生命结构，代价是严酷的自然选择过程将大部分生命在出生或繁殖前就淘汰掉。这种理论与宗教对生命的看法截然相反，因为宗教认为生命是上天赋予，天法约束。两者之间的辩论逐渐被宗教热情所影响。然而达尔文学说只遵从科学规律而不屈服于宗教信条，这是两种截然不同的思想领域：科学通过可辨认、可重复的客观规律来解释自然现象，宗教则建立在对《圣经》的绝对信仰之上。这场论证方式完全不同的辩论注定是没有结果的，甚至根本无法进行。除了否认《创世纪》中的故事真的发生过，演化论也并不完全违背宗教信条。作为科学，演化论只不过是对我们所生活的生命世界的客观描述。尽管它同样具有深远的哲学意义，但其用途并不是审判人类存在的合理性，只是对人类的起源进行了解释。

然而，达尔文主义和新达尔文主义仍然被戴上了反宗教、唯物主义的帽子，并在整个20世纪遭到了原教旨主义者的攻击和诽谤。直至1996年，罗马教廷才终于承认演化论"不仅仅是一种理论"。绝大多数欧洲国家的官方教育体系都将演化论顺利地纳入其课程体系中。而在部分伊斯兰国家，教授演化论却受到阻碍。在美国，情况更加复杂：各研究机构的生物学家都在新达尔文主义的框架下进行研究，但教授演化论却引起了基督教原教旨主义者们的强烈反对，他们认为在课堂上应该用神创论来代替达尔文的演化学说。出于对科学的重视，这些反对者又提出了"神创论科学"，这一学说严格遵从《圣经》，假定宇宙只有6000多年的历史，包括人在内的所有生命自被创造出来后便没有发生改变。化石遗存是《圣经》中大洪水泛滥形成的生物遗骸。这种宗教论述根本没有任何科学性，因为它有意回避了过去两个世纪生命科学领域的新发现。近年来，一些神创论者又将他们的看法改造为"智能设计"学说。这次他们学的更加聪明了，并不反对演化论，而声称演化是一位智能设计者早已计划好的进程。但同样的，这个"理论"仍然缺乏足够的科学依据，其反对达尔文主义的论据之一是认为这个世界太复杂，根本无法理解。

除了这些反对的声音，演化论也引起了一些其他的问题。首先，它重新定义了人类的位置：人类不再处于与动物对立的位置，而是动物界中的一员。人类不再处于生命阶梯的顶端，而仅仅是演化谱系树上某一支系的末端。人类不再是演化的终极目标，人类的出现并非必然。此外，一个物种的演化是为了适应新的环境，并非一定是一种改进。任何现代生物的演化历史都不能简单地归结为一个向前发展的过程。300万年前的一个动物群落与现在的动物群落并没有质的差别。无疑，人类已经取得了具有绝对优势的生态位，但在解剖学的层面我们的身体并没有任何的特异之处，尽管人类的大脑的确是一种非常复杂的器官。鱼类、蜥蜴、蝎子，所有的这些动物的身体都与某种远古物种十分相似。寄生虫的某些解剖学特征甚至比它们的祖先更加简单。没有任何地史事件曾指示某个生命支系将演化出人类。人类的演化历史上出现了太多的偶然事件，我们的出现或许也是一个偶然。就此而言，出于宗教的原因，更为重要的是人类自认为是万物主宰的自豪感——达尔文主义仍然与150年前一样"臭名昭著"。许多人甚至会认为，如果人类不是世界的中心，那么人类的存在便没有意义。实际上，自然和科学都无法对人类的基本问题——自身的存在做出解释。自然对我们的询问默不作声，科学只要踏足这一领域便尽失本色。演化论对自然界的客观描述不仅把人类从万物主宰的神坛上拉了下来，也将人类从过去赋予的未来重任中解放出来。不管有没有宗教信仰的帮助，人类都能为自己的未来赋予真正的意义。

译注

①伊拉斯谟斯·达尔文（Erasmus Darwin，1731—1802），查尔斯·达尔文的祖父，英国医生、博物学家、诗人、发明家，在其著作《动物学》中提出了演化的观点。

②让-巴普蒂斯特·拉马克（Jean-Baptiste Lamarck，1744—1829），法国生物学家，博物学家，是达尔文之前发表演化理论的演化论先驱。

③查尔斯·达尔文（Charles Darwin，1809—1882），英国博物学家，演化论奠基人。

④托马斯·赫胥黎（Thomas Huxley，1825—1895），英国博物学家，演化论的拥护者，被称为"达尔文的斗犬"，其著作《演化论与伦理学》被近代中国学者严复译作《天演论》，最早为国人介绍了以"物竞天择，适者生存"为核心的演化理论。

⑤恩斯特·海克尔（Ernst Haeckel，1834—1919），德国博物学家，演化论的拥护者，并且发展了达尔文的理论。

⑥格雷格·孟德尔（Gregor Mendel，1822—1884），奥地利遗传学家，现代遗传学之父。

⑦恩斯特·迈尔（Ernst Mayr，1904—2005），德裔美国生物学家，其《动物学家的系统分类学与物种起源观点》是综合演化论的重要论著。

⑧西奥多修斯·杜布赞斯基（Theodosius Dobzhansky，1900—1975），俄裔美国遗传学家，其《遗传学与物种起源》是综合演化论的重要论著。

⑨乔治·辛普森（George G. Simpson，1902—1984），美国古生物学家，其《演化的速度和样式》是综合演化论的重要论著。

⑩生物学概念，是指基因编码的产物为调控基因以外的蛋白质的基因，可以用于编码结构蛋白、酶或不涉及调控的非编码RNA。这些基因对细胞的形态和功能特征至关重要。

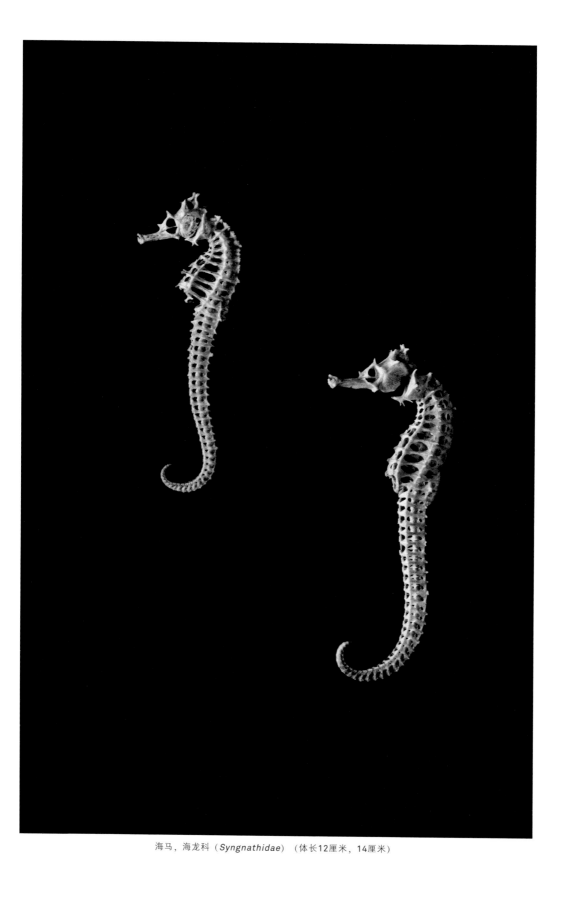

海马，海龙科（*Syngnathidae*）（体长12厘米，14厘米）

第一篇

身体的构造

早在1555年，皮埃尔·贝隆（Pierre Belon）在他的《鸟类博物志》（*History of the Nature of Birds*）一书中绘制了一幅人类与鸟类的骨骼对比图。他将鸟类的骨架放大后直立绘制于人类的骨架旁边，用以显示二者的相似之处。与此同时，贝隆对这两具骨架上相对应的骨骼，在图中都使用相同的名称进行了标注，以"显示人类与鸟类骨骼之间极大的相似性"。对于一个经常进行解剖实验的博物学家而言，这样的相似性其实是很容易观察到的。然而贝隆并没有根据这一相似性，做出任何关于脊椎动物的演化，或脊椎动物与其他生物之间亲缘关系的推论。当时对动物的分类并不是依据其精确的解剖学特征，而是依据它们的习性、生活方式或外形等信息。因此贝隆甚至将蝙蝠与鸟类一起，归入了能够飞行的一类动物中①。由此可见，在没有理论支撑的情况下，即使发现了生物物种间解剖特征上的相似性，也并不意味着能够发现它们在生物学上的亲缘关系。

1735年，布封（Buffon）②对人类和马的骨骼进行了比较，认为二者的相似程度足以将它们归入同一个科之中。进行这一重新分类的基础，是他对这两个物种极为详细的观察。同时他还强调，"科"这一术语名词彰显着这两个物种之间可能存在的亲缘关系。由于这与当时权威的神学理论背道而驰，为了避免被教会定罪制裁，布封在同一著作中又发表声明放弃了这一观点。布封所提出的是个动物学上的推论，但又明显超越了动物学的范畴，触及到了神学的核心理论：根据《圣经》记载，上帝在同一时间创造出了世间万物。对基督教徒而言，不同生物之间的相似性仅仅是神创万物时的某种设计而已。倘若依布封所言，两种不同的生物之间具有亲缘关系，也就是说它们起源于一个共同的祖先物种，这将大大地撼动《圣经》中的"上帝创世"一说。

到了19世纪早期，博物学家发现了大量已经灭绝的动物化石。根据这些化石，坚信物种不变的法国博物学家乔治·居维叶（Georges Cuvier）认为，地球上曾经有过数次创世，其间创造出的生物们又都被全球尺度的大灾难所灭绝——最后一次大灾难就是《圣经》中所记载的大洪水。由此可见，虽然居维叶创造出了更好的方法进行动物分类，剖析自然界组成，成为了比较解剖学这一学科的奠基人，但他并没有将物种间的相似性和它们可能的亲缘关系联系到一起。与此同时，法国自然历史博物馆的其他博物学家如拉马克（Lamarck）和圣伊莱尔（Geoffroy Saint-Hilaire）③，却认为这些化石都是现代生物的祖先们所留下来的遗迹。在这些博物学家眼中，比较解剖学应当对阐明动物界中关键的亲缘谱系关系有所裨益。直至1859年，达尔文（Charles Darwin）出版了他的鸿篇巨制《物种起源》（*On the Origin of Species*），才终于为相关研究建立起了一个理论框架。在对动植物进行了大量观察的基础上，达尔文提出了"自然选择"这一机制，从而解释了演化的决定性驱动力。他认为，对生物的分类应当如实反映出其演化的关系。此外，在建立一个动物类群时，依据必须是其成员是否共有一些由一个共同祖先遗传而来的特征。

系统发育学是一门用于厘清生物物种间或类群间亲缘关系的科学。最初它主要依赖来自于比较解剖学、古生物学以及胚胎学的证据。作为演化的结果，一个胚胎在发育过程中会逐渐显现出这个物种所独有的特征。但在此之前，它可以极为清晰地向我们揭示，动物的身体结构究竟是如何从无到有、一步步形成的。因此，胚胎学的研究可以将物种间的对比深入到更为基本的发育初期，而不仅仅是停留在成年后的表象上。脊椎动物则还具有另一个能够显示其内部构造的结构——内骨骼（见第1章）。不管脊椎动物发展出了多么巨大的多样性——从金鱼到鲸鱼，从火烈鸟到鳄鱼——只要我们观察它们的骨骼，依然能轻而易举地发现它们其实具有一个共同的祖先（见第2章）。骨骼作为一种特殊的生物材料，不仅可以形成脊椎动物的骨架，还可以帮助我们去了解一个生物类群的演化历史（见第3章）。在漫长的演化过程中，动物体会发生一系列的变化：一些新的解剖学特征出现了，尔后被一代代地传承下去，成为了甄别这一类群成员的标志（见第4章）。其中，体型大小是发育过程中骨架的基本要素之一，从某种程度上它决定了动物的生活方式，影响着演化的进程（见第5、6章）。

在20世纪60年代，动物分类学经历了一次意义深远的革命。德国昆虫学家维利·亨尼希（Willi Hennig）提议，废除使用祖先性状④来定义动物类群的经典分类方法，而以演化创新作为唯一的分类标准取而代之。同一个动物类群中的成员应当共有一些新的，或者衍生出的性状。即使这些性状在某些成员中缺失，也是由于其在演化后期中的丢失。亨尼希提倡这一变革的理由之一，在于某一类群的祖先性状还可能存在于这一类群以外的大量生物体之中，使之不适宜用于对这一类群进行分类和定义。例如，对陆生脊椎动物而言，具有五个指（趾）头⑤并不能代表相应类群间的特殊关系，也不能以此为依据，建立起一个包括所有具有五个指（趾）头的动物——如蜥蜴和猴子——的分类单元。这一观点提出以后，生物分类便由依据物种间的相似性，转而依据物种间的差异性，同时还要考虑它们的演化来源。这一新方法被称为"分支系统学"，它颠覆了传统的分类方法，为一些问题的解决提供了可能性。例如，使用旧的分类方法划分出的"鱼类"这一类群，将不再是一个"自然"类群：因为它包含有一些由原始特征，而不是演化因素导致彼此相似的动物们（见第7章）。分支系统学这一新的分类方法将对所有的动物分类单元，进行异于过往的重新审视。尤为突出的是，它将就此终结把脊椎动物分为五个纲的传统分类体系（见

第8章）。与此同时，分子生物学和计算机科学的进步，使得人们在对动物的解剖学信息了解不够充分的情况下，可以对比它们的基因组成。因此这两个学科的发展，也是此次分类学概念革命的基础。

　　脊椎动物仅仅占了所有生物中比例很小的一部分，那是否可以将对比扩展到脊椎动物与其他所有的生物呢？一只水母和一只兔子，一只瓢虫和一只鸽子，它们会有什么样的共同点呢？在微观层面上，我们可以发现它们明显的相似之处，如：组成各动物体的细胞发挥功能的方式相同，能量流动的过程相同，细胞分裂的机制也相同。而在分子层面上，即分子的组成与构成上，这些相似性则更为明显，如蛋白质与DNA。即使是分化程度极高的不同物种，它们用于维持细胞膜形态、传输氧气和代谢糖类的蛋白质类型，也是相同的。用于编码或者说合成这些蛋白质的基因，在不同物种间也是可以进行对比的。适用于动物器官的比较解剖学对比原理，也同样适用于这一基因水平上的对比。事实上，基因的相似程度恰恰对应着物种亲缘关系的远近。依据解剖学信息我们可以建立起物种的系统发育树⑥，通过对比DNA序列，我们同样也可以建立起类似的系统发育树。

　　基因转录、翻译成蛋白质的复杂机制，对所有的生物体来说都是完全相同的。如今人们将其视为生命起源于同一祖先的证据。然而除去这些分子水平上的一致，对于某些动物而言，似乎任何的对比都举步维艰——除了最基本的分子层面的相似性，它们与其他动物几乎是以完全不同的方式构造而成的。例如，很多我们最为熟悉的动物都具有左右对称性，即它们的左右两侧身体互为镜像，绝大部分情况下我们可以分辨出它们的前后、背腹以及头尾。这些动物的身体构造显示出它们拥有的一个共同特征——特定结构的重复性：如脊椎动物的一连串肋骨和椎骨，以及昆虫中分节的腹部（见第1章）。然而，虽然老鼠和苍蝇都具有这样的左右对称性，二者却鲜有其他的相似之处：它们的骨骼、呼吸系统、神经系统，以及感觉器官都大相径庭。深究下去我们还会发现，除了左右对称性，很多物种还具有"放射"对称性：它们的身体会围绕着一个轴形成一个星形，如海星长着五条胳膊，海胆的身体也呈五向辐射对称。这样的对称方式也是它们所属的类群——棘皮动物所共有的一个基本特征，与昆虫或脊椎动物截然不同。

　　左右对称性和分节现象在脊椎动物及节肢动物中的同时存在绝非巧合。生物学家已经发现，在昆虫和哺乳动物中，身体构造的方向性和胚胎的早期分裂都由相似的基因所控制，体节（segments）的分化也是如此。这些被称为同源异型基因的基因群，在决定动物的形体结构上起到了关键性的作用。它们普遍存在于当今所有的动物类群之中。尽管它们在海绵和水母中的作用与其他动物相比有些不同，但它们在这两种生物体内的存在，仍然可以将这两个物种和其他动物联系到一起。无独有偶的是，尽管昆虫和哺乳动物眼睛的结构不同，但用于调控这一结构形成的基因却是相似的。由于它们对动物的生长发育实在是太重要了，使得早在脊椎动物和昆虫的共同祖先的体内，就已经出现了它们的身影。如果说分子生物学和比较解剖学能够为我们推测出一个假想的祖先物种，那么只有古生物学可以描绘出这个祖先物种实实在在的模样。对于脊椎动物而言，最早的祖先物种的骨骼还没有完全骨化，因此很难形成化石保存下来。但人们仍然发现有一些化石物种可以被冠之以"脊椎动物的祖先"这一称号，又或者更准确地说，是这一祖先的近亲。海口鱼（*Haikouichthys*）是目前发现的最古老的脊椎动物。它产自中国，体长约2~3厘米，出自距今约5.3亿年的岩层之中。它的身体侧面具有一系列V字形的肌节——脊椎动物的典型特征之一，同时它还已经特化出了头部和鳃部。鉴于它和同时代的其他物种已经有了相当大的差异，人们认为它应当是一个远比第一只脊椎动物进步的物种。此外，还有一种名为皮卡虫（*Pikaia*）的动物，产自加拿大落基山脉的布尔吉斯页岩中，与海口鱼所处的时代相近。它也同样具有V字形的肌节，但还没有分化出头部。这种半虫半鱼的生物为我们提供了些许线索，去了解脊椎动物最早祖先的真实面貌。

尽管这一最早祖先物种仍然不为人所知，但借助来自于古生物学、遗传学以及比较解剖学的信息，我们可以尝试去推测它的面貌。此外，通过对比现代生物的骨骼，我们可以一路追溯出在这近5亿年的演化长河中，它的后代们都发生了怎样的演化故事……

译注
①蝙蝠实为哺乳动物，不属于鸟类，其用于飞行的身体构造与鸟类有所不同。
②乔治-路易·布封伯爵（Georges-Louis, Comte de Buffon, 1707—1788），法国博物学家、作家，其36卷巨著《自然史》是18世纪最重要的博物志，以唯物的观点详尽地对自然界进行了系统的描述，不仅具有极高的科学价值且文字优美，堪称经典。
③艾迪安·若夫华·圣伊莱尔（Étienne Geoffroy Saint-Hilaire, 1772—1844），法国博物学家、动物学家，是与拉马克同时代的演化论先驱。
④性状，又称特征，是指生物体可以遗传的某种形态和生理特征。
⑤陆生脊椎动物的祖先性状之一。
⑥系统发育树（phylogenetic tree）是用以表现各类生物间亲缘关系的类似树状分支的图形。

第1章

重复之术

　　是仪式的面具？是勇士的饰物？还是慑人的图腾？这山魈的头骨，看上去多么像是雕刻家或者巫师的臆想之物！如此震撼的视觉效果，或许是源于在它之上，令人费解地同时出现了一些本不该共存的特征：眼窝与人类极为相似，但巨大的犬齿又像是狼，而与灵长类相去甚远。如此独特的头骨，使得我们一眼就能区分开山魈和其他动物，甚至还可以在一群山魈中甄别出某一特定的个体。与之相比，山魈其他部位的骨骼比如肢骨，以及连续的肋骨和椎骨就显得稀松平常的多。骨骼在整体上构成了所有脊椎动物所共有的一个系统——它的构造昭示着其胚胎发育的过程，以及远在几亿年前，脊椎动物演化之初的情形。

　　针对某种动物头骨的详细研究能够为我们提供关于它生活习性的大量信息。山魈那蔚为壮观的犬齿，连同具有圆形齿冠的大型臼齿，显示出了杂食性动物典型的牙齿特征——山魈的确既取食昆虫，有时也会用强有力的上下颌压碎取食植物的种子以及硬质的坚果。因此，它的犬齿其实并非用于捕杀大型猎物，而是用于震慑潜在的捕食者。最重要的是，一对夸张的犬齿可以巩固它在具有等级制度的族群中的地位（见第22章）。除此之外，山魈轻盈的骨架显示出它能够在林间地面上快速敏捷地移动，而它肱骨的形状，则暗示着相当强壮的上肢肌肉的存在。

　　观察脊椎动物骨架的形态，会令人想起屋顶的建筑结构，但房屋的横梁能够支撑起房屋主体，而骨骼却不能仅仅依靠自身形成一个稳定的构造。在现生动物体内，弹性纤维组成的韧带将身体各部分连接到一起，而骨骼则为

山魈（*Mandrillus sphinx*），撒哈拉以南非洲地区 （体长80厘米）

肌肉提供附着点——骨架的直立靠肌肉维持，即使是在放松状态时，肌肉也需要保持足够的张力才能维持骨架直立。除了支撑功能，骨骼系统还对神经提供保护作用。动物的大脑完全为头骨所包围，头骨的骨壁能够为它抵挡外界的冲击。从大脑往后，神经中枢将拉伸成脊髓，顺着椎体上中空的椎管延伸过整个背部。脊椎动物的脊柱由一连串的椎体相互关节而成，这不仅使得它们的背部可以灵活地弯曲，同时也使得神经可以从脊柱中分叉出来，将神经信号传递到身体的各个角落。骨骼系统对于中枢神经系统的这一保护功能，是脊椎动物所特有的身体构造之一。在其他动物里，只有少数头足类如章鱼和乌贼，具有类似功能的，但为软骨质的头骨。

脊椎动物体内的某些骨骼往往成对出现，譬如肢骨就是左右互为镜像的。与之相仿的是，一连串的肋骨和椎骨也都彼此相似：山魈的37枚椎骨和12对肋骨就分别形成了两个独特的构造系列。这样重复的构造源于动物胚胎发育早期所发生的事件：胚胎从头部之后开始连续地分节，形成椎骨和一些相关肌肉的雏形。这些体节很快开始分化，逐渐形成了最终的椎骨。我们可以在山魈的身体中看到这个连续的构造：颈椎支撑着脖子，胸椎上附着有肋骨，腰椎上则没有，荐椎与腰带①的各块骨骼愈合到了一起，最后由尾椎形成了一个短短的尾巴。

椎骨的这番特化是由生物个体的基因所"设计"、决定的。从胚胎形成的最早期开始，一些特定的基因就决定了动物体前后、背腹的位置所在，其他一些基因则决定了胚胎的分节，以及之后各个体节的发育。在这个特化过程中，生物体各部分的相对位置也可能直接影响着基因功能的发挥。分节到特化的生长发育模式，缩减了形成骨架和其他器官所需传递的信息量：只要由一组数据决定了它的基本形式，接下来完成这一工程所需的信息就仅仅是相邻骨骼间的区别，而无须为每一块骨骼的形成提供所需的完整信息。

除了椎骨和肋骨，山魈和其他四足动物体内还具有另一种并不明显的重复构造——腿和胳膊也具有同样的结构制式。肢骨的骨质架构其实都遵循着同一模式：一块板状骨骼（肩胛骨或腰带）与椎体的神经棘相连，然后是一根长骨（肱骨或股骨），接下来是两根平行排列的长骨（桡骨和尺骨，或胫骨和腓骨），最后连接手部（腕骨、掌骨和指骨）或足部（跗骨、跖骨和趾骨）。类似于椎体的形成，一套控制四肢左右前后位置的原始通用程序，控制着这几块肢骨骨骼的形成。因此，有时会出现某些基因变异——譬如长出了六个指头，不单影响着某一附肢，还同时影响着其他附肢的现象。由于同样的突变重复发生四次的情况几乎不可能发生，因此这一现象意味着用于形成四肢的其实是同一套基因信息。

某一结构重复出现,然后发生分化的生长发育模式,并非是脊椎动物所独有的。蜈蚣和蚯蚓也具有这一现象,昆虫和软体动物亦然,尽管不那么明显。此外,在一些已知最早的脊椎动物——水生鱼形动物的化石中,我们依然能够发现这一模式的存在。绝大部分脊椎动物在演化初期几乎都长得一模一样,之后伴随着演化过程中的强烈分化,它们才逐渐形成了不同的解剖形态——由此可见,山魈独特的"设计"并不是孤立的发明创造,而是由原始的雏形逐渐复杂化而来。某些骨骼单元的重复性则显示出一个非常复杂精巧的构造,可以只是源自一些几乎没有特化的简单结构,由此我们可以设想:一个原始动物在身体基本构造上的细微改变,可能都会引发现代脊椎动物所展现出的形态多样性。

译注
①腰带是位于脊椎动物腰部,与后肢相连的一组骨骼,由三块骨骼组成:髂骨、坐骨和耻骨。

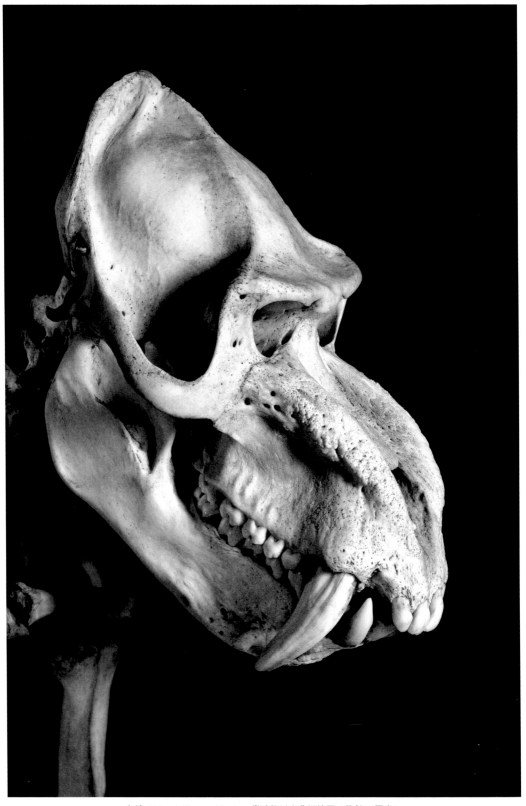

山魈（*Mandrillus sphinx*），撒哈拉以南非洲地区（体长80厘米）

山魈（*Mandrillus sphinx*），撒哈拉以南非洲地区（体长80厘米）

第2章

内在一致

　　19世纪70年代，一只名为瓦舒（Washoe）的黑猩猩曾是一系列行为学研究的主角。当人们让他①对众多动物的照片进行分类时，他将它们分成了两大类：人类和其他动物，并将自己归入了人类之中。瓦舒经过思考做出的这一判断，显示出分类并不是人类所独有的行为，且分类行为的结果很大程度上取决于分类者所选用的标准。虽然这个"分类标准"在不同情境下有所区别，但对很多动物来说，辨认出其他物种究竟是潜在的猎物，还是需要躲避的天敌，或是能够共存的邻居——这一能力相当重要。对于史前的猎人和后来的农民来说，区分出危险和安全的、有用和有害的物种，同样也是不可或缺，甚至是至关重要的能力。

　　时至今日，动物学家可以通过对比解剖学特征对动物进行分类，甚至建立起它们之间的遗传学关系。无论看上去有多么天差地别，现生动物都共享着一些从同一个祖先物种遗传而来的特征。骨骼是探知动物内部身体构造的窗口，因此在建立系统发育树、追溯动物演化历史时，它所提供的信息尤为重要。如果两个物种具有明显的相似性或差异性，相应的研究方式会有所不同，但依据都是比较它们解剖学上的相似与不同之处：如果面对的是亲缘关系较近，彼此相似的物种——比如两个啮齿类动物，动物学家就要去寻找能够把它们归入同一类群中的详细证据，以及在这个类群内可以将它们加以区别的其他证据；如果面对的是亲缘关系较远，彼此相异的物种——比如两只差异极大的鸟，动物学家则会更加关注二者骨骼结构上那些更基本的信息。甚至于对羚羊和蝾螈这样两类差异极大的动物，动物学家也能够越过那些明显的差异，而

大火烈鸟（*Phoenicopterus roseus*），非洲、美洲及欧亚大陆（身高1.20米）

利用它们身上一些更加基本的相似性来追溯其历史，探索它们的亲缘关系。

　　尽管水豚比豚鼠重一百倍左右，但这两种动物其实拥有很多的共同之处。除去巨大的体型差异，它们其实在外观上很相像，骨骼上亦然。虽然头骨稍微有些不同，但二者的脊柱以及四肢的骨骼都非常相似。它们共同具有某些特征，比如非常特化的冠面倾斜的门齿——也正是因此一并被归入了啮齿类。除此之外，它们还共有其他一些特征，比如前臼齿的存在、锁骨的缺失，以及下颌骨上明显发育的脊②。这些共同特征又将它们归入了同一个科——豚鼠科（Caviides）之中。水豚和豚鼠所拥有的大量相似之处指示着它们具有一个相对年轻的，可能生活于仅仅几百万年以前的共同祖先。

　　大火烈鸟③和北鲣鸟的外表迥然相异，分属于不同的动物学类群。大火烈鸟属于火烈鸟科，此科中仅有5个彼此十分相似的种。它的脖子和腿都特别长，是欧洲体型最大的鸟类，可以长途飞越上万千米。北鲣鸟则属于鲣鸟科，它可以和其他鸟类一样振翅飞行或高空翱翔，但它的特别之处在于它还能够潜水。当它在空中发现猎物时，可以半收起翅膀，从二三十米的高处俯冲入水进行捕猎。在它潜入水中之后，前行的动力转为由长有蹼的足部提供，翅膀此时也可能有一定的辅助作用。

　　虽然不及水豚与豚鼠的相似度之高，但大火烈鸟与北鲣鸟之间依然有很多的共同之处。它们的骨骼构成相同，相应骨骼的形状也相差无几：如胸骨上都长有一个骨质的突起——龙骨突，用于附着强大的飞行肌肉；两侧锁骨都在前端愈合，形成叉骨，也有利于飞行。

　　第一眼看上去，蝾螈和羚羊简直是天差地别的两种动物。前者裸露的皮肤上满布着腺体，后者则身披毛发；前者正常的身体姿势是平贴着地面，后者则为四足直立。但它们仍然具有相似之处：都长有头部和四肢。这似乎是句赘述，但其实头部加四肢这一组合在动物界中是相当稀有的。例如，从水母到海胆，大量的动物都根本没有头部。至于肢体数量，昆虫——这一囊括了地球上绝大多数物种的类群，就长有六足而非四足；甲壳类有十足甚至更多；蜈蚣则有多达750足；而蛇和蠕虫则又完全无足。唯一同时长有头部和四肢的动物就是四足动物，包括两栖类、爬行类、鸟类和哺乳类。所有的四足动物加在一起也不超过26000种，约占现生动物总数的0.1%~1%。

　　事实上，如果我们对蝾螈和羚羊进行骨骼学分析对比，就会发现它们之间一些相当基本的共同点。例如，虽然肢骨大小和形状各有不同，但它们逐节的构成方式是相互一致的；虽然椎体的数量和形状有所差异，但它们的构造形式是完全一样的。早在19世纪时，博物学家圣伊莱尔就根据对骨骼结构类似的详细对比，提出了"同源"的概念。他认为如果两个器官在生物的骨骼系统中具有相同的地位，那么它们就是同源的。相比于器官的功能，它的形状和大小影响则没那么大。自那以后，生物学家发现同源器官具有同一胚胎来源，如人类的胳膊和蝙蝠的翅膀都源于胚胎中同一个未经分化的区域。蝙蝠的翅膀与灵长类的胳膊是同源的（见第33章），但它与昆虫的翅膀却不是同源的。

对圣伊莱尔来说，同源性标志着物种间的亲缘关系，因此是演化的结果。这一观点在当时并不为所有的博物学家所接受，例如拒绝接受演化理念的英国解剖学家理查德·欧文（Richard Owen）也使用同源这一概念，但仅仅是为了更加精准地对动物进行分类，而与演化毫无瓜葛。在《物种起源》出版之后，同源性成为了鉴定物种间系统发育关系[4]的重要因素。豚鼠和水豚、大火烈鸟和北鲣鸟、蝾螈和羚羊，它们都具有脊柱、头部和四肢，因此都被归入了四足脊椎动物之中。这六种动物内部结构的一致性证明了它们必定拥有一个共同祖先，尽管这个祖先究竟是哪个物种，我们还无从定论。

译注

①原文中为"他"（he），但事实上瓦舒为雌性。

②脊(crest)指骨体上有所延伸的突出部分。

③原文中为"pink flamingo"。根据后文中提及它生活于欧洲且体型较大，推测指的是大火烈鸟这一属种，此处及后文均将其译为大火烈鸟。

④物种间的系统发育关系即指其演化关系。

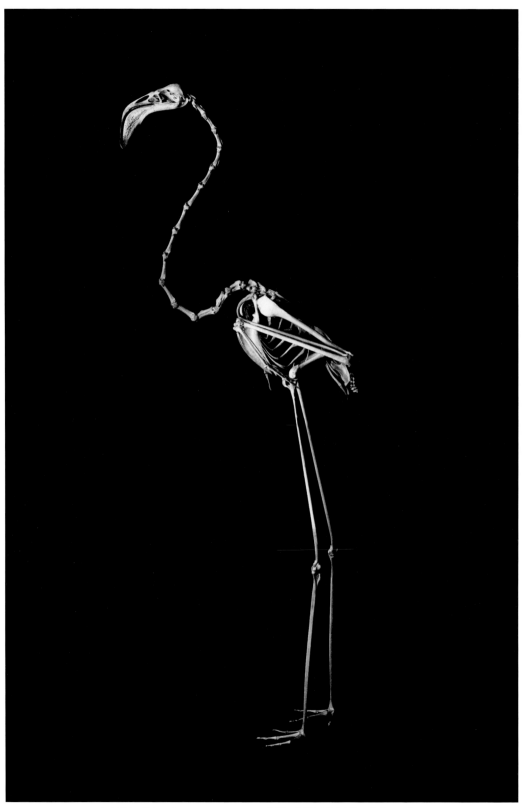

大火烈鸟（*Phoenicopterus roseus*），非洲、美洲及欧亚大陆（身高1.20米）

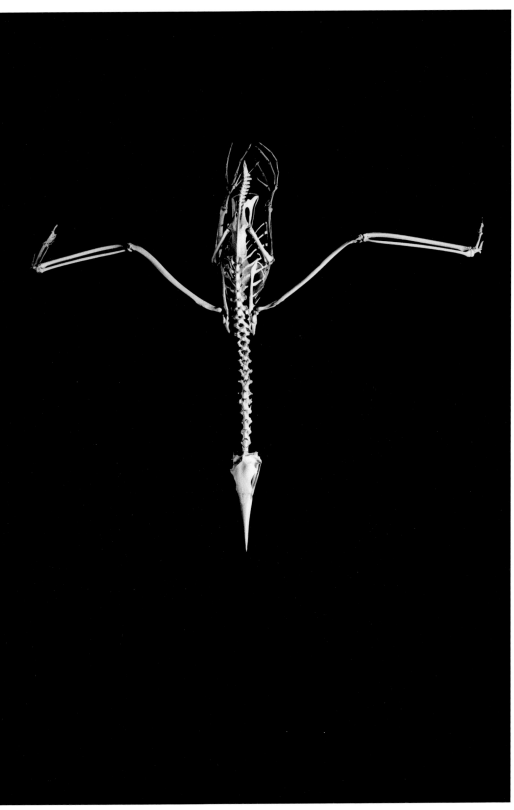

北鲣鸟（*Morus bassanus*），北大西洋（翼展1.35米）

豚鼠（*Cavia porcellus*），驯化种，原产于南美洲（体长30厘米）

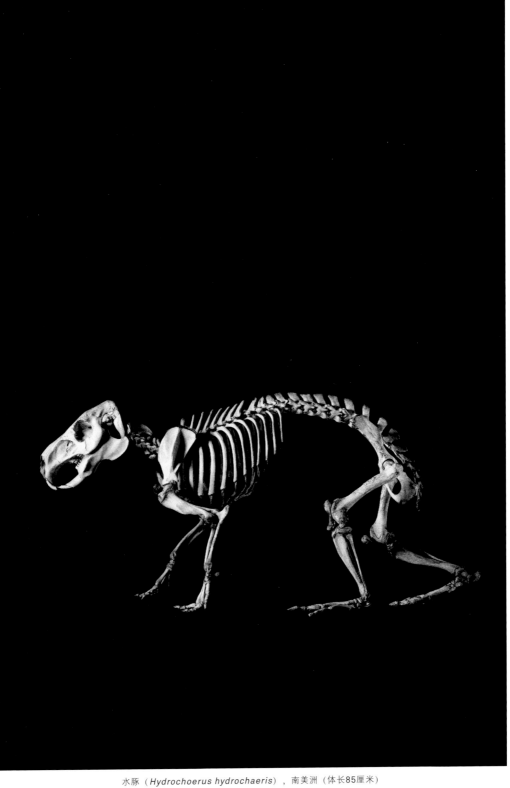

水豚（*Hydrochoerus hydrochaeris*），南美洲（体长85厘米）

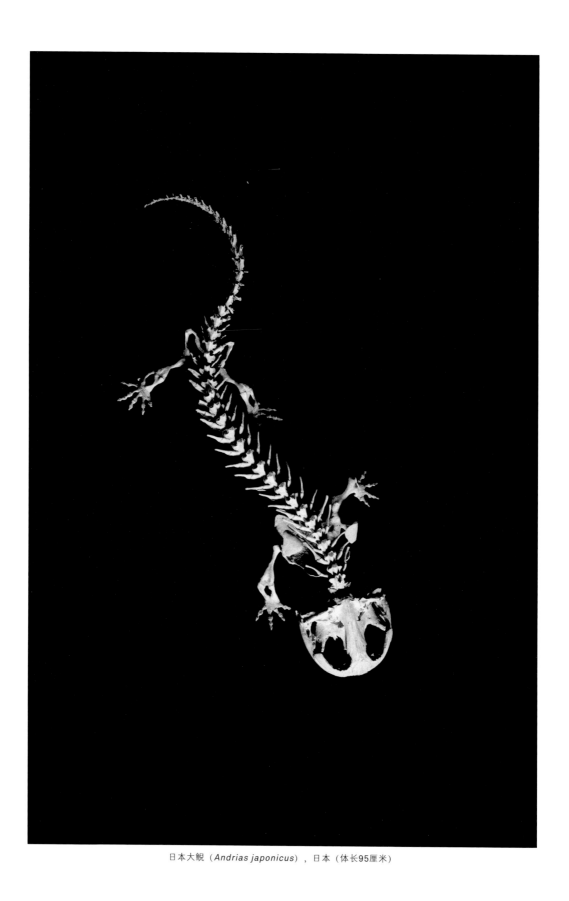

日本大鲵（*Andrias japonicus*），日本（体长95厘米）

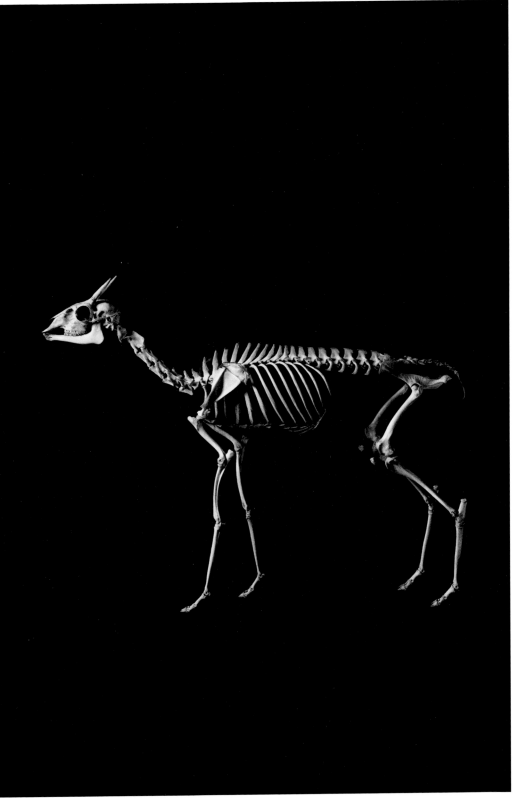

侏羚（*Ourebia ourebi*），撒哈拉以南非洲地区（肩高55厘米）

第3章

——

骨质盔甲

2006年时，一只由达尔文在环球旅行后带回英国的加拉帕戈斯陆龟寿终正寝，推测其年龄约为176岁。龟类寿命的漫长、行动的缓慢，以及长着保护性龟壳的特性都引发了人类无穷的遐想，使得这种温和的爬行动物成为了智慧和长寿的象征。奇特的龟壳可能会令人想象出它正背负着整个世界，但其实它真正的用途在于自我保护——龟类在遇到危险时会缩进壳里，以躲避被捕食的风险。这一沉重而坚硬的构造不仅仅是个固定的盒子那么简单，它的成长伴随着龟类的整个生命，也为骨组织所具有的巨大潜能提供了一个绝佳案例——骨质其实是一种可塑性材料，能够响应生物体发育过程中的需求，以及演化巨大的创造力。

龟类具有极高的辨识度。即使是体型大小、生活方式都差异巨大的小欧洲淡水龟和大加拉帕戈斯陆龟，我们也能立即判断出它们之间密切的亲缘关系。它们的壳都包括两部分，分别位于背部和腹部：上甲（也称背甲）由一系列骨板组成，与椎体及肋骨相连；下甲（也称腹甲）也由一系列骨板组成。在陆生龟类中，这两部分在身体侧面相连接，同时留有两个开口，一个露出头和前肢，另一个露出尾巴和后肢。壳的边缘还长有一些凹凸不平的嵴，以巩固整个龟甲结构。和其他爬行动物一样，龟类终生持续生长，只是在到达一定年龄时生长速度会突然减慢。因此，龟板的边缘也持续发生着变化，其骨骼结构不断被一些特化的细胞所破坏和重建。类似于树木的年轮，龟类以及诸多爬行动物的骨骼中也具有和年龄相关的连续的生长线。

从龟壳的外露部分上基本看不到龟类的肋骨和绝大部分脊柱——它们隐

赫曼陆龟（*Testudo hermanni*），法国（体长25厘米）

藏在壳内，且与背甲的内侧面相连。陆生龟类的肩带——一组用于支撑前肢的骨骼——位于胸腔以内，而不像其他一些爬行动物那样位于胸腔以外。两侧的肩带分别由三块骨骼组成：肩胛骨、锁骨和乌喙骨，它们呈三角支撑状排列，使得背甲更加稳固。龟类四肢与躯干的连接处位于龟壳以内，使得在遇到危险时可以将四肢缩进壳里，但同时也削弱了四肢的灵活性。

水生龟类的龟壳较陆龟小，各块骨板之间以及骨板与内部骨骼之间都互不相连。以软壳龟类（鳖类）为例，它们的腹甲几乎完全由软骨组成。这样的龟甲保护性能较弱，为了弥补这一缺陷，水生龟类一般比陆生龟类更加凶猛。软壳龟类的肩带和腰带高度发育：肩带和腰带的骨骼近乎平板状，几乎完全覆盖了其身体的腹面。它们的四肢远比陆生龟类灵活，可以进行有力地划水游动。

龟类的大脑袋看上去与躯干不太成比例。它其实是由相互嵌套的两个结构组成，其中位于内部的结构保护着脑组织，而在两层结构的骨壁之间，则附着有颌部的肌肉。虽然具有这一增生的骨质结构，但龟类却没有通常在脊椎动物体内最为矿化的结构：牙齿，而以角质喙取而代之，从而像剪刀一样行使切割功能。与此同时，龟类的背甲也常常为角质所覆盖，导致有时龟甲或盾板的巨大外廓并不与其下覆骨板的形状相吻合。

骨质盔甲这一厚重的保护结构，在脊椎动物中其实并非龟类所独有。它甚至在脊椎动物最早的祖先——四亿多年以前古生代那些身披盔甲的早期鱼类身上，就已经出现了。这些远古鱼类的身体为外骨骼所包裹，大块的骨片愈合成了盾牌一样坚硬的外部盔甲，保护着头部和身体前部，仅尾部可以自由活动以实现其在水中的游动。除头部以外，这种盔甲式的保护结构在后来演化出的大多数脊椎动物身体中几乎消失殆尽，但某些脊椎动物依然具有在皮肤上产生骨质、形成附加性骨骼的能力，例如鳄鱼的皮肤就被称为皮质骨（osteoderm）的骨板所覆盖。对于哺乳动物来说，这样的骨质有时可以形成牛角、鹿角等的骨质内核，或者犰狳等的骨质背甲。和骨质一样，角质对于脊椎动物来说也相当重要，它可以形成犀牛角、鸟喙、猫爪，以及有蹄类的蹄子，同时它还能形成我们人类的毛发、指甲和表皮的角质层。

骨骼由弹性蛋白质组织骨胶原经矿物质（主要为磷酸钙）矿化而成。钙与有机体体内诸多重要的化学和生化反应有关，比如从神经冲动的传导到肌肉的收缩。磷则以三磷酸腺苷（ATP）的形式，参与有机体内所有的能量传递。骨骼是这些有机体所需的基础矿物质元素的储存场所。当血液中这些元素的含量水平过低或过高时，骨骼可以进行相应的释放或移除，从而实现对血液中钙和磷含量细微、精确而连续的调控。与骨骼不同，角质则形成于另一种蛋白质——角蛋白。

　　虽然非常重要，但骨质和角质不能被视为鉴别脊椎动物的决定性因素。事实上，有些脊椎动物体内并没有骨质或角质，比如鲨鱼的骨骼就完全由软骨组成，与真正的骨质骨骼有着本质区别，但也可以为磷酸钙所矿化。只有硬骨鱼纲的成员才具有真正的骨质结构——这一类群包括了具有骨骼的原始鱼类的全部后代（这也正是其名称含义所在）。也就是说，它包括了所有现生具有骨质骨骼的鱼类（具有脊柱），以及所有的四足动物——爬行类、鸟类和哺乳类（见第408页）。因此，鉴于有些类群没有骨质，脊椎动物不能为骨质存在与否所定义。将龟类归入脊椎动物之中的既不是它的骨质也不是它的角质，而是它藏匿于龟壳内的结构——脊柱。

红腿象龟（*Chelonoidis carbonaria*），南美及安的列斯群岛（体长55厘米）

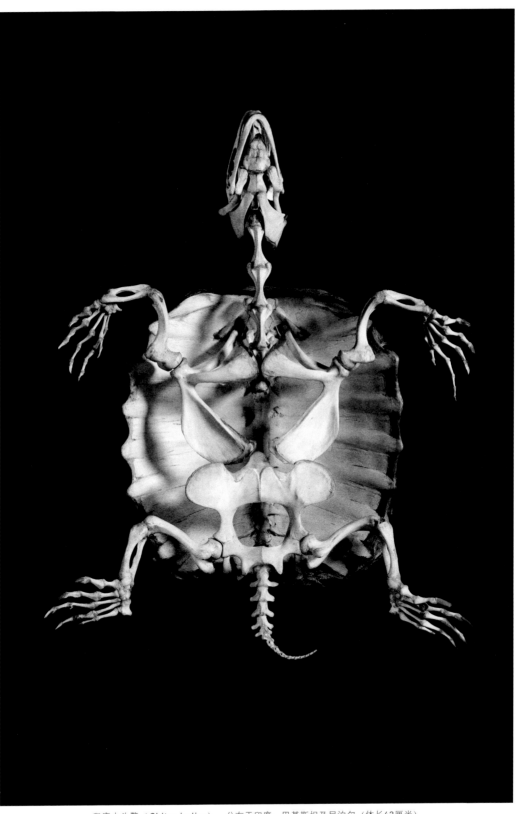

印度小头鳖（*Chitra indica*），分布于印度、巴基斯坦及尼泊尔（体长43厘米）

绿蠵龟（*Chelonia mydas*），全球海洋（体长68厘米）

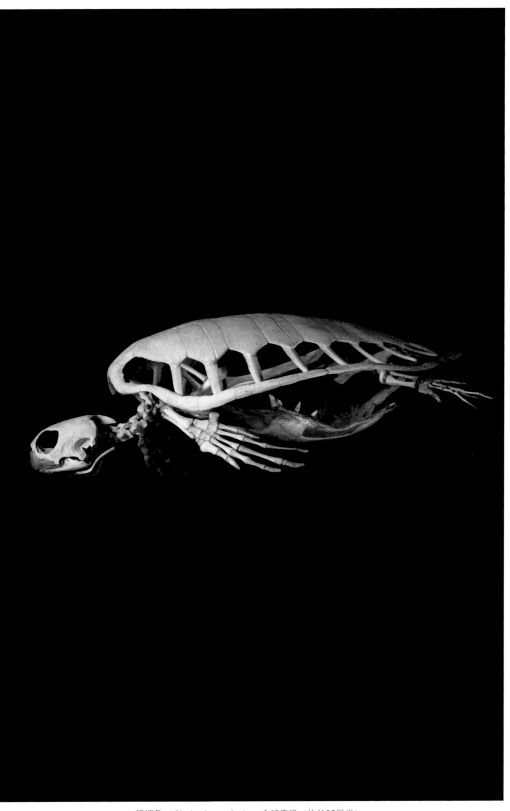

绿蠵龟（*Chelonia mydas*），全球海洋（体长68厘米）

第4章

———

五指

同两足行走及增大的脑部一样,灵巧的手部长期以来也被视为人类最重要的特征之一。从书写到修补,从体育运动到艺术创作,它无与伦比地体现着人类的智慧。19世纪时,人们认为上帝在创世的第六天创造了人类,而灵巧的手部则是人类躯体完美性的标志之一。尽管演化论最终得以盛行,人类的类人猿起源也得到了认可,但有些博物学家依然保留着对人类这一类群旧的理解,仅仅是将其地位从造物主的杰作换成了演化的巅峰。这些博物学家对生命演化史作如此认知的根本原因在于,他们认为演化必然意味着进步,物种在演化历程中一定会变得更加适应环境,身体结构也一定会越变越复杂。例如,认为那些第三纪①时体型较小的猴子一定会逐渐演化为两足行走,具有灵巧的手部和增大的脑部的人类。然而,实际上演化并不会遵循某一特定路径,手(和脚)的演化历程也并非是不断进步的过程。

与手相关的最早化石记录来自于早期四足动物,也就是最早具有四肢、可以在干燥陆地上活动的脊椎动物。它们的祖先是与其极为相似的"鱼类",但后者的鳍由鳍条构成,而没有手指(见第7章)。这些看上去像是矮壮的大蝾螈的早期四足动物,并不是都长着五个指(趾)头。生活在约3亿6000万年前的鱼石螈(Ichthyostega),脚上就长着七个趾头,而与它生活在同一时代的棘螈(Acanthostega),手上则长了八个指头。当时也有些属种是五趾型,但并没有显示出什么明显优势。

在距今较近的化石记录中,我们只能看到两个留有后代的相关分支:一支演化为两栖动物,具有四指型的前肢和五指型的后肢;另一支演化为前后肢

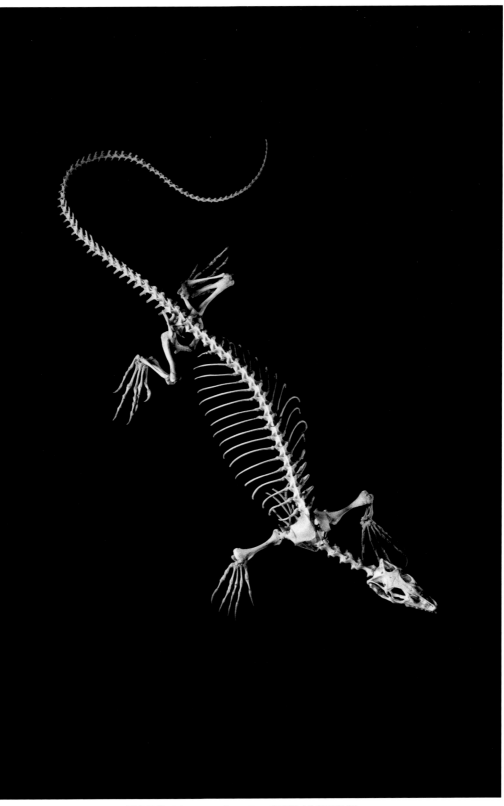

圆鼻巨蜥（*Varanus salvator*），东南亚（体长90厘米）

均为五指型的四足动物。其他的演化分支则似乎没能留下任何后代而灭绝了。这种选择性的灭绝或许是因为长有四或五个指（趾）头比六或七个更有生存优势，但也可能仅仅是事出偶然。这一谜题尚未被破解，原因之一是如果想评估生物体某一器官的优劣性，必然要考虑到它的整体解剖特征，这就加大了研究的难度。此外，由于目前发现的早期四足类化石材料并非常丰富，故而相关的具体演化历程尚未完全得以了解。现生爬行动物、鸟类和哺乳动物的早期四足类祖先都是五指型的。一些爬行动物还依然保留着这一特征，譬如巨蜥和蜥蜴。某些哺乳动物如蝙蝠和很多食肉类，也仍保留着五个指（趾）头，但另外有些则已经发生了退化。如今的马科动物只长一个趾头，而牛科动物也只有两个（见第29章）。这些特征仅仅出现在较晚演化阶段里的某些特定类群中，生物学家称它们为"衍生特征"（derived features），意味着它们由与之不同的"原始特征"（primitive features）转变而来。与早期的鳍相比，五指型的四肢是一个衍生特征，但如果放眼3亿5000万年前至今，与后期出现的一趾或二趾型的四肢相比，它又是个原始特征。

和它们的远古祖先一样，所有的灵长类都是五趾型的，但不同的是它们演化出了另一个进步特征：可以对握的大拇指（趾）。这一演化事件在最早的灵长类身上就已经发生了——它生活在约6000万年前恐龙刚刚灭绝之时，是现生所有狐猴和类人猿的祖先。可对握的第一指（趾）这一特征的演化涉及到骨骼、关节及肌肉的可遗传性改变，并遗传给了这一演化分支上所有的后代物种，因此它是证明灵长类类群单系性的证据之一[②]。然而，某些物种譬如极善跳跃的跗猴和直立行走的人类，脚上却并没有这样可以对握的第一趾，这归因于演化后期所发生的特征丢失事件。它们拥有的一些其他进步特征，如眼睛的位置，则依然标志着它们与其他灵长类的密切关系。

绝大多数灵长类保留了可以对握的第一趾，但其他的器官则发生了明显的演化。南美洲一些猴子的尾巴演化出了抓握树枝的功能，而在非洲一些猴子——黑猩猩和人类的祖先——身上，尾巴则完全退化消失了。一些灵长类尤其是人类的大脑得以高度发育，而牙齿则显著缩小。在演化过程中，某些器官发生了彻底的转变，甚至改变了其功能，而另一些则依然保留着原有的形态，行使着原有的功能——这一现象被称为"镶嵌演化"（mosaic evolution）。

对生物学家来说，"演化"（evolve）这个词和人们日常用语中的意思并不完全一样[③]。生物学意义上的演化仅仅意味着转变，而并非一定会变得更复杂更进步。手部结构由陆生脊椎动物的祖先一直保留至今，显示出了超乎寻常的灵巧性和令人讶异的原始性。而自人类的祖先在几百万年以前做出两足直立行走的尝试开始，他们的第一趾就开始飞速地演化，丢失了它原有的活动性。第一趾对握能力的丢失是一个较晚出现的衍生特征，相应获得的是两足直立行走的能力，它在众多特征中区分开了人类与其近亲黑猩猩。也就是说，我们身上演化最为强烈的指（趾）头恰恰不是能力超群的、古老的、可以对握的大拇指，而是那更为笨拙的、较晚才出现的大脚趾。

译注

①第三纪是已被国际地层委员会废除的地质年代单元，被拆分为古近纪和新近纪。

②单系类群是分支系统学概念，是包括最晚共同祖先及其全部后裔在内的类群。

③"evolve"一词在英文日常用语里包括逐渐形成、发展、进展等诸多含义。

婆罗洲猩猩（*Pongo pygmaeus*），苏门答腊岛及婆罗洲（身高1米）

冕狐猴（*Propithecus diadema*），马达加斯加（体长92厘米）

第5章

大有难题

　　数个世纪以来，地球上发现的一些巨型骨骼常被当作传说中的巨人存在过的证据。发现于地中海岛屿上的一些奇特头骨，前额上有一个巨大的开孔，也许就是独眼巨人（Cyclops）①传说的源头。随着比较解剖学的发展，用神话传说对这些发现所做的解释逐渐被废弃。人们认为它们不可能属于人类，即使是巨人。最终，这些巨大的骨骼被鉴定为大象的头骨，前额中央的"眼窝"实际上是鼻孔，恰与象鼻的位置相符（大象真正的眼窝则非常不显眼）。然而，相对于正常体型的大象来说，这些头骨又有些太小了。

　　无独有偶，一些其他的巨型骨骼化石也相继被归入了哺乳类或大型爬行类之中。这比发现神话中的泰坦族（Titans）②巨人更为惊人，因为它们喻示着这个星球上曾经生活着一些我们未知的动物，尔后灭绝了。这些物种甚至比活至今的动物们更加引人入胜，因为其中有些物种的体型比所有现生的动物都更加庞大。在历经近两个世纪的古生物学探索之后，目前发现地球历史上最巨大的陆生动物是植食性恐龙阿根廷龙（*Argentinosaurus*）③。它是梁龙（*Diplodocus*）的近亲，体长可达近40米，重达50~70吨。史前体型最大的陆生哺乳动物，则是与犀牛亲缘关系较近，但并不长角的俾路支兽（*Baluchitherium*）④。它抬起头时可高达8米以上，重约15吨。现生最庞大的陆生动物则是生活在非洲草原上的大象，最大肩高达4米，重约7吨。如果算上海洋生物，那么地质历史上及现生最大的动物可能非蓝鲸莫属了，它可以长到33米长，体重超过190吨。

　　这些恢弘壮丽的物种在数量上其实并不多，因为巨大的体型除了具有优

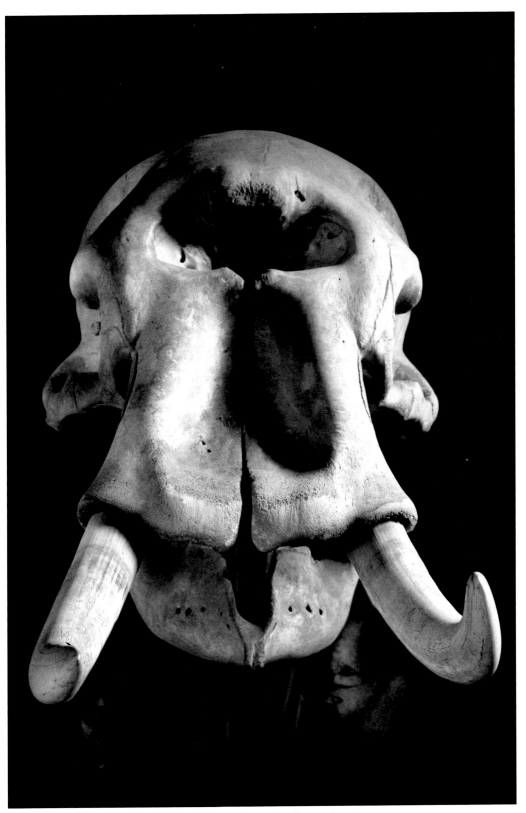

非洲象（*Loxodonta africana*），非洲（肩高2.20米）

势以外，也会为生存带来诸多不便。庞大的身躯的确能够减少一只成年大象被捕食的危险，使其可以长途迁徙以寻找食物，还可以吃到其他食草动物吃不到的高处的树叶。当外部温度发生变化时，庞大的身躯还能使它身体的热惰性（thermal inertia）[5]比小型动物更大，从而使体温随外界温度上升或下降的更慢一些，相应减少了为保持97华氏度（约为36.1摄氏度）的恒定体温所消耗的能量（见第6章）。然而大体型带来的不仅是这些优势，还有诸多的劣势。就摄入量的绝对值而言，大象为了维持巨大的体型所需要的食物量是相当惊人的。虽然大型动物的寿命比小型动物长，但前者的繁育更加缓慢，留下的后代数量通常少于后者。除此之外，大型动物需要更广袤的领地进行活动，但同时也就会出现"地广人稀"的现象，造成了它们寻找配偶的困难。由此，人们认为大型物种其实面临着更高的灭绝风险。

大型动物必须面对一些身体构造上的难题，例如它们体重的增长比骨架的生长相应要快一些（据估测，当身高增加1倍时，它们的体重将变为之前的8倍。也就是说，假设动物总体形态不变，当它的腿骨从0.5米长到1米时，它将需要承受原来8倍的重量）。抛开高度不谈，大型动物的骨骼看上去总是比小型动物的要魁梧，原因是它们比后者的骨骼更加粗壮。由于骨骼的密度比其他任何器官都要大，大型动物粗壮的骨骼又进一步增大了它们的体重。诚然，一些相应的特殊适应性在一定程度上削弱了这一效应。例如，大象的头骨上有很多为空气填充的气窝，在不影响其坚固性的情况下减轻了它的重量（恐龙的椎体和长骨上也有此现象）[6]。大象的肌肉也必须更加强壮，匹配于它的体重而非体长。由于腿部骨骼通常保持着像柱子一样的直立姿势，它对于肌肉的要求则相对少一些。将所有这些因素考虑在内，我们可以计算出一个陆生脊椎动物所能达到的最大体重大约在50~100吨之间，这也与体型最大的恐龙的估测体重相吻合。

大象身上令人惊叹不已的特殊器官——象鼻的出现，也与它巨大的身型直接相关。大象那由于长有象牙而更加沉重的巨大头骨，几乎占了整个骨架重量的四分之一。可以想见，一个长脖子是无法支撑住如此巨大的头颅的，事实也是如此：大象的七枚颈椎形态扁平而且很短。如果没有长长的象鼻，它在觅食时能够探寻的区域将极为狭小。在演化历程中，这样的长鼻并不是突然出现的。从体型较小的早期大象化石身上，我们可以看到从鼻子和上唇开始连接的初期阶段，到长长的象鼻逐渐成型的过程。头骨的形态能够显示出象鼻相关肌肉的附着位置。生活在约三亿年前的原始大象就长有象牙，但脸部较长。最初它们可能仅仅是像貘一样具有向前突起的上唇，随后下颌逐渐后退回缩，自由的长鼻渐渐形成，一如现代这些脸部较短的现生大象。根据古生物学家发现的大量亲缘关系较近的大象化石，我们可以一路追溯出大象的演化历史。大型动物在这点上尤其有趣：它们的数量比小型动物要少，但由于大的骨骼更容易被保存为化石，它们最终留下来的化石材料竟出人意料地丰富。

如果外部环境发生变化，在演化过程中变得巨大的物种也会再慢慢缩小。在一些远古大象的身上就上演了这一幕。由于几十万年前海平面的上升，一些大象的栖息地被隔离成了独立的岛屿（也存在它们游泳登陆这些岛屿的可能性）。没有了天敌的威胁，再加上岛上食物资源的匮乏，它们中体型较小的个体开始受到自然选择的青睐。当它们留在大陆上的亲戚们依然保持着庞大的身躯时，这些岛屿上的大象则变得相对矮小。在这个演化过程中，尽管它们的体型发生了改变，但它们依然保留了与原来相似的外形和长长的鼻子。可能由于第一批登陆西西里岛（Sicily）或马耳他岛（Malta）的人类的过度捕猎，这些奇特的大象在几千年以前彻底消失了。它们唯一留下的痕迹就是一些骨架残骸，以及那些令希腊航海家们迷惑不已的、巨人似的头颅。

译注

① "Cyclops"是希腊神话中的巨人，名字原意为"圆眼"。赫西奥德（Hesiod）在其著作《神谱》（*Theogony*）中将其描述为天神乌拉诺斯（Uranus）和地神盖娅（Gaia）之子，共三兄弟。荷马（Homer）则在另一部著作《奥德赛》（*Odyssey*）中将其描述为海神波塞冬（Poseidon）之子。

② "Titans"是希腊神话中的力大无穷的巨人族，第一代为天神乌拉诺斯（Uranus）和地神盖娅（Gaia）所生，曾统治世界，后被放逐。

③ 易碎双腔龙（*Amphicoelias fraillimus*）据估计可能长达58米，重达111吨，是地质历史上存在过的最大陆生动物。但由于其化石材料在18世纪描述完后即失踪，因此通常将稍小一些，但有确切化石证据的阿根廷龙认为是目前发现的最大陆生动物。

④ 俾路支兽属目前认为是副巨犀属（*Paraceratherium*）的同物异名，已不再使用。

⑤ 热惰性是指一定时间内对物体加一定量的热，物体内部温度改变快慢的性质。热惰性越大，物体内部温度受外表面温度变化的影响就越小。

⑥ 某些与鸟类亲缘关系较近的恐龙头骨上，也有气窝存在。

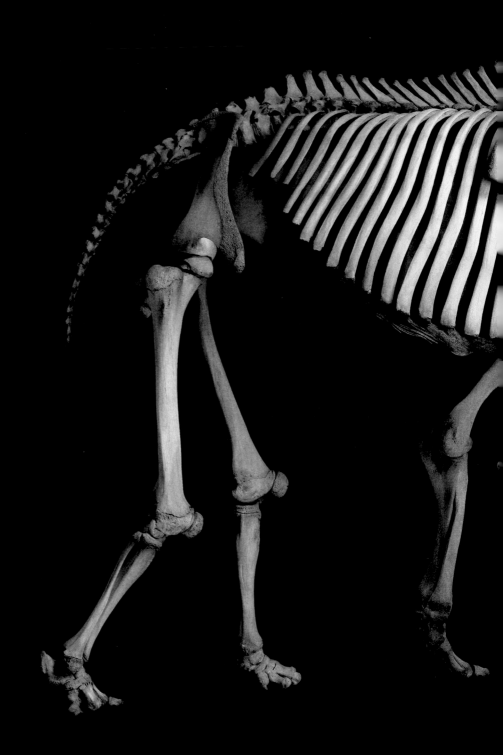

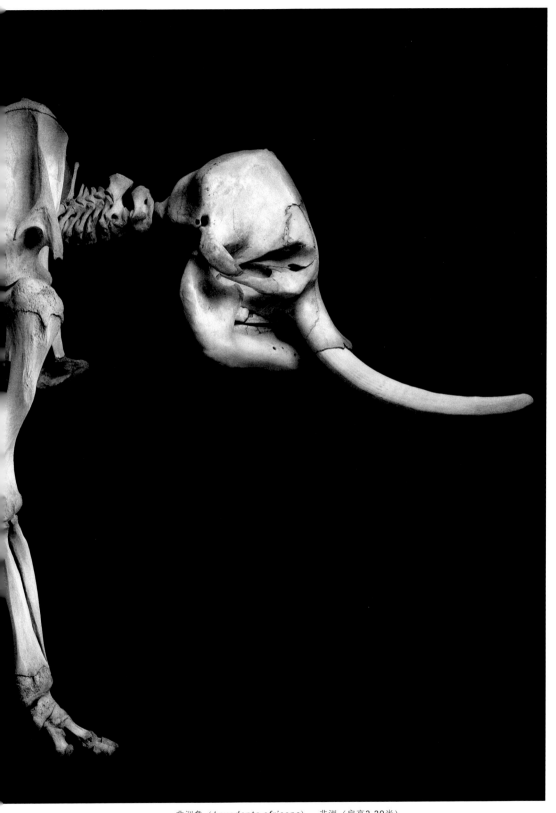

非洲象（*Loxodonta africana*），非洲（肩高2.20米）

第6章

——

小有可为

长久以来，岛屿都被认为是"演化的实验室"。生活于岛屿上的动物们在地理上远离了它们之前所属的种群，于是会发生一些大陆上不会发生的变化。由此可以解释发现于地中海岛屿上的那些矮小的大象和河马，以及巴利阿里群岛①上站立时不超过40厘米高的野山羊。但这些现象不能用于说明岛屿动物都相对更小。在孤立的岛屿上，原本大型的动物可能逐渐变小，但原本非常小的动物也可能逐渐变大。西西里岛上就曾经生活着一种与普通睡鼠相似的巨型睡鼠，体型约为普通巨鼠的四倍大。与之类似的是，岛屿上的老鼠、田鼠及鼩鼱都比相邻大陆上的种群体型要大。要了解为什么会出现这两种似乎截然相反的演化方向，就必须弄清生态系统中动物体型大小的分布情况，并且对大体型和小体型各自所带来的优势分别进行分析。

脊椎动物的体重范围比其他动物类群更大，比如河马是老鼠体重的上百万倍，蓝鲸则是最小鱼类体重的上十亿倍。平均而言，脊椎动物比其他生物体型都要大一些，而且涵盖了动物世界里几乎所有的巨型物种。虽然我们对大型动物更为熟悉（可能由于我们自己也属于大型动物），但其实它们相对较为稀少，而小型动物的种类则数不胜数。动物体型的多样性由生态环境所决定。如果某一地区生活有一系列体型各异的物种，那么它所含资源的被利用程度将远胜于仅生活有单一体型物种的地区。在演化的历程中，6000万年前出现的早期脊椎动物体型很小，而后才逐渐产生了较大的物种。在很长一段时间里，动物学界中都流传着这样一个"定律"，认为动物的演化具有体型逐渐增大的整体趋势。这种认为演化可能具有特定方向性的观点，与认为演化方向完全不

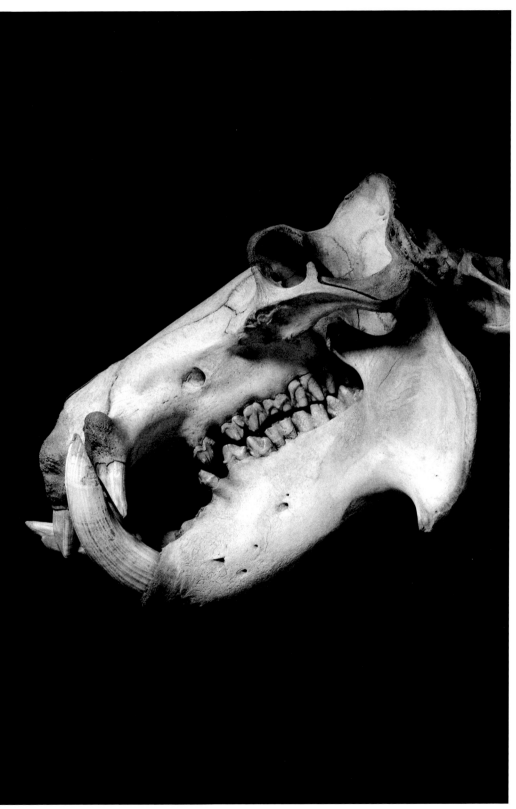

河马（*Hippopotamus amphibius*），非洲（肩高 1.35米）

可预期的观点大相径庭。在这场演化是否具有潜在方向性的大论战中，动物体型大小的相关问题即是焦点之一。

地球上昆虫和其他无脊椎动物的种类和数量是大型脊椎动物所无法比拟的，它们的整体重量之和因此也比较大。通常情况下，脊椎动物的体型都远大于昆虫，但有些属种却几乎和昆虫差不多大。太阳鸟是一种和美洲的蜂鸟一样以花蜜为食的小型鸟类，有些仅有蝴蝶大小。目前已知最小的哺乳动物则是小臭鼩和凹脸蝠，都仅仅重约2克。除此之外，地球上还生活着仅一两厘米长的小型壁虎和蛙类。目前世界上已知最小的鱼生活在印尼的沼泽中，与金鱼具有亲缘关系，体长约7~8毫米[②]。

这些微型动物面临的生存风险其实并不一定比其他动物高，因为它们很容易被大型捕猎者所忽视。然而对鱼来说，过小的体型可能会导致失水的危险。微型的爬行动物和两栖动物的体表水分也更容易迅速蒸发，导致它们只能存活于湿润环境之中。微型的鸟类和哺乳动物则面临着更严峻的问题：它们会严重受到外界温度的影响，导致体温的骤降或骤升。

对体型很小的鸟类和哺乳动物而言，维持体温恒定将消耗其大量的能量，以至于它们必须频繁地进食。它们的寿命相对而言短得多，因为在动物世界里体型大小和寿命长短具有很强的相关性。理论上来说，脊椎动物的体型大小可能存在一个下限。这个下限对于不同的类群比如鱼类和哺乳动物，应当有所不同，因为它们具有不同的能量需求。这样看来，过小的体型会带来很多劣势，但同时也具有一些优势：小型动物往往具有惊人的繁殖能力，因此种群数量非常庞大；小体型还更利于它们躲避天敌、寻找食物。

在演化的进程中，捕食者和被捕食者之间的"装备竞赛"也许是某些物种体型增大的一个重要原因。如果一个生态系统中仅包含有体型较小的物种，那么增大自己的体型将大大扩展其食谱范围，这对捕食者来说无疑是个优势。然而，被捕食者也具有越变越大的趋势。从亲代到子代，体型上的变化来源于简单的基因突变。在世代更替迅速，子代数量繁多的情况下，这样的突变几率会更高，而这些条件往往在小型物种身上更容易达到。我们甚至可以为体型的增大设想出一个简洁有效的选择机制——如果某一物种中的雌性个体更青睐于选择大体型的雄性个体，就会引发该物种平均体型的迅速增大。因此，显著的体型变化可以仅仅发生在几百或几千年间。对于岛屿动物而言，这些生存环境中缺乏天敌的小型动物需要耗费的能量相对较少，因此更是具有越长越大的条件。

19世纪晚期时，美国古生物学家爱德华·德林克·柯普（Edward Drinker

Cope）提出生物体总是具有逐渐变大的演化趋势，因为增大的体型能够带给生物体很多优势。他的这一观点主要依据于马的祖先化石材料，其中最原始的马仅仅跟现在的狐狸大小相当。这一理论被称为"柯普定律"（Cope's law），在生物学领域盛行良久，但随后越来越多的系统观察研究显示，演化也可能向着相反的方向进行：马科的某些成员体型就比它们的祖先要小；一些岛屿上的物种也会逐渐变得更加矮小。如今我们发现的最大陆生动物，更是比地质历史上曾经出现过的最大动物要小得多。

　　至于那些本来体型就很小的物种，向体型更小方向的演化必定会受到限制，而较大的物种往更大的方向演化却较为容易。因此，尽管存在着很多微型的物种，但从统计学上而言，动物族群的平均体重呈上升趋势。在不同的环境条件下，随机的基因突变所产生的新种可能较原来的物种体型更大，也可能体型不变，或是体型更小。然而，由于小型物种的生态位普遍都几乎已经被占满，自然选择往往更青睐于选择较大的物种。实际上，动物体型增大的趋势仅仅是演化在诸多的可能性受到环境的限制时，随机所显现的结果。我们脚下数之不尽的昆虫，和田间数之不尽的老鼠，都可以证明变小且不再变大的某种优势所在。

译注

①Balearic islands，西地中海群岛，西班牙自治区之一。

②这种鱼学名为*Paedocypris progenetica*，属于鲤科。其雌性最大体长为10.3毫米，雄性最大体长为9.8毫米，最小的成年个体为一雌性，体长约7.9毫米。

斯韦花蜜鸟（*Nectarinia souimanga*），马达加斯加（身高6厘米）
小林姬鼠（*Apodemus sylvaticus*），欧亚大陆及北非（体长18厘米）

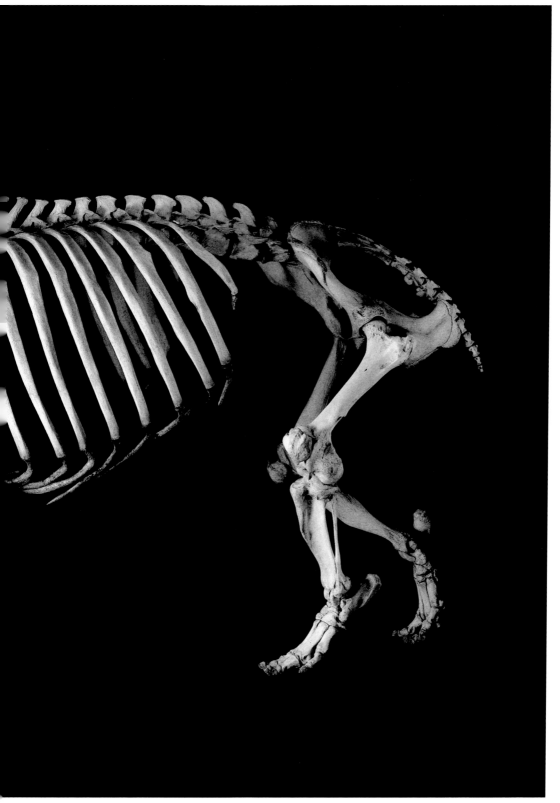

河马（*Hippopotamus amphibius*），非洲（肩高 1.35米）

第7章

———

鱼非鱼

在渔民、渔商和动物学家的共同努力下,如今人类已经发现了超过25000种鱼类,几乎占了全世界所有脊椎动物总数的一半。尽管它们的生存范围局限于水中(目前还没有发现任何陆生鱼类),但其多样化极为强烈,而且极易辨别:鱼类都生活在水里,身体上长有鳍,体内具有脊柱。然而,对于动物学家来说,这样的定义并不能反映出鱼类真实的演化历史。种类最为繁多的鱼类是硬骨鱼类(如鲑鱼和梭鱼),其特征是骨骼由真正的骨质形成。另外有些物种看似鱼类,生活习性也十分相似,但其实它们的身体构造和演化历史都与硬骨鱼类相差甚远。因此,研究者们废除了"鱼类"(fish)这一名称的使用,也就是说在现有的生物分类体系中,"鱼类"已经不再是一个动物学分类单元。

为了理解为何要废除"鱼类"这一名称,我们必须回溯到形形色色的脊椎动物们最初起源的时候,也就是脊椎动物的元年——古生代。最早的脊椎动物看上去很像鱼类,由它逐渐演化出了两个独立的分支:软骨鱼类(chondrichthyans)和硬骨鱼类(osteichthyans)。现生的软骨鱼类包括鲨鱼和鳐,它们与硬骨鱼类最大的区别在于其骨骼形成于软骨而非真正的骨质。此外,软骨鱼类的鳞片由齿质和外覆的珐琅质组成(类似于牙齿),其鳃裂直接与外界相通,而没有覆盖其上的鳃盖骨,也与硬骨鱼类相区别。

硬骨鱼类则迅速演化出了两个分支:辐鳍鱼类(actinopterygians)和肉鳍鱼类(sarcopterygians)。其中,辐鳍鱼类包括了真骨鱼类(teleosteans)(现在最为普遍的鱼类)和一些较小的类群如软骨硬鳞鱼类(chondrosteans)(如鲟鱼)。具有鱼类外形的原始肉鳍鱼类则逐渐演化出了四足动物,但有一种

斑点月鱼（*Lampris guttatus*），大西洋西部（体长1.10米）

肉鳍鱼类却至今仍然保持着原始的形态——腔棘鱼（coelacanth）。腔棘鱼没有真正的脊柱，取而代之的是一条填充着体液的软骨管——脊索，这在某种程度上增大了它的灵活性。腔棘鱼的鳍由内骨骼和肌肉所支撑，区别于辐鳍鱼类支撑能力较弱的辐射状鳍条。海洋学家已经成功拍摄到了存活于自然环境下的腔棘鱼，它生活在怪石丛生的印度洋深海海底。腔棘鱼游泳的姿势不像鱼类的正常游泳姿势，而更像四足动物的行走姿势：先伸出右前鳍和左后鳍，再伸出左前鳍和右后鳍，如此交替反复。

　　腔棘鱼类在距今约四亿年的泥盆纪时非常繁盛，其中有一些逐渐适应了浅水沼泽的生存环境。它们可能已经可以爬出水面，以躲避天敌或寻找新的食物。这些"鱼类"其实已经长出了原始的肺，离开水也可以进行呼吸。虽然它们原始的四肢还没有强壮到足以支撑起身体，但依然可以通过划动在沼泽地里爬行。有些甚至对陆生环境产生了更强的适应，使得鳍变成了足。发现于加拿大，描述于2006年的提塔利克鱼（*Tiktaalik*）便是相关证据之一，它的四肢已经显示出了介于辐鳍鱼类的辐鳍和四足动物的足之间的特征。它还没有成形的指（趾）头，但由于其腕关节是可动的，因此具有向四足动物的四肢演化的潜力。提塔利克鱼为我们描绘出了四足动物的最早形象——依然强烈依赖水生环境的大型有尾两栖类。这一演化分支衍生出了所有的陆生脊椎动物，从蜥蜴到大象再到猴子。

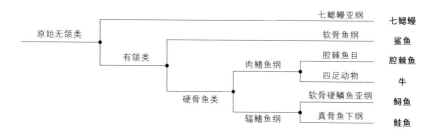

　　如今对生物进行分类的依据是它们之间的演化历史和真实的遗传学关系。古老的肉鳍鱼类是腔棘鱼和陆生四足脊椎动物的祖先，但它与辐鳍鱼类相隔甚远，因此不能被称为"鱼类"。比如提塔利克鱼，它跟牛的亲缘关系其实比跟鲑鱼的要更近一些。

　　七鳃鳗是另一种奇特的"非鱼之鱼"。它的身体看上去很像鳗鱼，但缺少某些后者所必备的基本特征。七鳃鳗没有牙齿甚至没有上下颌，它的嘴巴是一个长有角质突起的圆形开口。取食时，它将吸盘一样的嘴部吸附在其他的鱼身上，锉开寄主的身体从而取食其血肉。七鳃鳗为我们描绘出了脊椎动物的最早形象——和它一样没有上下颌。类似于腔棘鱼，从动物学角度而言，七鳃鳗不能被归入包括鲑鱼和鲟鱼的所谓"鱼类"之中。

具有纵向加长的身体和鳍，生活在水中，用鳃呼吸——这些其实是所有的早期脊椎动物所共有的原始特征组合。由它们衍生而来的后代物种中近一半都保留了这些特征，保持着鱼形的外形。然而，如今动物学在进行分类时依据的是物种共同演化出的新特征（共有衍征①），而非原始特征。上下颌的出现使得鲨鱼跟牛的亲缘关系要近于它跟七鳃鳗，而腔棘鱼的肉质鳍则使得它跟陆生四足脊椎动物的亲缘关系比跟辐鳍鱼类更近一些。

不同于同时代的其他人，亚里士多德非常明智地将海豚归入了哺乳动物而非鱼类。如今，该轮到腔棘鱼、七鳃鳗和鲨鱼离开"鱼类"这一族群了。从生态学上看，腔棘鱼和鲨鱼无疑属于鱼类，但从动物学上看，它们显然不能再被称为鱼类了。

译注
①共有衍征：两个或两个以上的分类单元所共有的衍生性状，承袭自它们最近的共同祖先，用来确定它们组成的类群是否为一独立的演化分支。

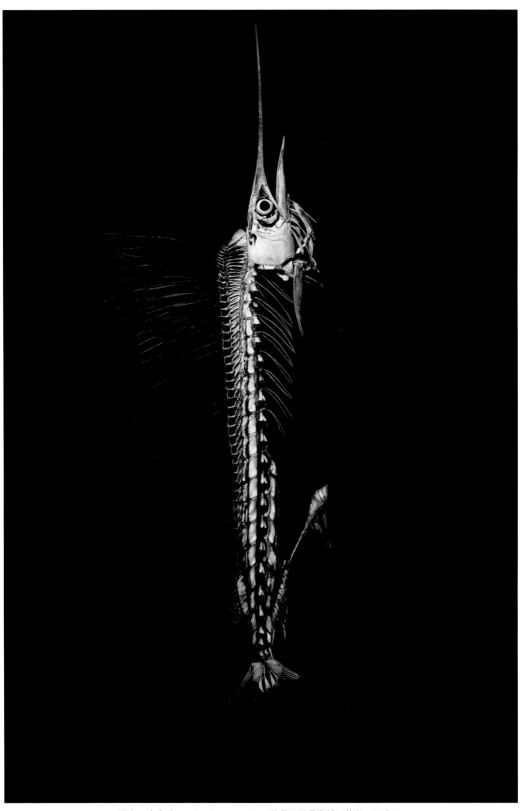

旗鱼，未定种（*Istiophorus sp.*），热带及温带海域（体长2.35米）

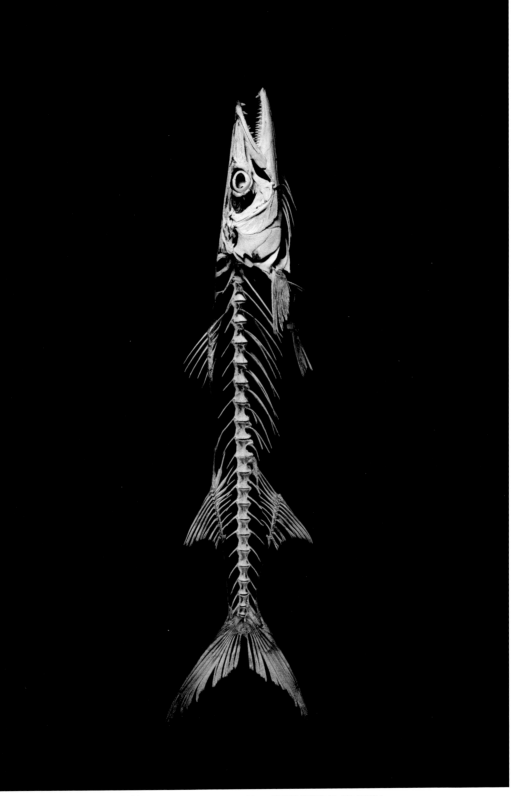

大鳞鲟（*Sphyraena barracuda*），热带及温带海域（体长1米）

护士鲨（*Nebrius ferrugineus*），太平洋及印度洋（体长1.80米）

腔棘鱼（*Latimeria chalumnae*），印度洋（体长1.15米）

第8章

—————

五纲的崩塌

　　一直以来，博物学家都从未停止过对生物世界纷繁多样的奥秘的探索。对动植物进行分类的最初目的之一是清点和分析造物主的造物成果，以领会他的旨意。在自然科学终于摆脱了宗教的禁锢之后，分类学家开始在演化的理论框架之下开展工作。如此一来，便出现了诸多难题。在面对某些彼此非常相像的动物时，他们就需要厘清种、亚种和变种之间错综复杂的关系。这些关系相当难以判断，时常会引发无休止的争论。与之相对应的是，分隔较远的演化分支上的物种间亲缘关系又像是在挑战着人们的想象力，令人几乎找不出任何对比它们的可能性。在这两个极端之间，将物种划分至科级、目级和纲级分类单元所依据的解剖学标准则相对简单明了一些，尽管对某些动物比如鸭嘴兽来说，依然难辨其详（见第42章）。

　　早在公元前4世纪，亚里士多德就已经将"有血动物"（sanguines），相当于脊椎动物，划分成了四大类：带毛的四足动物（胎生，即哺乳类），无毛的四足动物（卵生，即爬行类和两栖类），鸟类和鱼类。分类学家在这四大类的基础上，又区分出了两栖类和爬行类，于是形成了广为流传的五大类（纲）的分类体系，一直延续到了19世纪。

　　五大纲动物的差异主要表现在骨骼构造、身体披覆物和繁殖模式上。鱼类没有四肢，身覆骨质的鳞片，在水中产卵，而且几乎终生不脱离水体。两栖动物体表光滑且满布腺体，绝大部分会经历水生的幼体阶段，尔后变态为成体爬上陆地，但产卵时仍需返回水中。爬行动物身覆角质的鳞片，产下的卵具有一层保护性的外壳，使得它们摆脱了对水体的依赖。鸟类身覆羽毛，长

鲤鱼（*Cyprinus carpio*），欧亚大陆（体长35厘米）

有翅膀，喙部缺齿，其产下的蛋外部保护有一层钙质蛋壳。哺乳动物身覆皮毛（尽管有时非常不明显），幼崽为直接胎生，由母亲的乳腺分泌乳汁哺育长大；除此之外，还具有相关节的上下颌以及长有多个牙根的臼齿等许多特征。

五大纲的分类体系原本无意对物种间的演化关系做什么阐释，但将它融合进演化理论中，在生命演化史上找到这五大类群出现的位置却相当容易。化石证据显示出这些类群在演化史上是连续出现的：首先是鱼类（广义的鱼类），其次是两栖类，接下来是爬行类，最后是鸟类和哺乳类。它们似乎遵循着某种特定的阶层顺序——鱼类在最底层，而哺乳动物在最顶层。有些博物学家就此建立了"层级系统"的理论，认为胎生比卵生更加复杂和进步，鸟类和哺乳类的恒温（endothermy）也比鱼类、两栖类和爬行类的变温（ectothermy）更有生存优势。这些博物学家将这五大类群在生命演化史上出现的顺序解释为演化过程中由低到高递进的一个案例，其中鱼类处于这个层级系统的底部，人类则高踞顶端。然而在另一些博物学家眼里，这个系统并不能真实地反映出生物世界的复杂性。比如拉马克（Lamarck）就认为，鸟类并不是介于爬行类和哺乳类之间的中间类型，而是一个与哺乳类平起平坐的独立分类单元，于是这个层级体系向上就必须分为哺乳类和鸟类两个分支。随后，另一个对动物学类群的分类描述方法——系统发育树——的出现更是使得博物学家们摈弃了"层级"的理念，转而支持这一更加合理的分类模式。系统发育树从最原始的双分支最终衍生为枝繁叶茂的多分支，囊括了所有的动物类群。脊椎动物"系统发育树"这一概念自1867年被恩斯特·海克尔（Ernst Haeckel）提出之后，就一直沿用至今，并且进行了不断的修订，纳入了一些化石或现生的新属种（如腔棘鱼）。

这一如今广为使用的分类体系——系统发育树——反映着动物类群的演化历史。随着古生物学和动物学上层出不穷的新发现，系统发育树（phylogenetic tree）做出了各种相应的修订，但最大的修订主要来自之前提到的分类学新方法——分支系统学（cladistic）。在分支系统学中，动物们将依据且仅依据其共享的新的衍生（derived）特征被归入某一类群中，而不考虑其原始特征的相似性。当一个分类体系的分类依据是物种的演化历史，那么甄别各个类群的层级就会变得很困难，因为这些类群都是在不同的时间里由各自的祖先脱胎而来。例如依此看来，鉴于鸟类演化自某种恐龙，它应当被归入爬行类之中。这样一来，在考虑了演化历史以后，将鸟类和爬行类置于同一层级就是毫无意义的。目前，我们已经不再认为爬行类是一个自然类群，鱼类也不是（见第7章）。因此，经典的五大纲已经被系统发育树上一系列分化级别不同的类群所替代（见第411至413页）。

分支系统学的发展其实对我们的日常生活影响甚小：在大家眼里，鲨鱼依然是鱼类，蛇依然是爬行类。唯一可见的变化在于自然历史博物馆中，它们对脊椎动物世界的展示发生了翻天覆地的变化。在旧的系统发育树上，哺乳类通常比其他类群地位更高，而人类更是高于其他所有动物。现如今我们人类不再被置于层级体系的顶端，而是和其他生物一样，仅仅位于它的演化历程所到达之处。尽管各个物种对地球整体生态系统的影响大小不一，有些可能影响大一些，但无论如何，所有的物种都没有高低之分，都是平等的。

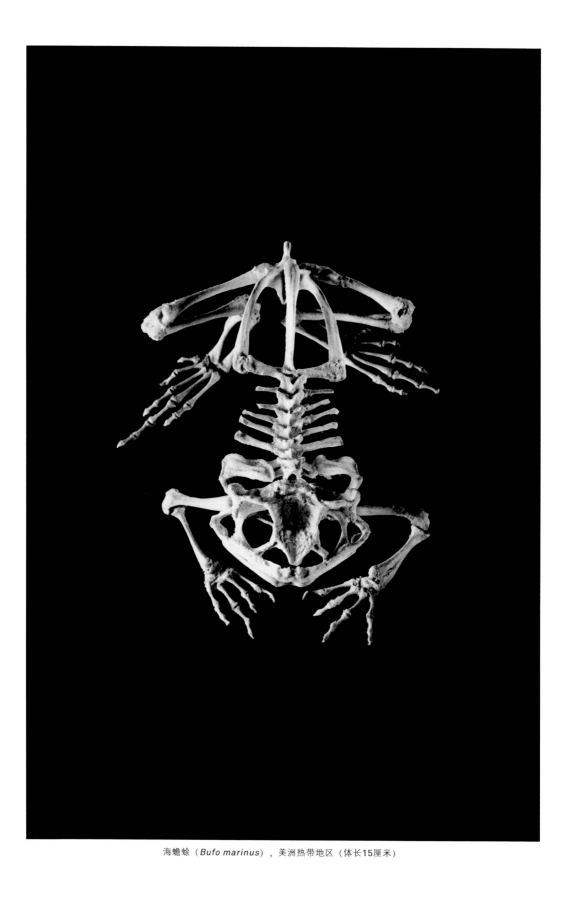

海蟾蜍（*Bufo marinus*），美洲热带地区（体长15厘米）

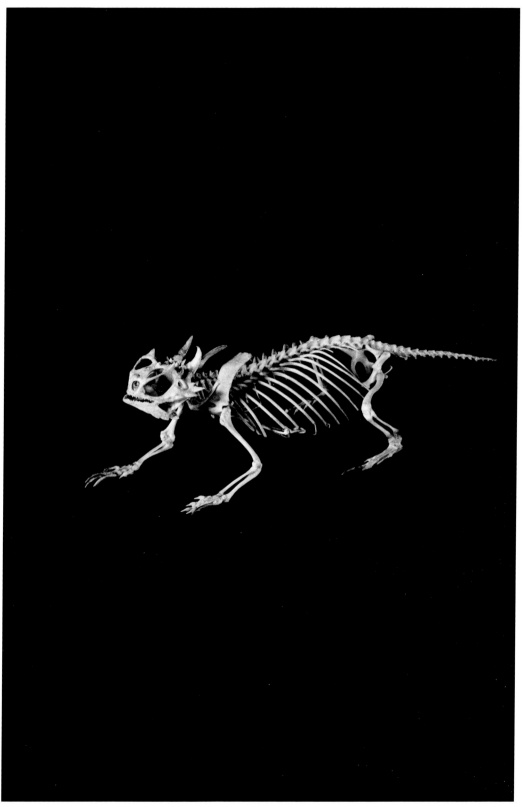

角蜥（*Phrynosoma cornutum*），北美（体长11厘米）

夜鹭（*Nycticorax nycticorax*），非洲、美洲和欧亚大陆（身高32厘米）

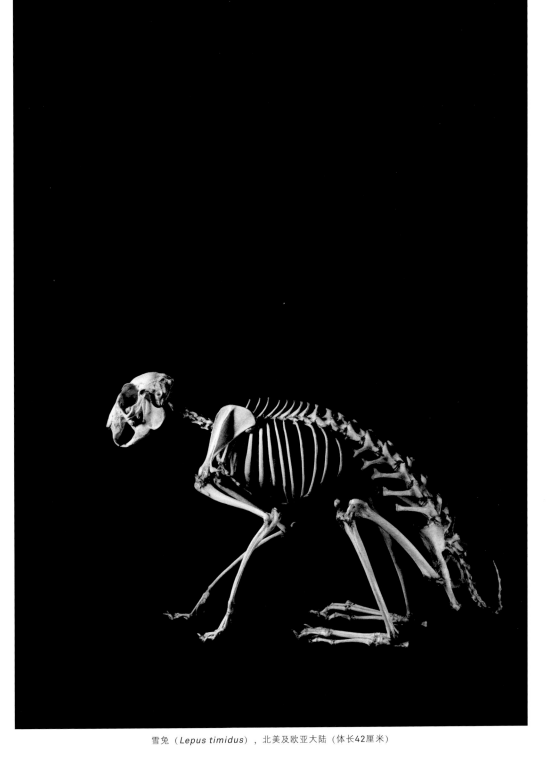

雪兔（*Lepus timidus*），北美及欧亚大陆（体长42厘米）

第9章

动物结构

　　脊椎动物是我们最熟悉的动物，但其实它在整个动物多样性中仅占了很小一部分：现生脊椎动物大约有五万种（包括鱼类、两栖类、鸟类、爬行类和哺乳类），而据估计，所有动物属种的总数约在500万到2000万种（这些数据来自多种观测手段，因此并非确切的具体数字）。博物学家最初的分类仅仅是区分开了脊椎动物与无脊椎动物，然而在次一级分类中物种间的巨大差异使得他们不得不对分类体系进行细化。比如螃蟹和章鱼在身体构造上天差地别，简直像是来自不同的星球。这些差异巨大的动物们可能来源于一个共同的祖先吗？在19世纪时，这个疑问将博物学家分成了泾渭分明的两个阵营。

　　事实上，这一疑问直指演化本身。例如，居维叶（Cuvier）就将动物分成了四大门类，分别是：脊椎动物门、节肢动物门、软体动物门和辐射动物门。由于他秉持物种不变论，因此认为这四大类群不可能从某一共同祖先演化而来，它们之间没有任何系统发育关系。与之相反的是，另一位学者圣伊莱尔（Geoffroy Saint-Hilaire）则致力于寻找脊椎动物门和软体动物门的共同起源，并因此受到了居维叶的嘲笑——后者认为说乌贼和脊椎动物具有一致的身体构造是极其荒谬的。由于缺乏证据，圣伊莱尔的观点在当时未能服众。时至今日，根据动物间彼此不同的内部构造，生物学家已经在动物界划分出了近四十个门。

　　举例而言，脊索动物门包括脊椎动物与另外两个水生类群——头索动物①和尾索动物②，其中所有的成员都具有，或至少在幼体时具有脊髓的原型：脊索。棘皮动物门（如海胆和海星）的成员则都具有五向辐射形的身体。软体动物门包括双壳纲（如牡蛎和蛤蜊）、腹足纲（如蜗牛）和头足纲（如章鱼和乌

海蜘蛛（*Cyrtomaia cornuta*），西南太平洋（体长20厘米）

贼），抛开彼此间的差异性，它们的幼体其实非常相似，成体的器官也具有相似的组合模式。刺胞动物门包括珊瑚、水母和海葵，其中不同的类群具有四射、六射或八射等不同的辐射对称性，某些种类如珊瑚还具有钙质的骨骼。海绵动物门包括三个骨骼构造差异极大的水生类群，如偕老同穴（*Euplectella*）③就属于硅质海绵类的六放海绵纲。

另一个演化分支节肢动物门具有几丁质（一种不同于骨质和角质的材质）的外骨骼，附肢为一系列相互关节的管状结构。其中，螃蟹和海蜘蛛的辨识度很高，它们都长着坚硬的外壳，五对附足（其中一对特化为螯足），腹腔位于下腹部。此外，螃蟹还与脊椎动物一样，具有左右对称性（左右两侧互为镜像）。它的前后、背腹都很好分辨，但没有明显的头部，因为它的头部已经和另一部分身体愈合成了头胸部。甲壳类和昆虫拥有诸多相似之处，但后者长有三对附肢和两对翅膀（某些昆虫中丢失）。尽管甲壳类、昆虫、蜘蛛和蜈蚣的附肢数量和形态各不相同，但其实其身体构造是一致的，而它们与脊椎动物的区别则不仅在于外形和大小，还在于内在的解剖结构。它们的外壳作为支撑结构附着有肌肉，但与脊椎动物的内骨骼却不是同源的。节肢动物的外骨骼主要由几丁质组成，而非骨组织。除此之外，它们的几丁质基质为碳酸钙所矿化，而脊椎动物中为磷酸钙所矿化。这两类生物的软体器官也差异巨大：脊椎动物的脊髓位于消化道和背部之间；而螃蟹和昆虫的神经索（与脊髓功能相似的结构）则位于消化道的腹面。因此，脊索动物和节肢动物似乎在基本构造上就形成了鲜明对比。

门与门之间的差异如此之巨大，寻找它们的相关性似乎无从下手。各大门类在六亿多年前就已经分化了出来，而那时绝大部分动物还没有演化出骨骼，因此也就无法保留成化石。幸而，如今的解剖学研究已经得到了分子生物学的鼎力相助。所有的现生动物（以及植物和细菌）都享有共同的基本分子特征，如DNA，这成了它们拥有共同祖先最有力的证据之一。不同门的动物体内形成身体结构框架的特定基因却是相同的，各个类群之间仅有细微的差别。由于这些基因在胚胎早期就开始发挥作用，所以即便只是极其微小的区别，也能让最终形成的身体结构差之千里。

与之类似的是，不同门的动物胚胎中与各解剖结构的发育相关的基因也具有共同之处。它们都具有一段同源的DNA序列，称为"同源（异形）框"（homeobox）。比如，生物学家已经发现形成昆虫腹部与形成脊椎动物背部的基因是同源的，这就解释了为什么神经系统和消化道的相对位置在这两类生物体内是相反的。篇首提到的居维叶和圣伊莱尔之争也由此迎刃而解：尽管有很多细节上的错误，但圣伊莱尔关于这些动物具有共同祖先的基本结论却是正确的。螃蟹和鱼的骨骼不是同源的，但螃蟹的肚子和鱼的背却是同源。

译注

①脊椎动物门的一个亚门，其脊索延伸到背神经管的前方，故名头索动物。由于尚未分化出真正的头部，又称无头动物。

②脊椎动物门的一个亚门，其脊索和背神经管仅存于幼体尾部，成体中退化消失。由于身体表面披覆有一层植物性纤维质的囊包，又称被囊动物。

③六放海绵纲偕老同穴属，又称维纳斯花环或玻璃海绵。由于一种名为"俪虾"的小虾自幼便成对进入其腔内与之共生，长大后无法再从筛板孔中钻出，于是永久生活在其体内白头到老，因此名为"偕老同穴"。

粗刺海胆（*Chondrocidaris gigantea*），太平洋（直径17厘米）

千手螺，未定种（*Chicoreus sp.*），印度洋-太平洋海域（体长9厘米）

杯形珊瑚，未定种（*Pocillopora sp.*），印度洋-太平洋海域（体长23厘米）

玻璃海绵（*Euplectella aspergillum*），西太平洋（体长26厘米）

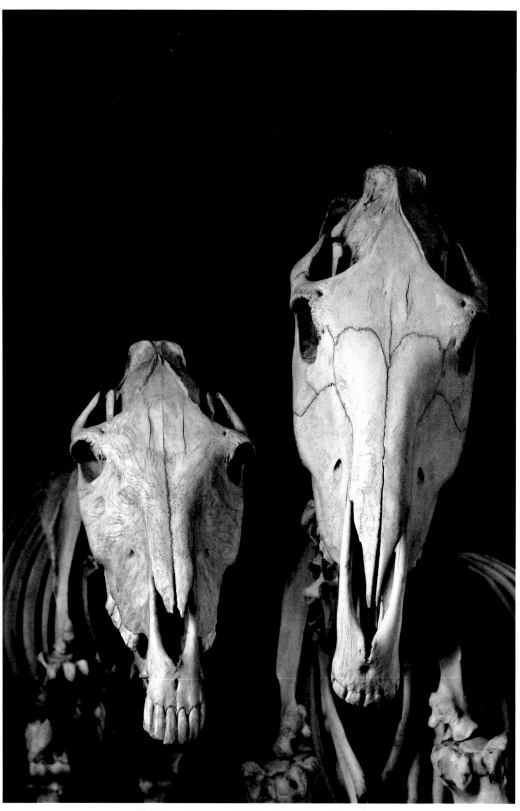

驴（*Equus africanus*），驯化种，原产于非洲（肩高1.07米）

马（*Equus caballus*），驯化种，原产于亚洲（肩高1.50米）

第二篇
——

物种的诞生

地球上的生命并非一直像今天这样繁盛。大约七八亿年前，最早的动物在海洋中出现了，它们由单细胞的祖先演化而来，十分微小，大概在形态上也都很类似。直到大约5.4亿年前，动物的种类突然开始爆发式地增长。成百上千的新种类出现了，大小不同，形态各异。化石记录告诉我们，在随后的地球历史中曾发生过许多次生命大灭绝，大大地减少了物种的丰富程度。而每一次大灭绝之后，幸存下来的生命又会重新构建出繁盛的生物群落，它们的后代又逐渐将大灭绝后空出的生态位填满。

在整个地球历史中，生命的演化由两个互补的现象组成：生命随时间所发生的演变，以及生命种类的增加，而后者主要通过一个共同祖先分化为两个不同的子类群实现。达尔文的巨著《物种起源》中并没有使用"演化"一词，这本书最重要的主题是物种的形成，或称之为"成种"（speciation）。为了使同时代的博物学家和普通大众理解演化思想，达尔文通过大量的证据为大家展示了生命如何通过演变形成新的物种。

达尔文遇到的第一个难题就是物种的"模式"概念，这是当时博物学界的主流观点。根据这种概念，动物只不过是一种理想生命模式的不完美化身。每个物种通过个体被描述为一个模式的具体表现形式，而物种内的差异无关紧要。由于这些模式被认为是完美而且不变的，因此物种不会演化，恒久不变。这种思想便是"物种不变论"的核心，以法国的乔治·居维叶和英国的理查德·欧文为首的一些博物学家便支持这种观点，他们拒绝接受任何物种演化的思想。而达尔文的想法则完全相反，他坚持认为物种内的差异及变化至关重要。如今生物学中称这种物种内的解剖学或遗传学的差异为"多态性"（polymorphism）。通过生物统计学现在我们可以彻底了解这种多态性的变异范围及属性：身体的长度、骨骼的长度、脊椎的数量，等等。

同一物种不同个体的差异源于不同的生活环境和基因组成，每一个体都拥有与其他个体不同的独特基因遗传信息。种群内基因差异的增加是有性繁殖的结果——这种繁殖方式会使祖辈的基因在后代中随机重新分配，同时也是基因变异的结果。这些DNA的改变便是动物解剖、生理及行为发生变化的根本原因。正是因为多态性的存在，一个种群不同个体在气候、疾病、取食机会、天敌出现、交配权利等一系列环境制约下是不平等的，其中有些个体会更加适应这些环境因素，更重要的是，它们将产生更多后代。它们的遗传特征通过繁殖代代相传，并在种群内大量扩散。同时，与生命适应环境与否无关的"中性突变"也会使遗传特征随机扩散。

在自然环境中，每个物种都要受到各种各样的制约：气候会不断发生变化，而且会进一步改变动物直接取食或其猎物取食的植被；物种的天敌也在演化，新的物种会入侵它们的生境；寄生虫会削弱它们，降低它们的生存能力和繁殖能力。因此，生命必须不断演化，从而通过变异所产生的新技能来回应自然选择的压力。自然选择的结果不是产生一种超强的繁殖机器，而是使物种不断地适应持续变化的生存环境。如果物种生活在稳定不变的环境下——比如深海——物种的演化速度就会变慢。反言之，如果生存环境骤然变化——比如冰河世纪——那么物种的演化也会随之加快。

大部分物种由几个存在地理隔离的不同种群组成。每个种群都会由于突变产生一些特有的基因结构，这些突变会随机发生，而且它们对基因的影响也是偶然的。当同一物种中两个完全被隔离开的种群已经有了明显的解剖学差异时，动物学家称之为地理种或亚种。这两个种群仍然有共同繁殖后代的能力，所以它们仍属于同一物种（见第10章）。但当两个种群被一种动物无法越过的屏障阻隔开时，两个种群的基因交流就会彻底停止。每个种群开始单独演化，并根据其各自所处的环境和基因遗传情况产生新的特征。渐渐地，种群间的差异不断增加，直至彻底断绝关系：两个种群中的个体不再将彼此当成同类，即便阻隔它们的屏障消失，它们也不能交配繁殖后代。当然，这种繁殖上的障碍也并不彻底，两个物种独自演化后仍会有共同繁殖的能力，比如驴和马的后代——骡子（见第12章）。当两个姊妹种①继续发生分化时，那么它们各自演化出的新物种便完全不能交配繁殖后代了。

生物学家偏爱的一个经典的成种案例是个体数量少、与种群主体隔绝且多样性较低的种群成种的情况。在这种情况下，有利的突变一旦发生，就会快速在种群内传播，从而使得这个小的边缘种群与原来的种群产生巨大差别。比如北极熊从棕熊中分化出来就是这种案例（见第13章）。当海洋或高山将两个种群隔离开时，很容易出现新的物种。但有时候新的物种会出现在一个种群内部，比如通过研究染色体的遗传机制，我们亲眼目睹了欧洲家鼠正在发生的演化（见第15章）。如果一个新产生的物种与原来的物种同时发生演化，那么世界上物种的总数就会逐渐增多。成种的过程通常需要成千上万年的积累，这个时间太漫长了，所以我们人类是没办法观察研究各个新物种的形成的。但是，在类似于海鸥各个种群经历长时间隔离后形成"环形种"的案例中，我们仍可以看到物种内差异分化导致的结果（见第14章）。

在演化的过程中，一个新物种又会分化出另一个新的物种，这样的分化不断发生，便会产生大量具有亲缘关系的物种。我们可以把种群的演化看作层层分叉的灌木丛：有些类群枝叶凋零——比如高度特化且物种数量较少的类群，它们经常生活在非常局限的环境里；而有些类群则枝叶繁茂——比如老鼠和麻雀，它们都具有上千个种类，而且分子生物学的研究已经证明这些种类都分别属于两个共同祖先的后代（见第16章）。后一种演化类型会导致物种对环境的高度适应以及开发，每个物种都会形成一些特征，去开发某种特定的食物、适应特定的气候、面对特定的天敌。因此，研究人员可以通过研究某些有趣动物种群的演化来揭示不同的成种机制。熊类、雀类、杜鹃就属于这种有趣的种群，它们会在其他动物的巢或窝里"寄生"幼崽（见第17章）。还有一些案例研究起来颇为困难——比如是什么机制使得灵长类里出现了顶着个大脑袋两足行走的猿类？这些家伙便是我们人类的祖先（见第18章）。

物种演变和物种形成的机制是生物学家研究的焦点之一。其基本原理是种内分化与自然选择，这几乎所有人都知道，但其中还有很多地方我们尚不明确。偶然的变化与自然选择所产生的变化在每个新物种诞生中所占的比重我们很难计算清楚。比如，突变的基因会被随机淘汰，仅仅是由于携带突变基因的个体没能产生后代，这与自然选择所产生的影响是非常不同的。种群内基因遗传变化研究的具体应用取得了许多显著的成果，比如我们可以知道是蚊子种群内哪种突变的扩散使得它们可以抵抗杀虫剂。另一个研究的焦点是，成种机制是否能帮助我们了解门或纲等高级分类单元形成的原理。也就是说，宏演化（macroevolution）是否有和微演化（microevolution）相同的演化机制呢？物种内个体之间的变化与同一属内不同种之间的变化在本质上是没有差别的，二者在解剖学层面上的改变跟在基因层面上的改变都十分微小。简单的突变似乎不足以引起个体身体结构的巨大变化。相反，DNA发生的巨大变化一般是无法保存下来的，通常会被自然选择迅速淘汰掉。如今，生物学家已经找到了门一级分类单元形成过程的蛛丝马迹，比如突变导致同源异型基因（homeotic genes）②发生变化，便会发生身体结构的巨大改变（见第9章）。

译注

①生物学概念，即两个不再具有其他的后裔物种的共同祖先的两个物种，简单来说就是两个亲缘关系最近的物种。

②生物学概念，同源异型基因（homeotic genes）是生物体中一类专门调控生物形体的基因，一旦这些基因发生突变，就会使身体的一部分变形。

第10章

纵纹腹小鸮

　　猫头鹰——一种经常在神话传说中出现的动物，在现实中其实并不是一个物种。首字母大写的猫头鹰"Owl"这个单词是一种文化象征，这个单词作为一种想象中的动物，其实是现实生命世界中的简化形象。对于动物学家来说，猫头鹰存在很多不同的种类，它们在体型大小、羽毛形态和行为习性等方面千差万别。其中的每个种类都被冠以一个由两部分组成的学名，比如小猫头鹰的学名叫作纵纹腹小鸮（*Athene noctua*），"小鸮"（*Athene*）是属名，这个属的成员形态十分相似，因此被置于同一"属"这个动物分类单元之下；名字的第二部分"纵纹腹种"（*noctua*）则意味着这类猫头鹰属于"小鸮"属下的一个特定的种。这个种跟"小鸮"属下的另一个种——生活在印度和东南亚地区的斑点小猫头鹰，学名横斑腹小鸮（*Athene brama*），在羽毛上有些许差别。再比如说，白猫头鹰与欧亚雕鸮（Eurasian eagle owl）从基因上讲是亲缘关系最近的类群，它们都属于另一个属——雕鸮属（*Bubo*），学名分别是雪鸮（*Bubo scandiacus*）与雕鸮（*Bubo bubo*）。

　　这种生物命名法是由18世纪的瑞典博物学家卡尔·林奈（Carl Linnaeus）[①]创立的，自此以后，博物学家共描述了140万余种不同的动物，其中包括5万余种脊椎动物[②]。用拉丁双名法进行物种命名可以使动物学家避免使用俗名带来的混乱，因为一个俗名在不同地区可能指代不同的物种。但是，这种命名系统虽然有利于学术交流，却对于定义一个物种的生物属性毫无帮助。物种间的区别似乎很明显：无论牛和马，还是角鸮（scops owl）和雕鸮、纵纹腹小鸮和雪鸮，我们都可以立刻看出两者之间的区别。但如果我们对动植物进行更加精细

雪鸮（*Bubo scandiacus*），北极地区（高26厘米）

的观察，马上就会产生一系列新的问题：两个个体外观上的相似程度是否足以将二者视为同一物种？同一物种内可以存在多大的差异？比如，我们为什么不能把角鸮、长耳鸮和雕鸮作为同一种夜行性猛禽中不同体型大小的个体呢？因为体型大小并不是它们之间的根本区别，这三种猛禽在行为习性和解剖学特征上也存在很大的差异。更重要的是，这三种猛禽不能相互交配繁殖，而同一物种的个体之前尽管存在许多差异，物种内的所有的雄性和雌性都是可以交配繁殖的。可繁衍的标准才是"物种"这一定义的根本所在。恩斯特·迈尔（Ernst Mayr）为物种所下的定义是"由可以进行实际或潜在交配繁殖的个体组成的自然类群，并且这一类群与其他类群存在生殖隔离"。实际上，可育性（interfertility）经常是不能检验的，比如两个种群生活在不同的地方，如果想知道它们能否交配，就必须将它们人为地豢养在一起，但这样做会改变它们的行为方式，所得到的结论也就没那么可靠了。

因此，通常我们仍将形态的相似性作为划分物种的标准，但这个标准也很难把握。同一物种中，雌性和雄性、幼年和成年都可能存在明显的差异。比如，雄性象海豹的头部与雌性的差别很大，而且它的体重是雌性的三四倍。拳师犬和可卡犬外形完全不同，但它们都属于灰狼（Canis lupus）种下的家犬③。动物学家也试图在基因层面区分物种，但存在地理隔离的两个种群个体的基因差异也可能很大。因此，我们必须确定多大程度上的差异（形态方面或者基因方面）将导致它们属于不同的物种，而非只是同一物种中不同种群的个体。尽管比较同一种不同种群的DNA可以让我们了解物种内部的基因差异，但我们仍不能以此来确定它们之间是否存在基因交流或可以共同繁殖后代。

事实上，的确存在两个在理论上可以共同繁殖后代的种群，实际上各自的个体之间却无法相互交配的现象——比如，当两个种群被山脉或沙漠之类的地理屏障阻隔开的时候。于是这两个种群开始逐渐分化，一些特征（体色、鸣声、行为等）的差别使得我们很容易将它们区分开。这时，动物学家会称它们为两个"亚种"。随着时间的流逝，这两个被地理屏障隔离开的变种之间的差异越来越大，直到终于不能在一起繁殖后代时，就成为了两个不同的物种。一个物种应当包括其中每一个体的全部后代，但如果我们考虑到较长时间尺度的话，这种定义方式就有待商榷了。比如，如果一个物种正在经历变化，那么到什么程度——或者说要经历多大的变化——才算得上一个新的物种呢？可繁殖的标准在这里是没法使用的，因为我们讨论的个体生活在不同的时代。如果是生活在几十万年以内的个体，我们可以通过比较骨骼和皮肤上保存下来的DNA片段得知它们在基因水平上差异的大小，年代更久远的个体我们只能进行化石形态的比较。

由于实际研究的需要，现生生物中物种这一概念是被明确界定的。物种的界定还有其他重要的意义，尤其是在濒危动物保护问题上。比如，阿姆斯特丹跳岩企鹅——一种生活在南半球的小型企鹅，过去有两个种群，分别生活在相距很远的两个群岛中。但DNA序列显示这两个种群实际上已经成为了两个不同的物种，因为二者之间已经不存在基因交流了。其中的一个种群家族兴旺，而另一个种群却日渐稀少，只有几千只，因为当地人有收集这种企鹅刚下的蛋的习俗。因此，把这个种群划分为一个新的濒危物种，就可以通过濒危物种的相关法规使它们得到更有效的保护。

尽管《物种起源》这本书的标题中就含有"物种"二字，但达尔文在书中其实并没有像后来的生物学家那样，给这个词下一个明确的定义，因为他认为这样做是在"名不可名者"。即便是现在，许多演化生物学家甚至建议在他们领域废除这个概念，因为他们认为更重要的是了解成种的机制而非把这个连续的过程限定在一个不变的框架内。正是因为物种在不断发生变化，所以界定物种才如此不易。

译注

① 卡尔·冯·林奈 (Carl von Linné, 1707—1778)，瑞典生物学家，博物学家。

② 目前人类仍不断发现新的物种，因此这一统计数字也在不断增加。根据博物学家新西兰皇家研究院研究员张智强博士所领导团队于2013年的统计，目前人类共命名动物1,659,420种 (含化石种133,692)，其中脊椎动物85,432种 (含化石种19,974)。见[Zhang, Z. Q. (ed.) 2013: Animal biodiversity: an outline of higher-level classification and survey of taxonomic richness (Addenda 2013). Zootaxa 3703 (1): 1-82]。

③ 被人类驯化的家犬 (狗) 其实只是灰狼种内的一个亚种。

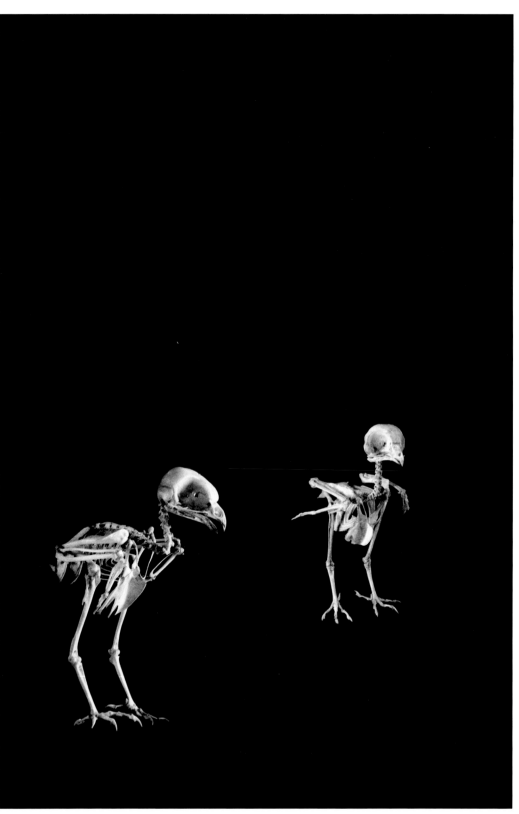

纵纹腹小鸮（*Athene noctua*），北非及欧亚大陆（高15厘米）
红角鸮（*Otus scops*），非洲及欧亚大陆（高11厘米）

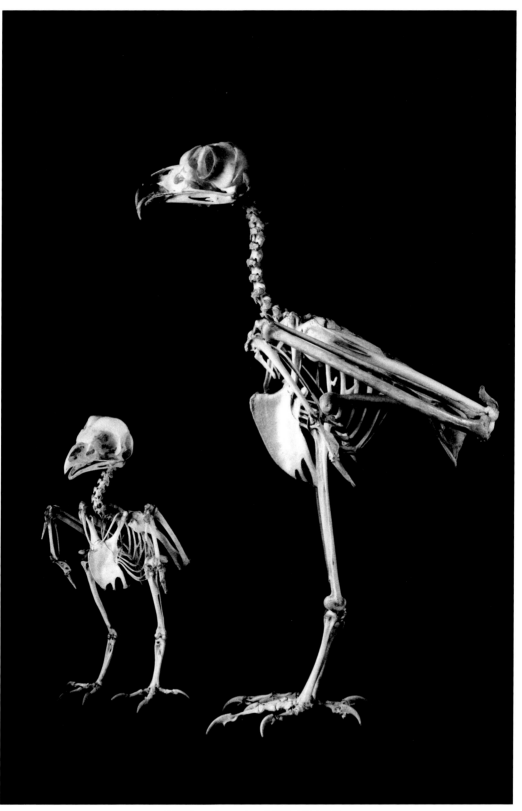

长耳鸮（*Asio otus*），北半球（高16厘米）
雕鸮（*Bubo bubo*），北非及欧亚大陆（高41厘米）

第11章

——

天生有别

一个物种中个体越像，我们就越容易把它们识别为同一个物种。对于人类自己，我们可以毫不费力地在茫茫人海中认出某一个人。只要稍加训练，我们也可以轻而易举地在牛群中辨别每头牛，在狗窝中认出每条狗。但要认出不同的苍蝇、沙丁鱼或是刺猬的话就难多了，它们看起来似乎都一样。但是，只要我们认真地观察几个个体，就可以总结出吻部的长短、刺的颜色、耳朵的形状等一系列微小的差异。个体的差异在动物的骨骼上同样存在，比如肱骨的粗细、肩胛骨的宽窄或者头骨的长短，等等。如果能总结出一个详细的个体差异特征清单，我们就可以知道这个物种不同个体之间形态最多变的一些部位。尽管辨别人类之间的差异对我们来说最容易，但对动物蛋白质及DNA的研究表明，大部分其他动物物种内部的差异都比人类之间要大得多。

从达尔文开始，物种内的差异便被认为是演化的关键因素。但是，这里我们必须要分辨两种不同性质的差异。一种差异来自于个体的遗传基因，它们可以遗传给后代。这些差异特征至少在几代中都是"固定不变"的（因为演化进程可能会改变它们）。另一种差异是在动物的生命中由于气候、疾病、意外事故等因素产生的行为方式或外形上的差异，这种差异特征一般只能够留存于个体本身，而不能遗传给后代。这两种差异过去一般称为"先天性"（innate）差异和"获得性"（或称后天性，acquired）差异。在19世纪，大部分演化论者都相信，至少一部分"获得性"的特征是可以遗传的。这一认识是拉马克演化理论中的重要观点，达尔文也承认这种"获得性"特征对演化有影响，不过并不是主要方面。而后，生物学家证明了在动物生命过程中产生的"获得性"特征

欧洲刺猬（*Erinaceus europaeus*），欧洲（体长19厘米）

并不能遗传给后代，因此对演化进程没有产生作用。而"先天性"差异，也就是那些物种的遗传基因上的差异特征，才是演化的根本原因①。

这些"先天性"的特征由基因决定，但却并非一成不变，因为有许多途径可以导致种群内的基因差异，也就是多态性（polymorphism）的出现。第一种途径就是有性繁殖。有性繁殖物种的每一个体都是其父母双方特征随机组合的结果，它的每个细胞含有两条染色体，分别来自父母双方。在生殖细胞中，染色体通过交换将父母双方的基因随机进行重组。这样，所有后代都有一套新的基因组合，而自然选择将会把后代携带最多的基因组合保留下来。这就意味着，有一些基因组合在种群内出现的频率将更高，因为它们可以给携带者更大的生存和繁殖优势。

另一种产生差异特征的途径是变异，这种途径对DNA的影响也是随机的。这种变化在生物体的所有细胞内频繁发生，同时受自然因素和人为因素的影响。太阳光照中的紫外线、岩石中的放射性物质、宇宙辐射、病毒以及细胞新陈代谢过程中产生的自由基（free radical）②都会改变DNA序列。除了这些自然因素所导致的基因突变外，人为产生的X射线、人造放射性物质以及人造化学物质也会产生同样的效果。这些因素会导致许多巨大的生物变化，比如染色体内的基因重新排列或一些DNA片段的复制。我们的细胞几乎都有修复损坏DNA的能力，但有些突变还是可以保留下来。一些影响我们皮肤、肌肉甚至大脑的突变仅仅停留在突变发生的细胞之中，所以并不会产生明显的恶果（不过有时候，突变会导致细胞的增殖扩散，从而产生肿瘤）。当突变影响到生殖细胞、卵子或精子这些与繁殖有关的细胞时，随后产生的受精卵就会携带这些突变，繁殖产生的后代个体的每个细胞也会携带这些突变，包括他们的生殖细胞在内。这样一来，之前发生的突变便从此一代一代地遗传下去。而这些基因的变化会在自然选择的作用和其他一些偶然因素的影响下，根据其对个体生存的好坏被保留或剔除。

当然，有时候"先天性"和"获得性"的差异并非总是容易分辨，因为有时候一些特征是多种因素合力的结果。比如，每一个物种个体的体型大小都是由基因和外部环境共同决定的。基因会对生长激素导致的发育和动物获取食物的能力产生一定的影响。与此同时，气候条件和食物资源等环境因素也会对生长产生有利或不利的影响。连续不断的生存压力同样会对体型大小产生作用。而动物生长和繁殖的条件不同，基因表达的方式也会有所差别，也就是说，同样的基因也会有不同的结果。除了病变的情况之外，不同的先天基因组合并不存在绝对的好与坏，它们只是根据不同的生存条件对个体生存的有利程度不同。因此，生长激素发生突变所导致的变化是否能保留下来，取决于这一突变是否有利于个体的生存。自然选择是通过动物真实的直接面对生存环境而对演化产生作用的，并非为动物将来可能要面对的环境变化做准备。

有些因素可以在个体发育的最初阶段——也就是受精时改变基因的表达。比如，科学家发现了偶然出现的"亲代印记"现象：基因的表达取决于它来自父亲还是母亲。即便DNA序列相同，基因在染色体和细胞核上的位置也会影响到它的表达。这种非直接遗传性的因素所产生的遗传变化叫作"表观遗传学"（epigenetic）。关于基因突变我们已经进行了一个世纪的详细研究，与此相比，关于表观遗传学我们仍知之甚少，但却变得越来越重要，因为表观遗传机制可以直接产生种群内的形态多样性，并且导致演化的发生。

译注

①近年来，由于表观遗传学（epigenetics）的发展（后文中有所提及），关于"获得性"特征是否可以遗传的问题又开始了新的讨论。表观遗传是指不涉及DNA序列改变的基因或者蛋白质表达的变化，并可以在发育和细胞增殖过程中稳定传递的遗传。这种遗传就是发生在生命过程中的"获得性"特征的遗传。目前，科学家已经发现了一系列表观遗传现象，但这种遗传在生物演化过程中的作用如何仍有待进一步的研究。

②自由基（Free radical）也称为"游离基"，是指化合物的分子在光、热等外界条件下，共价键发生均裂而形成的具有不成对电子的原子或基团。由于自由基含未配对的电子，所以极不稳定，会从邻近的脂肪、蛋白质和DNA等分子上夺取电子，让自己处于稳定的状态。这会让细胞的结构受到破坏，进而改变遗传基因，造成基因突变。

第12章

杂交

早在1753年，布封就在对驴进行描述时提出了它与马相似性的问题：驴看上去就像是"退化的马"。对布封而言，研究驴和马的关系恰好有助于他阐释"科"（family）的概念，这个概念在当时的博物学家中还存在很多争议。他认为如果一些物种可以被归入同一个科中，这便存在一个隐含的假设，即这些物种之间有亲缘关系，它们有一个共同的祖先物种。布封不赞同物种会随时间发生巨大变化，但他并不否认可能存在小范围的变化，比如他论述了在恶劣气候和食物匮乏的条件下，休型较小的野马如何变成了驴。驴那些所谓的"退化"特征正是它与马有亲缘关系的证据。但这两个物种无法繁殖，也就是说不能通过不断杂交产生一个可以继续繁殖的物种这一事实，使他最终认为，二者始终是不同的物种。

这里列举驴和马的例子并不是随意选择的，因为它们实在太相似了，尤其是在骨骼解剖结构方面。如果一位动物考古学家在某个考古遗址发现了许多动物的骨骼，他们可以轻易地将马科动物的骨骼与其他牛、羊、狗等动物的骨骼区分开，但要把马科中不同属种的成员区分开可就没那么容易了，因为它们看起来实在没什么差别。体型大小并不是一个可靠的划分标准，因为野马和古人驯化的家马并不比驴大多少。如果头骨保存完整，测量头骨上的一些角度可以帮助我们进行区分。通常比头骨保存得好一些、位于蹄子上方的胫骨也存在一些显著的差异。而马和驴其他的肢骨和脊椎几乎没有任何差别。但活着的马和驴是很容易分辨的，二者在皮毛、尾巴、耳朵等方面的差别一眼就能看出来，而且叫声和行为也完全不同。它们相互之间也不会彼此混淆，而且不会主动靠

斑马（*Equus burchellii*），撒哈拉以南非洲地区（肩高1.10米）

近对方。二者在地理起源上也没有相遇的可能。在人类驯化它们之前，驴生活在东非的干旱地区，而马则生活在亚洲中部的草原地带。

马和驴骨骼的相似性是二者存在密切亲缘关系的标志，公驴和母马或者公马和母驴可以杂交繁殖同样证实了这一点，两种情况产生的后代分别叫马骡（mule）和驴骡（hinny）。马、斑马以及亚洲野驴也可以杂交产生后代。生殖隔离这一区分物种的标准似乎在马科不同物种身上并不适用。但是，这些杂交产生的后代并没有繁殖能力，所以两个物种并不能真正地融合为一个新的物种。此外，这些杂交现象在自然条件下是不会发生的，因为这些物种生活在不同地区，而且行为上也存在差异。只有通过人工驯养条件下的特殊手段，才能打破这些物种间的生殖屏障（比如通过事先让公驴观看一个发情的母驴来刺激它与母马交配）。

除了行为和生活地区的差异，两个物种染色体的数量差异是产生生殖隔离的根本原因。一匹马的细胞内有64条染色体，一头驴的细胞内有62条，而二者杂交产生的受精卵有63条，奇数的染色体破坏了杂交后代生殖细胞（精子与卵子）的繁殖能力，这就是骡子等杂交物种没有繁殖能力的原因。

杂交这一现象尽管并不彻底，但仍然说明了"物种"这一概念存在局限性。驴和马有一个共同的祖先，它生活在400万年前的北美洲。大约200万年前，这一祖先物种穿越了当时还是陆地的白令海峡，开始向欧亚大陆扩散，并最终进入非洲。于是，生活在不同地区的种群开始各自适应新的环境并向不同方向演化。比如驴变得越来越耐旱，但这一演化并没太影响到它的骨骼特征。从此，马科开始逐渐分化，在亚洲演化为马和亚洲野驴，在东非和西亚演化为野驴，在非洲演化为三种斑马。与此同时，生活在美洲的祖先物种逐渐灭绝。这些物种之间可以杂交，证明这一演化事件发生在距今很近的时间里。

布封抓住了驴和马深层相似的根本所在："如果科这个分类单元的存在在植物和动物分类上得到承认，那么驴和马一定属于同一个科，它们之所以有差别不过是因为驴已经退化了，那么我们同样可以认为猴子和人属于同一个科，猴子只不过是退化的人，而人和猴子就像马和驴一样，有着共同的祖先……如果有一天我们能证明动物和植物中存在——不用太多，哪怕只有一个——退化产生的物种，如果驴果真是退化的马，那么我们同样可以认为拥有无穷力量的大自然经过足够的时间可以将一种生命塑造为其他任何新的生命。"在那个时代，演化的假说是极为大胆的，因为它直指《圣经·创世纪》。或许正是由于这个原因，布封又立刻抛弃了这一观点，并援引《圣经》中的文字作为论据："但事实并非如此，是上帝的启示才让万物同享造物的恩典。"

布封的含糊其辞可能单纯是为了躲避来自宗教的责难。但如今我们已经可以确信，杂交是物种正在发生分化的标志，这一分化过程尚未结束。杂交现象的存在恰恰证明了通过演化物种发生了变化并形成了新的物种。

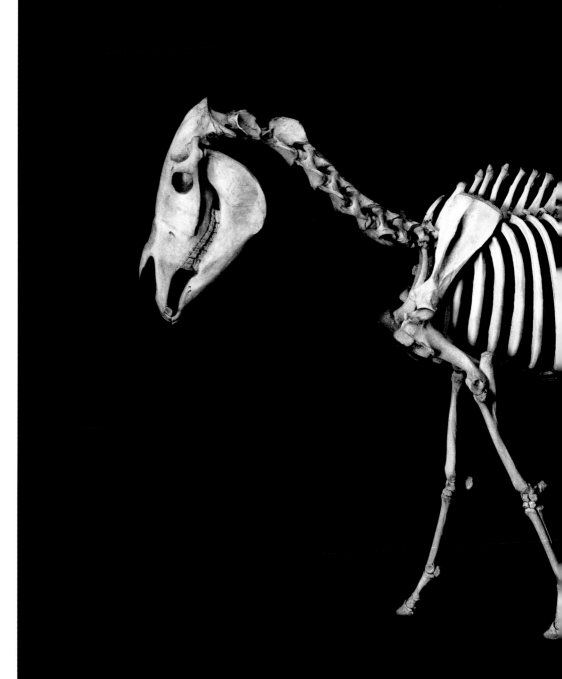

斑马（*Equus burchellii*），撒哈拉以南非洲地区（肩高1.10米）

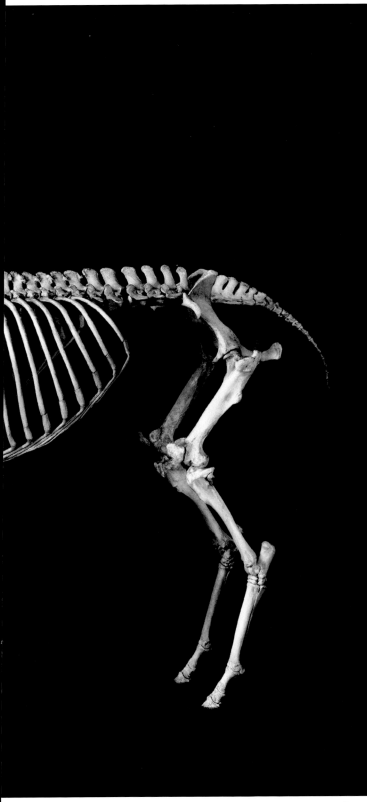

驴（*Equus africanus*），驯化种，原产于非洲（肩高1.07米）

马（*Equus caballus*），驯化种，原产于亚洲（肩高1.50米）

第13章

三种熊

人类活动所导致的全球气候变暖将会对所有的地球生命造成巨大的影响，包括人类自己。许多物种无法适应气候变化的速度和尺度。一些已经适应了极端生活环境的动物受到了严重的威胁，因为只要气温升高一点点，它们的生活环境就会发生巨变，比如北极熊。

北极熊生活在北极地区，有2万只左右，仍不算是严重濒危的物种。北极熊所面对的直接威胁并不是人类的猎杀，因为至少在加拿大和美国阿拉斯加这些北极熊栖息地是明令禁止猎杀这种动物的。其种群数量急剧下降的原因是环境污染和温室效应。北极熊是处于食物链顶端的肉食动物，它们捕食海豹，海豹则以鱼为食。而鱼体内积累了很多工业产生的有毒化学物质，这些毒素又顺着食物链，在海豹体内浓度不断提高，最终集中转移到了北极熊体内。这些有毒的化学物质破坏了生物的免疫系统、激素分泌机制，最终影响到它们的生存与繁殖。另外一种威胁北极熊的因素是气候变暖造成的冰川融化。因为北极熊只在冰川上的海岸边捕食海豹，冰川融化会破坏它们的迁徙路线并且减少它们的狩猎地点。最终，气候变化将导致北极熊要和同样因栖息地被破坏而迁徙来的棕熊进行面对面的生死交锋。

北极熊通体覆盖有白色的厚皮毛，就连爪子下面都是这样，以此来伪装和抵御寒冷。其他的许多特征也是北极熊适应严峻环境的结果，比如它可以将脂肪转化为水分，从而避免了食用冰雪时用体温融化它们所消耗的能量。它的生活史也与棕熊不同，后者需要冬眠，因为它们无法在冬天找到足够的

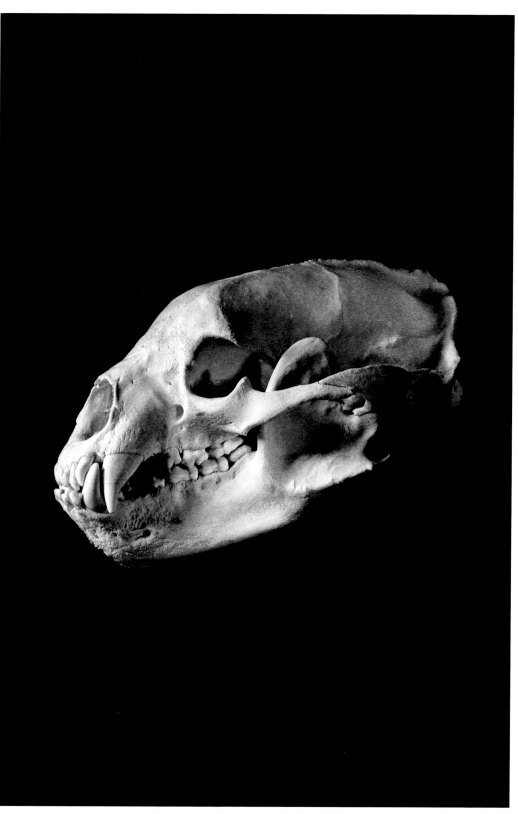

棕熊（*Ursus arctos*），欧亚大陆（肩高80厘米）

食物,而北极熊全年都可以捕食海豹,只有雌性需要冬眠,不过仍然要照顾它们冬天出生的幼崽。

北极熊主要以海豹为食,同时也吃鱼、蛋、鸟类和冰面上搁浅的鲸鱼尸体。但尽管如此,在夏季它们也会偶尔食用一些浆果和蘑菇。肉食为主的饮食结构使它们比棕熊更加特化。牙齿的结构反映了二者之间的食性差别。棕熊的臼齿宽而平,更适合于杂食,尤其是取食质地较硬的植物资源,这样的牙齿便于将其碾碎,方便消化。北极熊的牙齿相较则窄而尖,是典型肉食动物的牙齿。正是因为它们对食物更加挑剔,所以它们也更难适应环境的剧变。

棕熊的头骨前额处侧视呈凹曲状,而北极熊则几乎呈直线,该区别源于后者较大的鼻道,这样的结构可以延长吸入的空气进入肺部前的加热时间,从而更好地适应寒冷环境。北极熊的嗅觉似乎也因此比棕熊更好。除了这些特征之外,二者的骨骼结构十分相似,体型上的差别主要是由于身体脂肪和皮毛的分布不同造成的。这两种熊类总体上的相似性可以用较近的亲缘关系来解释,即二者有一个时代很近的共同祖先。生物学家通过对在美洲和欧洲的骨骼化石,以及现生种群的基因分析重建了它们的演化历史。

这两种熊的演化历史大概始于150万年前,熊类共同祖先的一个种群开始分化为两支:美洲黑熊和棕熊。到85万年前,冰期的严峻气候将生活在欧洲和中亚的棕熊分割成了几个族群,处于最东边的族群开始向西伯利亚地区迁徙,并穿越当时出现在白令海峡的陆桥到达北美洲。在那里,这一族群与旧大陆的棕熊向不同的方向演化,最终形成体型是欧洲棕熊两倍的北美灰熊。灰熊和棕熊可以自行交配并繁殖后代,所以它们仍属于同一物种。

通过DNA分析,我们猜测可能是位于阿拉斯加东南部亚历山大群岛上的棕熊在某次冰期时分离出来并最终演化成北极熊。棕熊与北极熊之间的基因差异表明,二者的分化大约发生在25万至20万年前之间,这一估计与北极熊化石的测年数据相吻合。关于北极熊起源的具体时间和地点科学家们还没有达成共识,但有一点是确定的:有一些棕熊种群与北极熊在基因方面的相似性比棕熊种群内部的相似性还要高。而且,这两种熊是可以交配繁殖后代的,因此北极熊应当被视为棕熊的一个亚种。北极熊的出现是很晚才发生的事情,经过了一系列形态和行为上的演化,但在基因层面则变化很小。北极地区极端的生存环境在棕熊向北极熊演化的过程中施加了极强的自然选择压力。

尽管这两种熊类在基因上具有很近的亲缘关系,但不同的地理分布维持着二者之间的生殖屏障。然而近期发生的全球变暖正在改变这一情况。适宜的植物资源和猎物使得棕熊开始向北迁移。北美灰熊也在向北极地区迁徙，在那里自然会与北极熊产生交集，已经有关于北极熊和北美灰熊杂交后代的报道出现过。如果极地的浮冰彻底消失，那么北极熊将通过杂交重新融入它们早已离开的棕熊家族之中。

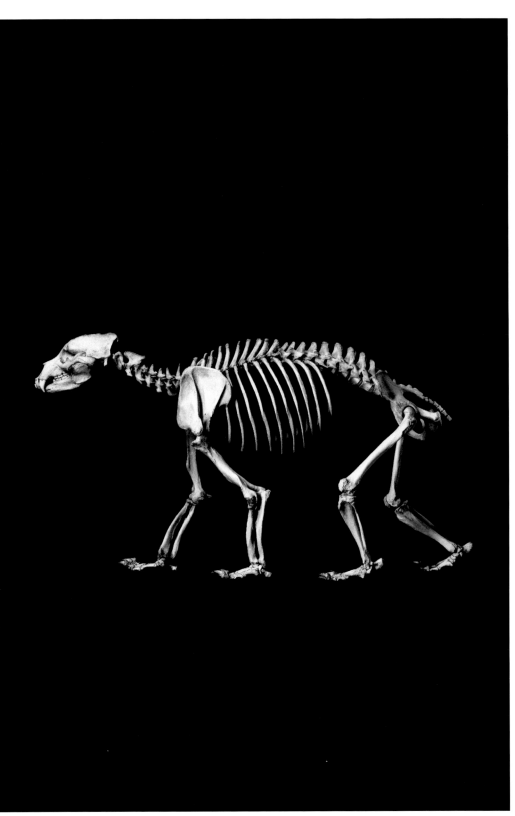

灰熊 (*Ursus arctos*) ，北美（肩高90厘米）

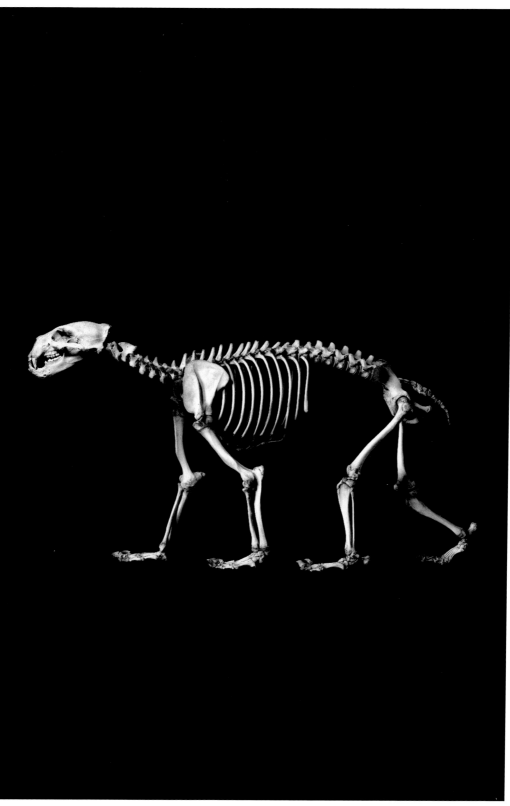

北极熊（*Ursus maritimus*），北极地区（肩高85厘米）

第14章

———

海鸥环形种

　　物种的形成，即所谓的"成种"一般始于一个物种内不同种群出现地理隔离。基因变化的逐渐积累使得两个种群差别越来越大，最终分别形成两个不同的物种。这个过程十分漫长，一般需要上千年，所以我们只能看到演化最终的结果：两个物种极其相似，但无法交配繁殖。要重建这一物种分化的过程是很困难的，因为通常我们都无法知道二者祖先物种的模样。在这方面，化石能提供的信息是十分有限的，因为新物种的形成是以两个种群出现生殖隔离为标志的，这个过程中最重要的变异也与生殖有关，比如生物节律与行为等，而这些变化在化石上是看不到的。然而，有一些例子却可以使我们避开这些理解成种机制的困难：一些被称为"环形"物种的动物，其种群在空间上的差异让我们可以推测出物种形成的过程。

　　最著名的环形种例子是银鸥和小黑背鸥，两个生活在西欧的物种。二者的栖息地相同，筑巢的时间和地点也一样。它们虽然在骨骼上几乎毫无差别，但在野外很好辨认：小黑背鸥体型较小，后背呈深灰色，脚蹼为黄色；银鸥体型较大，后背呈浅灰色，脚蹼为粉色。它们的行为也有区别：银鸥是好斗的留鸟，而小黑背鸥则是胆怯的候鸟。当在同一区域筑巢时，二者会自觉地相互隔离并同种聚集在一起。它们的叫声不尽相同，求偶展示也略有区别。这些特征差异已经足以在二者之间形成生殖隔离。不过它们仍然是可以杂交的，而且二者圈养杂交所产生的后代是具有繁殖能力的，这证明二者在基因层面十分近似。它们之间的关系与马和驴的关系近似，都是亲缘关系很近的物种，二者之间的差异尽管已经十分显著，但生殖隔离还没有完全形成。

小黑背鸥（*Larus fuscus*），欧亚大陆（高23厘米）
欧洲银鸥（*Larus argentatus*），西伯利亚地区、北美及西欧（高25厘米）

小黑背鸥在欧洲、俄罗斯北部直至中西伯利亚的沿岸地区有许多近亲,它们之间都有一些微小的差异,不过都可以相互交配繁殖,因此被视为小黑背鸥的几个亚种。而银鸥在加拿大、阿拉斯加以及跨过白令海峡的西伯利亚东部地区都有分布。与小黑背鸥的亚种一样,不同地区的银鸥也是略有差别但可以交配繁殖的亚种。在二者共同生活的中西伯利亚地区,银鸥的一个亚种和小黑背鸥的一个亚种是可以交配繁殖的,实际上形成了一个物种。也就是说,从一个种群到另一种群,从一个亚种到另一个亚种,自欧洲沿着北极地区从西向东,小黑背鸥逐渐连续过渡成为了银鸥,而所有这些种群围绕北极地区形成了一个环形。这个环形只在欧洲存在一个缺口,因为在那里两个物种区别明显。

　　科学家把这种特殊的成种方式归结为第四纪冰期与间冰期交替的结果。在间冰期,生活在西伯利亚地区的海鸥祖先开始同时向东西两个方向扩散,到了冰期,一些海鸥种群由于寒冷的气候被迫向南迁徙,并散居在被冰川地带分隔开的温暖"避难所"里。这时它们开始向不同的方向演化。但发生类似地理隔离过程的冰期时间太短了,还不足以使不同的种群演化成新的物种,但这个过程发生了很多次,最终仍然导致了几个种群在生理及行为上的一些差异。这些差异在环状链条的两端表现得尤为明显,两端的种群已经分化到了不可以交配繁殖的程度,于是便形成了西欧的小黑背鸥和西伯利亚东部地区的银鸥。银鸥又跨过白令海峡扩散到了加拿大,最终穿越大西洋,与西欧的小黑背鸥在西欧会合,形成了现在我们看到的环形物种。

　　海鸥的许多物种和亚种都是在这个过程中形成的。比如在加拿大东部,这个环形物种演化成了冰岛鸥和泰氏银鸥,二者都是银鸥的近亲,现在分布于北美洲北部及东部。这两个物种在行为上具有明显的差异,因此不能交配繁殖。同样的,小黑背鸥在扩散至里海、黑海和地中海地区时演化成了里海鸥和黄腿鸥,二者生活在地中海沿岸以及西班牙的大西洋沿岸。

　　上面讲到的海鸥的演化历史主要是从野外的形态及行为观察中总结出来的。同时,科学家通过它们的DNA分析研究了几个不同物种及种群之间基因的变异程度和杂交数量。比如,分子生物学的证据显示,不同种群之间的亲缘关系是十分复杂的,经常受到物种及种群内个体数量的影响。DNA序列的对比研究结果也并不支持生活在西欧的银鸥是从西伯利亚经由北美洲迁徙过来的,而是证明它们是和小黑背鸥经由同一路径进行迁徙的。这样一来,前面提到的"环形"物种就是不完整的,两个物种的两端应该分别生活在大西洋的两岸。

　　不过,动物学家同样识别出了其他一些基因证据和动物学证据耦合的环形物种,比如生活在亚洲中部的一种小型雀类——暗绿柳莺。这种雀类在喜马拉雅山区北部有两个形态不同且存在生殖隔离的不同物种，但这两个物种却被至少6个种群连接在了一起，并围绕青藏高原和喜马拉雅山形成了一个环状物种。这些种群相互之间都存在一些微小的形态及基因差异，而差异最大的就是环形两端的两个种群，它们生活在同一区域。一般认为这些种群的祖先生活在喜马拉雅山南麓，并逐渐向东西两个方向扩散，最终在喜马拉雅山的北麓重新会合，形成环形物种。

但是，海鸥正在为它们的演化历史书写新的篇章。生活在西欧的小黑背鸥最近跨过大西洋开始向北美洲扩散，它们正在我们眼前完成"环形物种"的故事。

第15章

由鼠及人

　　老鼠大概是除了人类之外地球上最繁盛的哺乳动物。它既是主要的实验动物，同时也是肆无忌惮的破坏者，而后者大概也是科学家想把它带回实验室的原因之一。到20世纪中叶，动物学家已经命名了100多种生活在欧洲及亚洲的老鼠，其中既包括地方种群（local population）①，又包括可以明确鉴定的种和亚种。所有这些老鼠都在行为、毛色和尾巴长度等解剖学特征方面存在一定差异。这一种群丰富的现象同时也被啮齿类（即鼠类）染色体数量较大的变异范围所证实，这些看上去十分相似的老鼠的染色体数量从22条到40条不等。对啮齿类基因的进一步研究使我们得到了一个更简单的分类体系。然而，生物学家不仅希望可以重建啮齿类的演化历史，同时还希望通过它发现新的成种机制。

　　在19世纪，博物学家识别出生活在西欧的两种不同老鼠：尾巴较长的"城鼠"和尾巴较短的"田鼠"。但是这一尾巴长度的特征在个体之间同样存在差异：有一些"城鼠"的尾巴要比"田鼠"的尾巴短。因此动物学家把这两种老鼠划分为一个物种，即小鼠（或称家鼠，*Mus musculus*），其中的一个亚种主要生活在人类家里，被称为小家鼠（*Mus musculus domesticus*）。现在，欧洲一共有四种老鼠，最有名的就是家鼠，它们是唯一一种和人类产生共生关系的种类。这种老鼠是许多实验用鼠的来源。另外有两种分别是草原小鼠（*Mus spicilegus*）和马其顿小鼠（*Mus macedonicus*），二者分别生活在东欧的北部及南部。这两种老鼠曾经被认为是小鼠的亚种，然而它们与小鼠及相互之间都不能交配繁殖。实际上，它们都是完全野生的种类，从来不会住在人类

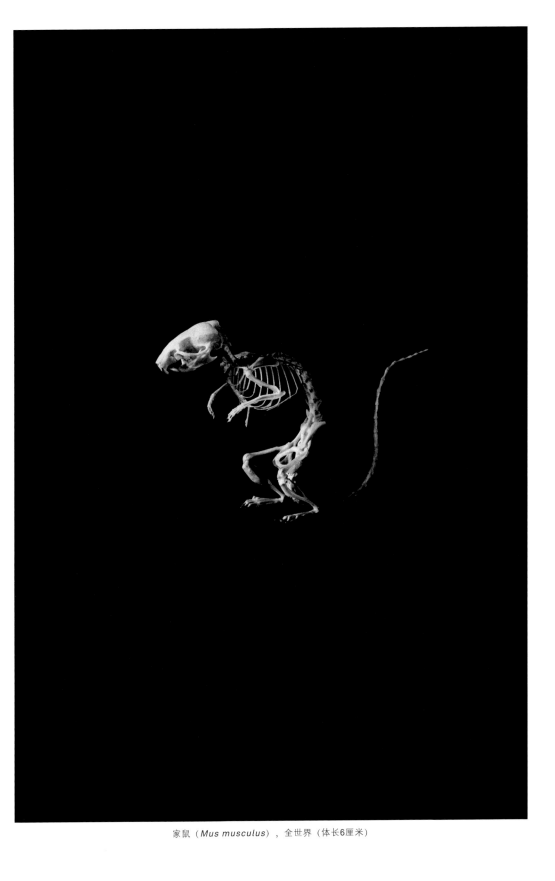

家鼠（*Mus musculus*），全世界（体长6厘米）

家里。第四种是阿尔及利亚小鼠（*Mus spretus*），同样不与人类共生，分布在西班牙、葡萄牙、法国南部等地区。这种之前被称为"田鼠"的种类终于重新得到了它应有的地位，基因证据最终确定了尾巴长度这一解剖学特征的确具有相对重要的意义。

阿尔及利亚小鼠是小型群居的啮齿类，一个群体一般只包括一个雄性、一个雌性及它们的后代。而小家鼠则是多配偶的，属于大型群居的啮齿类，群体内有严格的等级制度。如果环境足够潮湿，小家鼠也可以适应野外的生活。而且它们所到之处将会消灭那里的田鼠（即阿尔及利亚小鼠），因为那些田鼠无法承受与之共存的压力。实验已经证明，这两种老鼠是无法共同生活的。而且它们在野外也几乎没有杂交的现象。当人为使二者杂交时，繁殖产生的雄性无法生育，但雌性可以。基因分析证明这两个物种的分化发生在10万年前左右。当时，中亚的老鼠扩散到了近东地区并从这里开始分成两个支系，分别向地中海北部和南部扩散。前者逐渐占据了整个欧洲，而后者则在非洲独立演化，最终形成阿尔及利亚小鼠。最终，阿尔及利亚小鼠随着人类的船只渡过直布罗陀海峡与在欧洲演化出来的小鼠会合。这便是一种物种形成的机制：两个种群被地理屏障隔离开后分别演化，最终形成生殖隔离，成为两个新的物种。

这种成种方式叫作"异域成种"（allopatric speciation），即通过种群的地理隔离形成两个物种"王国"。生物学家同时还观察到了"同域成种"（sympatric speciation），即两个种群在没有彻底隔离情况下形成新种。小家鼠就出现过这种现象。同一城市里的两个分离的家鼠种群具有不同数量的染色体，当两条染色体融合形成一个的时候，基因的位置发生了改变，但基因组的构成则几乎没有变化。但是，这已经使得老鼠之间的交配繁殖遭到了破坏。在受精的时候，精子和卵子的染色体无法正常在一个新的细胞里重新组合，胚胎的发育被迫停止，也就意味着两种老鼠无法交配繁殖后代，尽管它们具有完全相同的解剖学特征。所以这样的一些"染色体族"（chromosomal races）其实已经和独立的物种别无二致。经过一段时间之后，由于两个种群没有基因交流，于是便会出现更多的差异，最终，一个决定性的差异使得二者最终成为真正的不同物种。

这种家鼠的"染色体族"在欧洲及北非的很多城市都有发现，其中一些出现在几个世纪之前，还有一些则正在形成。这种成种机制的另一个奇怪之处在于，新物种的形成似乎与对环境的适应没有任何关系，因为同一城市内的两个分离的种群或物种所生活的环境并没有什么差别。这些染色体融合的现象似乎只是偶然发生的，除了在这个过程中会剔除一些生存能力较差的个体外，自然选择并没有参与其中。啮齿类并不是唯一存在染色体重排（chromosomal rearrangement）②的动物，这一现象也经常出现在其他类群中，比如鱼类和灵长类。在人类与黑猩猩之间，一共有10次基因重排，这在两个物种的分离过程中可能扮演着重要的角色。老鼠的这一成种现象已成为一个引人入胜的研究课题，但显然它对我们还有更特别的吸引力：或许通过研究该成种现象的机制和过程，我们可以为人类自身起源给出新的答案。

译注

①生物学概念，指仅局限分布于某一地理域的独立种群。
②生物学概念，即染色体发生断裂与别的染色体相连构成新的染色体的过程。

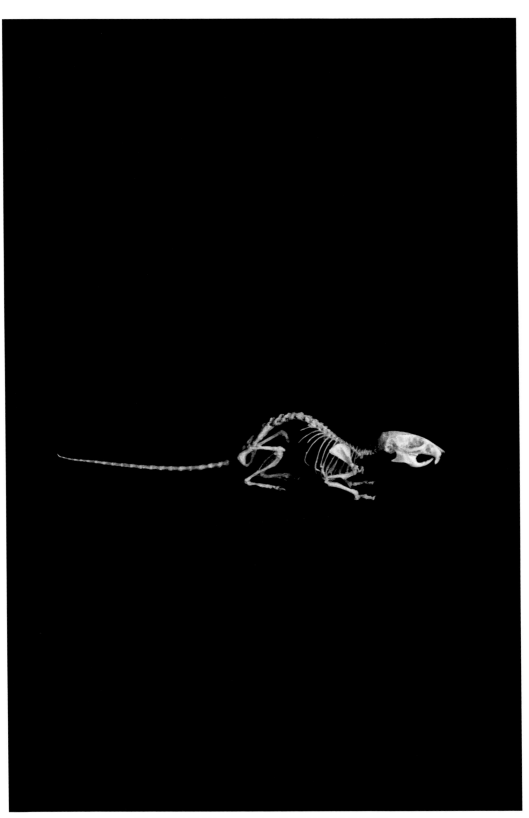

阿尔及利亚小鼠（*Mus spretus*），欧洲东南部（体长13厘米）

家鼠（*Mus musculus*），起源于欧亚大陆，后扩散至全世界（体长15厘米）

第16章

雀喙

    某些动物类群在演化过程中获得了巨大的成功,例如昆虫中的甲虫(已知种类300,000多种,可能仍有大量未知属种有待发现),或脊椎动物中的啮齿类(已知种类2000多种)。而在鸟类中,麻雀(雀形目)就有5300多种,超过全世界鸟类物种数量的一半。它们在除南极洲之外的所有大陆上都有分布,可以生活在沼泽、沙漠和森林等各种环境中。在市中心的公园里,我们总能看到几种麻雀,或听到它们的叫声。的确,大部分的鸣禽都属于雀形目:画眉、百灵、黄鹂、夜莺、知更鸟、燕雀、苍头燕雀、金翅雀、红雀、麻雀,等等。

    雀形目在骨骼形状(比如上颚、肱骨、跗骨等)、翅膀与后爪的肌肉组织、精子形态等方面都和其他鸟类有着明显差别。它们用来鸣叫的器官——鸣管中有一系列发达的肌肉组织来帮助它们发出各种复杂的声音。多种雀类的DNA比较已向我们揭示了这些独特的结构都是同源特征。因此,雀形目是一个单系类群——它们中的所有成员都是由一个共同祖先演化而来的。雀形目的成员们在体型大小及形态方面都很相似,但在羽毛、喙、鸣叫和行为等方面却千差万别。

    每种生命都有其独特的生态位,也就是说,任何一种生命都不会和另一种生命同时在一个地方栖息并用同种方式取食。这种对生存环境的"分享"使得各种生命可以最大限度地开发环境中的资源,并减少种间竞争。每种鸟类通过不同的行为方式、飞行方式、体型大小及喙部形态来适应其独特的生态位。体型大小不同的雀类会有形态各异、不同功能的喙,并以此来取食不同种类的昆虫或种子。麻雀和燕雀的喙短而粗壮,这种结构适合打开坚硬的种子。金翅雀

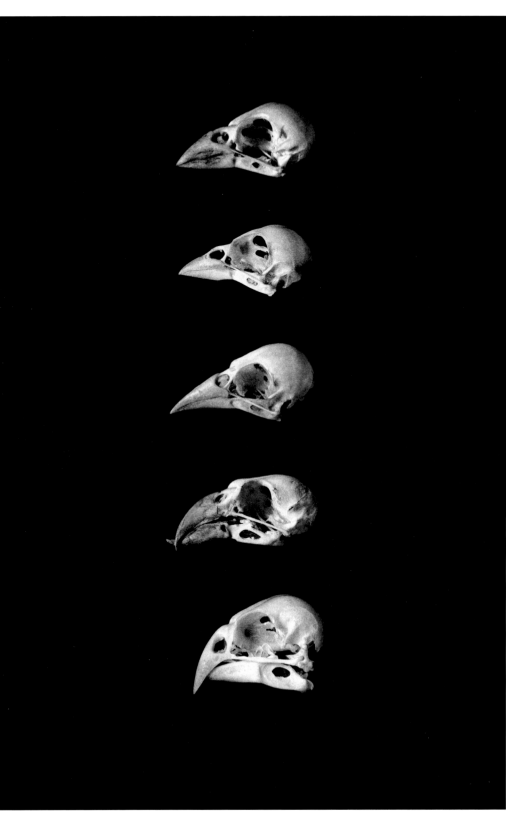

（图注见第139页）

的喙长而尖锐，这可以帮助它们从刺菜蓟顶部的尖刺上取食小型种子。交嘴的雀类的上下喙的尖端弯曲并交汇，这种形态可以帮助它们从松果中取出种子。蓝冠山雀的喙短而窄，以此来取食小昆虫、浆果和种子。

因此，雀类便成为了"演化辐射"的一个极为精彩的案例：由一个共同的祖先演化出大量不同的新物种（也可见第40章中几种生活在湖中的不同鱼类）。事实上，正是燕雀和金翅雀的近亲们为查尔斯·达尔文提供了探索新物种形成机制的最早证据之一。这一种后来被称为"达尔文地雀"的雀形目成员生活在靠近厄瓜多尔太平洋海岸的加拉帕戈斯群岛上。随小猎犬号进行环球旅行的途中，达尔文在考察船停靠加拉帕戈斯群岛时采集了许多当地特有的鸟类标本。这些鸟类的体型大小和喙部形态的差异非常大，但从其他方面看它们又明显有很近的亲缘关系。6种地栖地雀长有短而粗壮的喙，适合取食坚硬的种子，生活在岛上最干旱的地区。其中有几种地雀的喙稍长，使得它们可以取食仙人掌的花蜜。而另外6种树栖地雀很少飞落地面，除了一种完全以植物为食外，其他5种都捕食灌木丛中或树林里的昆虫。还有1种地雀体型很小，以昆虫为食。这13种地雀形态差别如此之大，却频繁杂交，证明它们在基因方面具有很近的亲缘关系。

依达尔文所言，这些地雀都是由某种偶然来到加拉帕戈斯群岛的地雀演化而来的。一种鸟类为适应某一岛屿上不同的食物资源，将向着不同方向演化。不同的体型人小及鸟喙形态使得这些鸟类可以迅速占领岛屿上各个空缺的生态位，因为在此之前这个孤立的群岛上的物种非常贫乏。不同物种的DNA分析验证了达尔文的假说，并进一步揭示了这些物种间的亲缘关系。科学家在1972年至2001年间详细地观察了中地雀和仙人掌地雀，在此期间，这两种地雀的个体大小和喙部形态随着气候的改变经历了多次变化，比如在较为干燥的时期具有大型种子的植物占优势地位，从而更有利于喙部较粗壮的大型种类生存。这两种雀类的演化十分显著，又没有明显的趋势，而仅仅与环境的剧烈变化关系紧密。

自然选择所做的唯一一件事就是挑选出基因最适合其生存环境的物种。究竟在影响喙部形态变化的众多基因中，是哪些最终促成了选择机制的发生我们仍不清楚。生物学家们发现，在幼年雀类发育过程中BMP4基因哪怕只是延迟表达，也会造成其喙部形态的巨大变化。所以，一个小小的突变也会对雀类的整个取食方式产生影响。此外，鸟类的喙部形态还会影响到它的叫声。因为叫声是鸟类交配繁殖的重要因素，所以鸟喙的任何改变都将影响其配对的可能性，从而强化了正在分化的新种间的差异。

当今世界上的所有雀类都有一个漫长的演化历史，而实际上它们都是由一个祖先辐射演化而来的。如同我们上面讲到的"达尔文地雀"的故事一样，这种短期内观察到的演化必然可以推广到更长尺度的时间范围中去。如果在短短几十年时间里，地雀喙的形态便在种群内发生了人类可以观察到的变化，那么在几千万年甚至上亿年的生命演化长河中所发生的故事将是多么难以想象啊！

第137页图（从上至下）

家麻雀（*Passer domesticus*），欧亚大陆及北非（体长15厘米）

苍头燕雀（*Fringilla coelebs*），欧亚大陆及北非（体长15厘米）

红额金翅雀（*Carduelis carduelis*），欧洲、亚洲及北非（体长15厘米）

红交嘴雀（*Loxia curvirostra*），北半球（体长16厘米）

大地雀（*Geospiza magnirostris*），加拉帕戈斯群岛（体长16厘米）

第17章

——

待客之巢

在动物世界里，没有什么比跳蚤、虱子、绦虫这些寄生物种更令人生厌了。大部分寄生物种都是昆虫或蠕虫，但同样不乏脊椎动物：七鳃鳗吸附在其他鱼类身上吸食血肉，贼鸥抢夺其他鸟类捕到的鱼类。这些行为或许没有寄生虫那么招人厌恶，但它们的行为同样属于寄生（parasitism）这一概念的范畴：一个物种利用另一物种的共生关系。与捕食者不同，寄生者并不会立刻将它的寄主置于死地。这种生活方式在演化的过程中扮演着重要的角色，因为寄生者会通过抢夺寄主的部分资源来降低它们的生活能力，这使得寄生成为一种很强的自然选择因素。

在鸟类中有一种独特的寄生方式，叫作"巢寄生"（brood parasitism）。这种方式与取食无关，而是通过繁殖后代进行的，就是把育雏的责任交给其他鸟类，以此来增加自己后代的数量。在欧洲，最有名的寄生鸟类就是大杜鹃，体型跟鸽子差不多大。雌性大杜鹃会趁其他鸟类不在的时候把蛋下在它们的巢里，然后将巢里的一个蛋吞掉或推出巢外。这一系列行为一般只用花费不到10秒的时间就可以完成。如果雌性寄主没有发现这个把戏，就会继续坐在掺了大杜鹃蛋的蛋窝上。在孵化的过程中，幼年的大杜鹃会将其他蛋或先孵化出来的小鸟推出巢外，于是这对父母便会把它当作自己的后代来照顾。由于刚孵化出来的小鸟外形变化很快，许多鸟类都不会太注意它们的模样，而简单把巢内所有的小鸟都当作自己的后代。这种亲代抚育方式便宜了杜鹃，因为它们就无需投入精力照顾自己的后代，但却对因此失去许多自己后代的寄主物种十分不利。

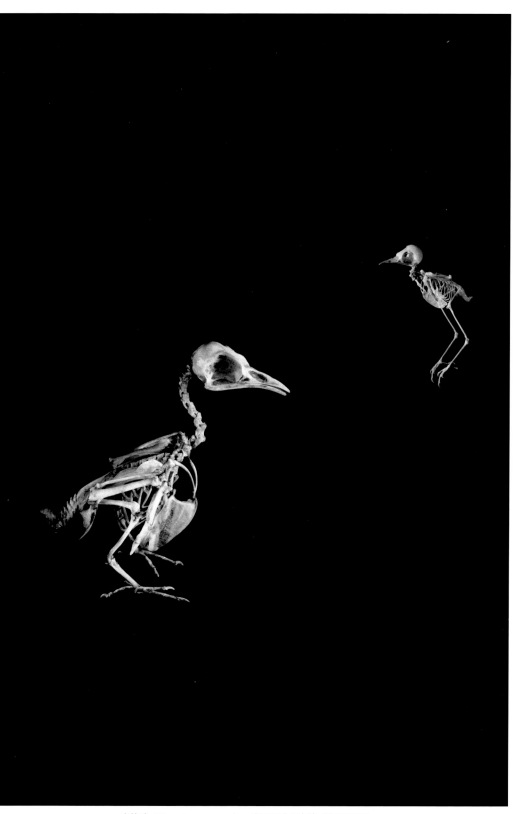

大杜鹃（*Cuculus canorus*），非洲及欧亚大陆（高15厘米）；
欧亚红尾鸲(*Phoenicurus phoenicurus*)，欧亚大陆及北非（高8厘米）

杜鹃便这样寄生于三十多种不同的欧洲鸟类的巢里，其中大部分寄主都是小型食虫雀类，保证了幼年杜鹃的喂养问题。杜鹃有许多个不同的家族支系，每一类的寄主都不同，比如欧亚红尾鸲、知更鸟、林岩鹨等。雌性杜鹃在寄主巢中发育成熟，怀孕后又回到同一种寄主处下蛋。这样一来，拥有不同寄主的杜鹃支系会形成不同的物种，但雄性杜鹃的随意交配行为又会保证一定的物种同一性。这种雌性的寄主成种机制十分重要，因为每一种寄主自己下的蛋在大小和颜色上都有一些差别。而杜鹃下的蛋则会尽力模仿自己所选寄主的蛋。尽管一个杜鹃的体重是欧亚红尾鸲的4倍，外形也十分不同，但它们的蛋却差不多大，而且都是淡蓝色的。实验证明，欧亚红尾鸲会把巢中明显不同的蛋扔出去，但如林岩鹨等鸟类则会不加分辨地孵化巢中所有的蛋。

　　即便蛋被寄主接受了，小杜鹃也并不是百分百地可以活下来。有时候，后来下蛋的杜鹃会把前一只杜鹃的蛋扔掉。再者，刚孵化出来的小杜鹃也并不总能把寄主的蛋清理掉，尤其是在石头上筑巢的欧亚红尾鸲。最后，有一些寄主没有为小杜鹃提供合适的食物，致使小杜鹃飞走之前就饿死了。因此，在杜鹃和寄主之间存在一种平衡，这一平衡依靠寄主的辨别能力、杜鹃蛋的模仿能力以及其他一系列行为因素来维系。同时，这种平衡也受到杜鹃与其寄主协同演化时间长短的影响。在大不列颠岛上，杜鹃的繁盛是很晚的事，大概出现在公元前4500至公元前500年之间，因此尽管它们的蛋模仿能力很差，但依然生活得很好，而欧洲大陆上的寄主可就没那么好糊弄了。

　　通过对不同的杜鹃和它们的寄主进行大量对比，我们就可以大致重建这种寄生行为的演化历史。我们发现，从未遇到过杜鹃的鸟类会轻易接受模仿能力较差的杜鹃蛋，但已经习惯于这种寄生行为的鸟类则会有条不紊地把它们从蛋窝里剔除出去。一开始，所有的寄主都很"天真"，去孵化那些不太一样的蛋，但演化会迅速开始青睐那些多疑的个体，因为它们总能留下更多自己的后代，而其他的个体则因被杜鹃蒙蔽而后代越来越少。这些个体的繁殖率降低会从根本上减少整个种群的"天真"行为。杜鹃也同样受到演化的影响。年轻的雌性杜鹃一开始会把蛋下在它长大的巢中，如果它的蛋跟其他蛋都不像，它的蛋就不会被孵化，后代也会越来越少。因此，模仿能力较差的蛋也会快速在种群中消失。相反，如果它的蛋与寄主的蛋很像，它的后代就有更大的成活几率，并把这种蛋的模仿能力继续遗传给下一代。

　　正因为巢寄生会直接影响到繁殖几率，所以这种行为会面对极强的自然选择压力，无论对寄生者还是寄主。这种双向的选择形成一种"协同演化"：杜鹃的行为越来越特化，所下的蛋模仿得越来越像；寄主则变得越来越多疑。不过我们还不清楚这种下蛋的寄生行为是如何出现的。杜鹃并不是唯一具有这种行为的物种，有一些其他鸟类也会这么做，只不过尚未演化到如此精雕细琢的地步。有几种鸭子在孵化自己后代的同时，也会把蛋下在同类的巢里。自然选择会倾向这种行为，因为这会立即增加雌性的后代数量。但是，这种现象不会导致鸭子完全放弃孵化行为，因为生存压力又会倾向于那些两种行为折中的个体。演化就是通过这种寄生行为的发生几率进行自动调节，从而达到一种平衡。我们还可以推测演化还将倾向另一种行为，就是不断在其他物种的巢里下蛋。或许有一天，杜鹃的寄生生态位会受到鸭子的挑战。

第18章

跑猿

    经过两百多年来对类人猿家族行为、解剖学及基因等多方面特征的研究，我们现在可以肯定地说，黑猩猩和倭黑猩猩是与人类亲缘关系最近的物种。类人猿（或称人猿超科，hominoids）家族过去支系繁盛，但现在只有五个成员：猩猩、大猩猩、黑猩猩、倭黑猩猩和人类。而在猩猩和大猩猩中，有一些存在严格地理隔离的种群，这些种群也常被作为一个单独的物种。类人猿的演化进程涵盖了我们人类的整个过去。在这个进程中，一个仍未发现的共同祖先分化为两个支系，一支形成了黑猩猩和倭黑猩猩，另一支则演化出了南方古猿（australopithecus）、傍人（Paranthropus）、早期智人、现代人等一系列人类家族成员。这一分化事件发生的时间和接下来的整个演化历史是众人争论的焦点，因为这些争论的结果对我们太重要了，关乎什么是人类天性的问题。

    我们人类和黑猩猩及倭黑猩猩在解剖学及行为特征方面有着诸多差异。在过去的50年中，灵长类动物学家在非洲丛林及动物园中积累了大量的观察资料。现在我们已经知道，黑猩猩是一种社会性极强的灵长类，它在自然状态下展现出的能力要比在笼子里或从其族群背景中隔离出来的状态下复杂得多。它们会集体狩猎，知道用石块砸开坚果，帮助困境中的同伴，甚至懂得结盟夺取统治地位、组织抵抗其他族群的侵略。它们懂得打闹、嬉笑、撒谎、争论、伪装，等等。尽管喉咙形状的限制使得它们无法说话，但它们可以掌握上千种用手势或其他象征形状表达的词汇。当然，人类和黑猩猩在行为方面有着不可逾越的鸿沟，但最近在黑猩猩身上发现了一系列过去认为是人类独有的特征，使我们可以大致猜测到我们共同祖先身上人类行为的早期雏形。

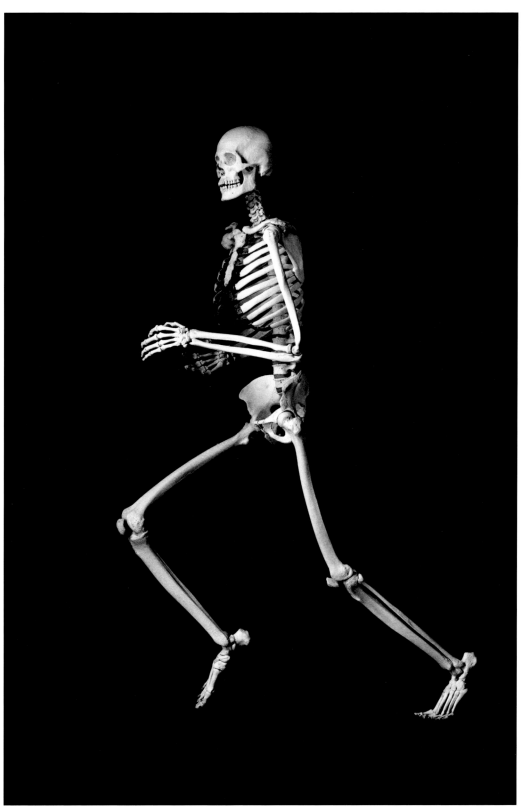

智人（*Homo sapiens*），全世界（身高1.70米）

在解剖学特征上，人类和黑猩猩的差异是十分明显的。而骨骼也是现代人类和猿猴唯一可以与化石灵长类进行对比的材料。许多骨骼特征的差异与运动方式有关：人类是完全双足直立行走，而黑猩猩则是四足行走，即便站立起来也只能走很短的距离。直立行走导致了整个骨骼结构的改变：对于人类，短而宽的骨盆支撑着整个腹部器官，而黑猩猩的骨盆则更大，而且长而窄；人类的前肢比后肢要短，黑猩猩正好相反；二者的肩、肘和膝盖这些骨骼连接处的形态完全不同；直立行走也改变了枕骨大孔的位置，这个开孔是大脑连接脊髓的通道。黑猩猩的枕骨大孔位于脑颅的后部，而人类则位于脑颅下方。最后，人类有一个比黑猩猩大得多的大脑。

这些形态特征是由基因决定的。人类和黑猩猩的DNA序列之间仅仅存在1%左右的基因差异（而大鼠和小鼠之间的差别为10%）。然而，这些差异遍布整个基因组，因此会影响到大部分的基因，但却不一定会影响到基因控制合成的蛋白质表达，只会改变其中一部分的工作方式。人类与黑猩猩差异最大的基因一般与嗅觉、听觉、消化系统及免疫系统有关。我们祖先的演化曾受到自然选择的强烈作用，而这一过程的结果都保留在我们的基因组中。生物学家一直在努力找出基因组中那些并非受随机事件而是受选择因素影响的基因。这些基因则与细菌抗体、生殖细胞制造、细胞内DNA的表达及神经细胞活动有关，在我们祖先的生存及繁殖过程中起到至关重要的作用。

我们需要通过化石对比来了解人类与黑猩猩的分化过程，然而至今为止我们并未找到黑猩猩的化石[①]。通过DNA测序分析，一般认为二者分化发生在距今500万至700万年前，而导致这一分化发生的原因尚不清楚。有很多假说试图解释直立行走出现的原因。如果要严格遵循演化论的框架，我们必须知道为什么这种行为必然出现。自然选择只会促进一个对物种产生即时利益的特征，人类直立行走并非因为这么做有利于促进大脑的发育，而只是为其提供了可能性（见第39章）。南方古猿就可以直立行走，但却具有和黑猩猩大小相近的大脑。

在诸多直立行走的假说中，为了走出热带丛林，去适应广阔的草原等其他环境是较为可信的一种。人类不仅善于行走，在过去的200万年中长距离奔跑也成为了人类的一种特殊技艺。为了供养比祖先更加发达的大脑，远古人类需要脂肪和蛋白质含量更高的食物，因为大脑的活动需要消耗巨大的能量。比如在大草原上看到秃鹫经常盘旋在大型食肉动物饱餐之后的腐肉上空，这时人类必须快速奔跑，以赶在其他食腐动物之前夺取食物。远古人类还可能通过长距离追逐耗尽猎物体能的方法进行捕猎。这些假说可以合理地解释为何我们拥有如此修长的下肢，因为与行走相比它们更有利于奔跑。

人类的演化还在继续吗？我们所了解的全部地球生命历史并没有为我们提供一个演化的方向或终点（当然，物种的灭绝除外）。然而，人类已经从根本上削弱自然选择作用，并且在很大程度上从普通的演化进程中解放出来：许多天生的缺陷，从简单的近视到最恶劣的疾病，在发达社会中得到了后天的弥补。从短期来看，致命流行疾病的出现又形成了一种举足轻重的自然选择机制，但其作用的范围仅限于抵抗某几种疾病的能力。而人类在未来几百万年的长尺度演化仍是一个未知之数。

译注

① 这一说法不够准确，康涅狄格大学的Sally McBrearty教授及其合作伙伴在2005年报道了首次发现的3颗黑猩猩牙齿化石，见[McBrearty, S. and Jablonski N. G., 20105:"First fossil chimpanzee". Nature 437 (7055): 105-108]，不过如此少量的材料还是不足以从化石角度说明黑猩猩与人类分化的过程。

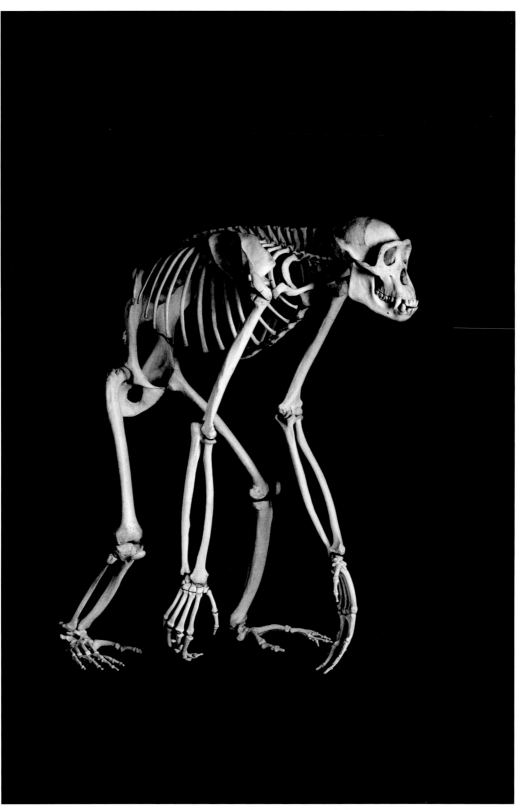

黑猩猩（*Pan troglodytes*），非洲赤道附近地区（身高95厘米）

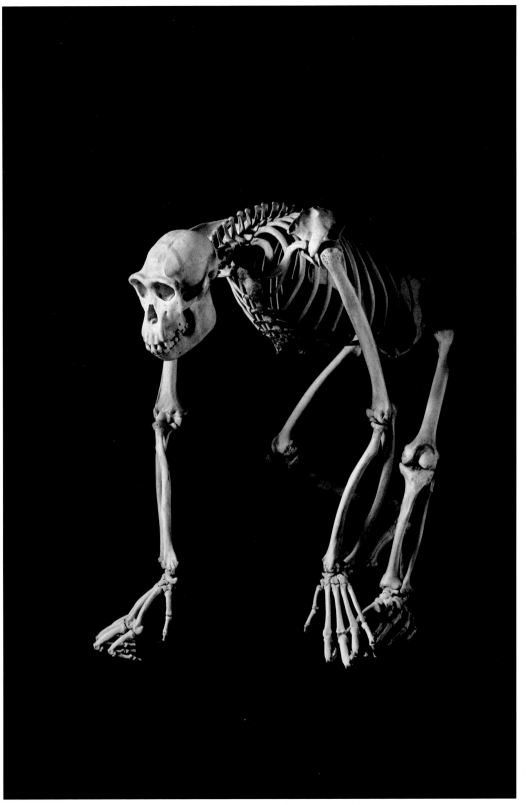

黑猩猩（*Pan troglodytes*），非洲赤道附近地区（身高95厘米）

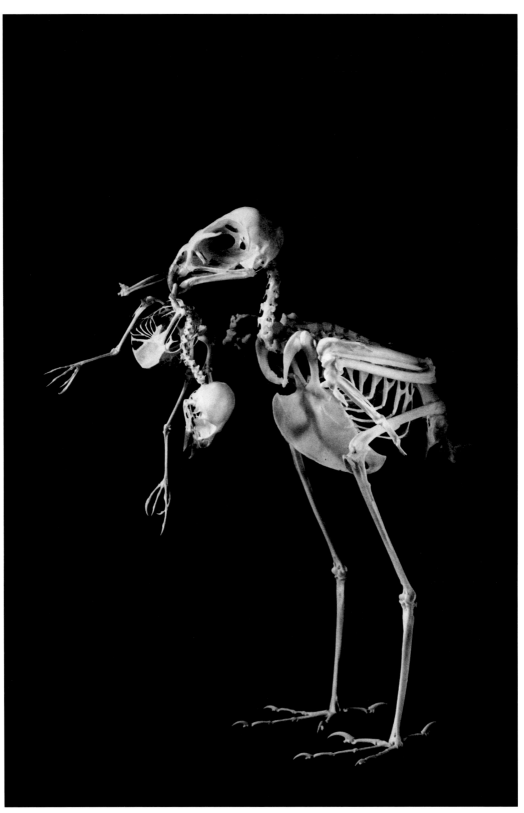

雀鹰（*Accipiter nisus*），非洲及欧亚大陆（身高18厘米）
家麻雀（*Passer domesticus*），全世界（身高8厘米）

第三篇

——

诱惑与选择

达尔文首部著作的完整标题为《论通过自然选择的物种起源，或生存斗争中受偏好族群之保存》(*The Origin of Species by Means of Natural Selection, or the Conservation of Favoured Races in the Struggle for Life*)。这种演化理论常常被简化为"生存斗争"，即被视为每个个体与其天敌之间无休止的争斗。最终想方设法活下来的幸存者，便能产生后代，并将自己的特征遗传给它们。

如此看待动物生命的视角并非无据可依。不难想象，一只鲑鱼产下数以千计的卵，不是所有都能长大成年并繁殖后代。物种的种群数量之所以能始终保持恒定，正是因为一对双亲所产下的后代中，平均只有两条能存活下来。在还未经受真正的选择之前，绝大多数的卵和鱼苗就已被掠食者立马吃掉了。首轮大屠杀之中的幸存者，随后受到这种选择机制作用，它们之中只有最敏捷或最顽强者才能留下后代。对于哺乳动物而言，产仔数量没那么多，而死亡率也因父母的照顾有所降低。狮子攻击病弱的而非健壮的斑马，便是一幅生动的自然选择画面。这一原则在捕食者之中同样适用，一些能赢得良好捕食时机者，得以饱餐；而另一些食物匮乏者，则面临饥饿而亡的危险。掠食者和猎物都忙于这一场演化竞赛，从中可见，弱势者无时无刻不在遭受着淘汰。

虽然对动物的生存颇有影响，但自然选择还不仅仅停留在以强制弱的层面。达尔文赋予了这一概念更为广义的内涵："我以开阔且带有隐喻意味的视角来看待这个术语，它不仅包括个体的生存（它确实更重要），还包括能顺利产下后代。对于食物紧缺的两只食肉动物，生存竞争便是战胜另一方，赢得食物，然后存活下去。然而，对于沙漠边缘的一株植物，生存竞争就成了抵御干旱。"由此可见，"达尔文式"选择的复杂性，远远超乎单纯的掠食者与猎物之间的关系。所谓选择，也包括同一物种的不同个体之间的竞争（认为自然界是和谐而慷慨的人们，会对这一点感到不满），还包括环境的作用。此外，达尔文还强调了选择的另一种形式，同样是自然的，但不是存亡与否，而是关乎个体产生后代的能力。在达尔文的研究中，他赋予了这种"性选择"(sexual selection)越来越多的重要性。为此，他的关于人类起源的著作《人类的由来》(*The Descent of Man*)，几乎从头至尾都在论述动物世界中的性选择。

性选择描述的一系列机制，并不提高个体的存活率，而是提升其相对于其他个体优先交配的权利。诸如此类增加繁殖成功率的因素，并没有那些提高成活率的因素那么必要。在大部分脊椎动物中，无论雌雄，都需要能够被认可并吸引到异性，以便获得交配机会。对于哺乳动物和鸟类，繁殖还包含另一必要过程：育幼和育雏。某些鱼类、蛙类和爬行动物也会对幼体至少有一些天的照顾。在很多物种之中，雌雄之间会在体型、形态或颜色方面存在或多或少的差异。但如果自然选择在同种不同个体之间发挥的作用完全相同，我们可以预见雌雄个体间应该几乎没有差异。

正是性选择奠定了"两性异形"（sexual dimorphism）的基础。雄性通常带有特别的装饰，例如鱼类和某些鸟类亮丽的色彩，又例如孔雀和燕子加长的羽饰。雌性偏好外表光鲜的雄性，因为亮丽的色彩证明它没有受到疾病或寄生虫的侵害。事实证明，在鸟类、猴子和鱼类中，与其他个体相比，那些被雌性选中的雄性能获得更多繁殖机会，拥有更多的后代，于是它们的特征就能够在种内得以推广。反过来看，雌性的"挑选行为"其本身，也是选择机制的作用对象：如果雌性相中了那些暗淡而不出众的雄性，它们所产下的后代质量势必会降低，甚至可能无法继续生育，因此这种失策的挑选行为会被逐渐消除。以上两方面的选择相互强化，因此会产生夸张的展示性装饰物也不足为奇了。炫耀增加了雄性被天敌发现并捕获的风险，尽管有此不利，但这些特征确实能提高生育率，所以得以留存。如果雄性的生存受到了炫耀性特征的威胁，那么如此过分的装饰物就会受到自然选择的制约甚至淘汰：装饰物的大小和样式，在性选择与自然选择的共同作用下达到平衡。

性选择还包括另一方面：雄性之间为获得交配权的竞争。在争斗中，有些装饰物转变成了武器，鹿科成员（详见第20章）和长颈鹿（详见第21章）就是很好的例子。这种竞争对于强化两性异形起到了很大作用，特别是在一雄多雌的社会性群体中，例如鹿类和大猩猩（详见第22章）。在这些物种之中，雄性间的竞争异常激烈。与之相反，对于像长臂猿和某些鸟类这样一夫一妻制的物种，两性异形就没那么显著，而雄性间的竞争也大大减弱。

雌雄之间在解剖结构和行为方面的种种差异，涉及到更深层的失衡（dissymmetry）：关乎卵细胞与精子这两种生殖细胞的失衡。卵细胞是一种硕大的细胞，它不可移动但储存着丰富的能量（例如一枚鸡蛋就是一个单个的卵细胞）。精子是一种微小的细胞，完全没有营养储备，但具有极强的活动性。雌性所产生的卵细胞极其有限，一般情况下，与精子的数量相较而言，显得微乎其微。雄性个体与雌性个体间分别存在繁殖竞争的同时，生殖细胞也参与其中——只有从百万精子大军中脱颖而出的那一个，才能够让卵细胞受精。换而言之，卵细胞是一种稀缺资源，精子为此竞争激烈。这种失衡在生物的个体水平上也能够体现：雌性产生的卵细胞一般很有限（虽然有时数量也会很多，比如鱼类产卵），为了确保产生能够存活的高质量后代，它们会慎重选择那些为卵细胞授精的雄性。反过来，雄性的繁殖策略便是让尽可能多的雌性受精，从而比其他雄性产生更多的后代。因此，黑猩猩间存在一系列的交配竞争，黑猩猩中配偶间的关系并不紧密，一只雌性黑猩猩能与多只雄性交配。这些雄性为了能留下子孙，产生的精子越多越好。这就解释了为什么雄性黑猩猩的睾丸要比大猩猩（会严格控制自己的妻妾）和长臂猿（一夫一妻制）的要大很多。

这一切选择的过程完全是在自然而然地发生着，丝毫不受动物的"意愿"所左右。演化理论强大之处就在于，它阐释了极其简单的机制如何造就了纷繁复杂的行为。例如，具有先天优势的雄性会比其他雄性产生更多后代，而它的这些优势性特征也得到遗传，继而又惠及后代使它们更大量地繁殖。因此，先天优势的影响力在代代相传的过程中得到加强。以上机制并不带有任何预先设定的方向；性选择既是盲目的，又是充满活力的，有些特性能增加繁殖能力，它仅仅是通过偏好保留这些特征来发挥作用。这种机制即便不削减其繁殖能力，也会缩短其寿命（详见第23章）。至今为止，不是一切有关动物的解剖和行为问题，都能通过自然选择一一解答。一个动物体并非是简单的器官的堆叠，而是一个综合的整体，突变造成的某一器官的一点改变，会对其他器官造成影响。当一个动物某些方面的能力得到增强的同时，某些方面会被减弱。此时，选择机制会持续作用，直到达到一种平衡，这种平衡未必是为这个器官本身着想，而是基于整个动物个体，因为归根结底，选择机制涉及的是整个动物个体的生存和繁殖。同时，有些特征在选择中仅仅是中性的。如我们所知，很多突变并不会对动物造成影响，因此不会受到选择——既不会被淘汰，也不会倾向于被保留。这些突变在个体生殖的过程中完全是随机产生的。这能否用来解释犀牛头上的角的数量的多少呢？对于这些动物而言，长两个角而不是一个角，真的是件很重要的事情吗？（详见第24章）

在我们人类自身的演化中，性选择也扮演着重要的角色。一些主要证据，来源于对类人猿的行为观察，以及为数不多的人类化石（详见第25章）。自然选择理论对于人类演化的解读，还未被西方社会所接受。这种完全与道德无关的，且不带有任何目的性的自然现象，造成了一种氤氲不散的不安，这也恰恰解释了部分宗教成员对达尔文学说的抵制。与此同时，达尔文理论的某些方面被接受了——可是出于不良的动机。例如，生存斗争的观念能被顺利接受，可以部分归因于它被不恰当地引申到了社会学领域。在19世纪，资本主义理论家们试图借用这一概念将社会不公合理化，宣称是"自然规律"造成的。假以选择之名，他们反驳说社会救助是无用的，甚至危害社会的正常运作。随后，这种"社会达尔文主义"被优生运动的支持者所利用，他们宣称人类的技术已然弱化了自然选择，需要淘汰那些"有害"的个体来平衡这种影响。到了20世纪，这些理论被用作纳粹集中营以及强制绝育运动的科学依据，后者在美国和瑞典发生，直至20世纪70年代。

将自然选择学说推广到人类社会的这些衍生理论，完全超出了达尔文的本意。恰恰与之相反，据达尔文所言，自然选择偏好保留人类的利他倾向，因为协同合作，猎取食物并抵御掠食者，给我们的祖先所带来的益处是相当可观的。自然选择进而促成了道德意识的产生。在达尔文看来，不公正和暴力是人类社会的产物，绝非大自然所为。至于优生学，与达尔文的想法也是相差甚远，他认为人之所以为人，是因为能心怀怜悯且主动利他："哪怕有再充分的理由，我们也无法抑制同情心，不去玷污我们与生俱来的高贵的部分……我们故而需要承担着给生存和繁殖带来的、确凿无疑的不利影响。"

第19章

—

红皇后

刘易斯·卡罗尔（Lewis Carroll）笔下的女主人公爱丽丝，至少因为她的一段冒险经历，而为生物学家们所熟知。在《爱丽丝镜中奇遇记》（*Through the Looking-Glass*）的一幕场景中，爱丽丝和红皇后竭力飞奔，可依旧停留在原地。红皇后解释道："现在，你看到了吧，只有全速奔跑才能留在原地。如果你想要到达别的地方，速度就必须是现在的两倍以上！"这个故事被借以比喻演化理论之中最著名的论述之一：捕食者与猎物之间，为生存斗争而展开的装备竞赛。

对于每一个掠食性物种来说，自然选择青睐那些最能适应的个体——这意味着，谁捕获的猎物最多，吃得最好，而且能产下更多的后代，谁就能将自身的特性遗传下去。它们是最快的，最机灵的，最善于伪装的，或装备最精良的。同样的道理，那些最快的，最机灵的，最善于伪装的，或装备最精良的猎物们，也将受到优待，进而将这些特性遗传给它们的后代。然后，"红皇后"理论就假定存在一种协同演化（co-evolution），导致产生更有利的物种，并在捕食者与猎物之间达到平衡。这个理论观点是如此引人入胜，但它是否能得到事实的验证呢？

大型猫科动物是捕食者的代表。豹子①从隐蔽处发起攻击，或缓慢接近，随即扑向猎物。它那柔软灵活的脊柱，以及短小但有力的四肢，都充分凸显了其对捕猎的适应。它的关节适宜于多样的运动方式，可以反转的腕关节这个特点，在适应方面尤为突出。因此，豹子既能抓牢猎物，也能用舌头来清理爪子。它还能用爪子爬树，以躲避鬣狗的侵扰。因为它的两个眼眶位于头骨的前端，

豹子（*Panthera pardus*），分布于非洲及亚洲（肩高60厘米）；
旋角羚（*Addax nasomaculatus*），撒哈拉地区（肩高75厘米）

形成了具有立体效果的双目视觉，能够精准地判断距离。当擒获猎物时，它的上下颌大大的张开，咬紧猎物的颈部，令其窒息而死。在眼眶下方，颧弓内侧留有宽大的空间，留给控制下颌垂直运动的颞肌通过。这种颌部的关节方式，只允许垂直方向的运动，可是豹子并不这样上下来咀嚼食物。它只需咬死猎物，然后用锯片一般的带有利尖的臼齿，把肉撕扯下来。这些牙齿和颌骨的特征，是猫科动物所独有的。相对更偏向杂食性的动物，比如狼和熊，有着咬合面更为平整的臼齿，适合来研磨食物。

对于捕食者来说，作为食草动物的那些种类繁多的羚羊，给它们提供了充足的食物来源。分布在撒哈拉以南荒漠地带的旋角羚，是一类数量最多，但又最迟钝的羚羊。旋角羚就这么静静地站立，四肢的骨骼垂直并立着，仿佛四根柱子一般，毫不费力地支撑着身体的重量。它们的关节虽然没有豹子那么灵活，但更加的稳固。它们宽大的蹄子适应了沙漠，那是一片它们赖以生存的不毛之地。在交配的季节里，雄性旋角羚用它们的角作为战斗的武器。一旦面对掠食者，走为上计，而当无路可逃时，它们用来和掠食者对抗的不单单是角，其实更多是用蹄子。在大多数反刍动物中，眼眶位于头盖骨的两侧，让它们拥有了接近360度的视角来高效地巡视周围的情况。在下颌骨的宽大平面上，依附着一块咬肌，这块用来咀嚼的肌肉控制着下颌的横向运动。横向咀嚼的动作，是草食动物的一大特点，因为它们必须长时间的嚼碎食物才不至于难以消化。

旋角羚与豹子之间的生存斗争，体现出了良好的动态平衡。两个物种间，没有任何一方需要完胜对手：豹子不需要消灭旋角羚，否则将面临食物短缺；旋角羚不需要全体躲开豹子的追捕，否则数量的剧增会使得植被遭到过度利用，最终导致自身的消亡。这种捕食者与猎物之间的平衡也不是一成不变的。依照红皇后理论的假设，新的更有利的特性能在种群中稳定保留，全面改变这个物种。但是如果捕食者总体上变得更富于技巧，而猎物却保持原样，那么前者就会承担食物耗尽的风险，终将祸害自身。一个捕食者来到了一处从未涉足过的地域，导致了一种或多种物种的灭绝，便是一个平衡被打破的例证。这种平衡被打破的情形关联两种时间尺度的交织——生态上的"短时间尺度"与演化上的"长时间尺度"。有时我们也能见识到，动物间的装备竞赛会转向相反的方向。例如，剑齿虎家族的许多成员，装备着比现代猫科动物更加骇人的尖牙，它们前赴后继地称霸了近2000万年，几乎遍布各个大洲。它们其中的最后一批在数千年前灭绝了，恰恰是伴随着长有巨大鹿角的爱尔兰麋的消失。这两者并没有相互消灭；而是由于植被的变迁和领地的减少，在冰期渐渐消亡了。捕食者和猎物之间的演化竞赛会受制于诸多外界因素，包括气候变化和疾病蔓延。捕食者与猎物间的相互作用催生了大量数学模型来检验种种关于协同演化的假说，同时还要考虑到从生态到演化方方面面的影响。

在现实世界中，旋角羚的演化也许已经到达了极盛转衰的地步，至少现在看来是这样。这个物种被大量猎杀，以至于几度濒临灭绝。如今，动物园中的旋角羚数量比野外的还要多。豹子面临的灭绝风险要更低，因为虽然它们会在旋角羚漫步的干旱地区彻底消失，而在赤道丛林区域，它们的数量仍较为可观。只要它们不灭绝，便能继续演化，但我们也许无法目睹这些变化，毕竟人类的年岁相对于演化长路而言，仅仅是弹指一瞬。

译注

①本文豹子指分布在亚洲和非洲的豹（*Panthera pardus*，别名金钱豹，花豹，黑化个体为黑豹），与非洲的猎豹（*Acinonyx jubatus*，别名印度豹）和中南美洲的美洲豹（*Panthera onca*）相区别。

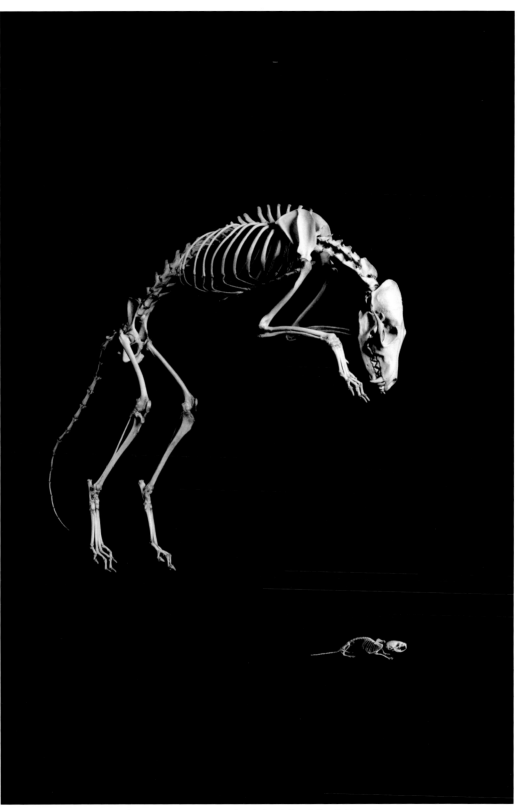

赤狐（*Vulpes vulpes*），欧亚大陆、北非及北美（体长1.05米）
田鼠（*Microtus arvalis*），欧亚大陆（体长13厘米）

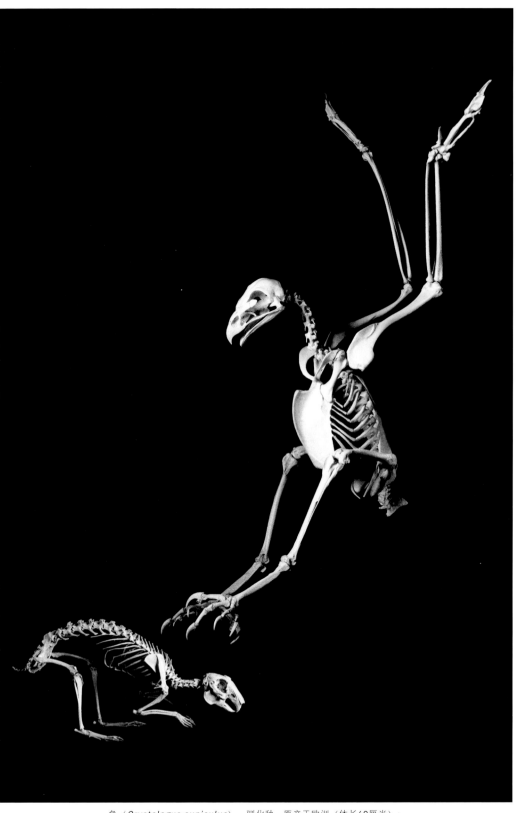

兔（*Oryctolagus cuniculus*），驯化种，原产于欧洲（体长40厘米）；
金雕（*Aquila chrysaetos*），分布于欧亚大陆、北非及北美（翼展2.10米）

第20章

——

武装与装饰

　　雄性的獐武装着一对长而弯曲的刀片状尖牙,虽然长在了这种温驯的反刍动物①身上,但它们看起来更像是食肉动物的牙齿。麂②头生一对尖角,外形仿佛短小的獠牙。公狍长有鹿角,却完全不长尖牙。大多数的反刍动物头顶上都带有装饰物——锥状的洞角③,分叉的鹿角,抑或獠牙状的尖角。在演化历程中,甚至出现过顶着九或十只角的物种。巨大的大角鹿(*Megaloceros giganteus*)拥有宽至4米,重达45千克④的巨型鹿角。

　　雄性的鹿科成员,比如雄鹿和雄驼鹿,它们的鹿角是作为完整骨骼的一部分。这些鹿角并非由表皮角质形成,而是骨骼。鹿角在每年的冬末脱落,并再次长出,表面包被着一层"鹿茸",这是一层薄薄的湿润皮肤,正是骨组织的来源。这些动物因此可以让鹿角年复一年地再生,同时越发粗大且分支增多。而牛科动物的洞角是一种终生不变的结构,由骨质角心与覆盖其上的角质鞘组成。此外还有其他种类的饰物,比如长颈鹿角,骨质的枝上包裹着皮肤,固定不替换。北美的叉角羚长着分叉的洞角,上面的角质鞘会每年脱落,但骨质角心却不是。

　　一只公鹿既没有尖角,又长时间与其他雄性隔离,由此可见,鹿角在防御方面的作用微乎其微,尽管有可能在偶然情况下被用来抵御捕食者。在防卫方面,鹿科动物更倾向于使用蹄子,有时甚至也会用牙。而在牛科动物中,无论公母都长角,它们时常以此来反击捕食者。有的羚羊长有长锥状的角,例如剑羚,据说它们的角甚至能杀死寻衅者。然而,这般防御功能还是不能充分解释鹿角和洞角存在的意义,因为例如马等其他有蹄类,并没有这样的饰

驼鹿（*Alces alces*），北美及欧亚大陆（肩高2米）

物来司防御之责。

当秋季到来，雄鹿们将投入求偶竞争，此时鹿角就显得格外必要。两只雄性之间的比试以吼叫声拉开帷幕，然后它们会并肩而行。只要其中任一方停下脚步，两头雄鹿就会用鹿角相互锤击，然后纠缠在一起，并竭力扭动头部，试图让对手失去平衡。这样的争斗常常使它们负伤，引发不容忽视的死亡率。只有决斗中的胜者，才能够与鹿群中的雌性交配（虽然在偶然情况下，也有处于弱势的公鹿能趁机和母鹿交配）。由此可见，这种动物的体型与力量，以及那对鹿角，在是否能留下后代方面扮演着重要的角色。麂和獐的尖牙，也具备这仅有的用途：在雄性之间的残酷争斗中充当武器。例如麝牛这样的牛科动物，主要将它们巨大的牛角用作冲撞时的减震器。

近四十年来，动物行为学家们在苏格兰的拉姆岛（Isle of Rum）上，对一个鹿群进行了追踪研究。他们测量了这些动物个体的体征，同时估算了它们的繁殖能力和这些特征的可遗传性。他们得以证实，那些体格最魁梧，拥有最壮硕鹿角的个体，能产下相对更多的后代，它们的特征也遗传了其后代们。打斗中的胜利，也能很好地暗示着它们在其他方面的实力，比如对食物的获取和对疾病的抵御。雄性的鹿角每年都会脱落，在产生大量新骨骼来再造鹿角的时候，会消耗不少的能量。所以，硕大的鹿角昭示着这只雄性非常善于获取食物，同时也说明它很可能没有感染寄生虫，体格健壮。鹿角的生长受到多种激素的影响，比如睾酮，一种主要影响精子发育的雄性激素。畸形的鹿角往往是睾酮不足的表现，进而说明精子质量的低下。高的睾酮水平对于繁殖至关重要，但也带来副作用，会使得对传染病防御能力有所减弱。面对这样的矛盾，有一个对雄性质量更好的检验标准：即便鹿角存在一些不利因素，但打斗中的赢家毕竟是身体健康而且精力充沛——这样的雄鹿应该还具有其他受到青睐的特征，能够抵消由高水平睾酮带来的消极影响。所以，巨大的鹿角反映了雄性较高的综合体质，而不仅仅是单纯的体力。生物学家们把鹿角称为"可靠的"标志，也就是说，这一标志能真实无误的证明，它们能产下天生健康的小鹿。

头顶粗大鹿角的雄鹿，是一种特定选择方式的产物：性选择。这些在繁殖方面举足轻重的装饰物，受到两组基因的影响：先是受雄性一方的基因影响，决定着鹿角的出现和性质；然后是雌性一方的基因，使它们被这些饰物所吸引。性选择机制影响着雌雄双方，但作用方式不同。起初，装饰物也许受到与繁殖无关的其他原因的选择，但随着时间推移，其特征被性选择所放大。这存在着滚雪球效应，随着雄性不断地发展出更夺目的装饰物，雌性表现出前所未有的偏好。可是如此的演化，会导致身体组分的过分变大而成为雄性的负担。

平衡点在于，当收益无法抵消不利时，"生死攸关"的自然选择就会发挥作用，从而限制那些确实过于夸张的特性。

鹿角带来的弊端，还体现在另一个方面：长得越大，就会有越多的捕食者垂涎。对于拥有华丽鹿角的动物种群，这样的自然选择限制，会伴随着该群体体质的下降，除非存在一种敬畏这些物种的捕猎策略，既遵从演化法则，又不与性选择背道而驰。

译注

①进食后将半消化的食物返回口中再次咀嚼的行为称为"反刍"。有反刍行为的动物即"反刍动物"，包括鹿类、长颈鹿、牛羊等，它们有独特的胃部结构，以处理难以消化的植物纤维。

②原文此处泛指麋子，但仅有雄性的麋子头上会长有一对尖锐的短角，雌性则无。

③原文为"horn"，多指"洞角"，见于牛科动物。"horn"也可以指犀牛角，无骨质角心，完全由表皮角质形成。

④原文描述为"宽至4码，重达百磅"，此处换算为我国读者熟悉的单位制。

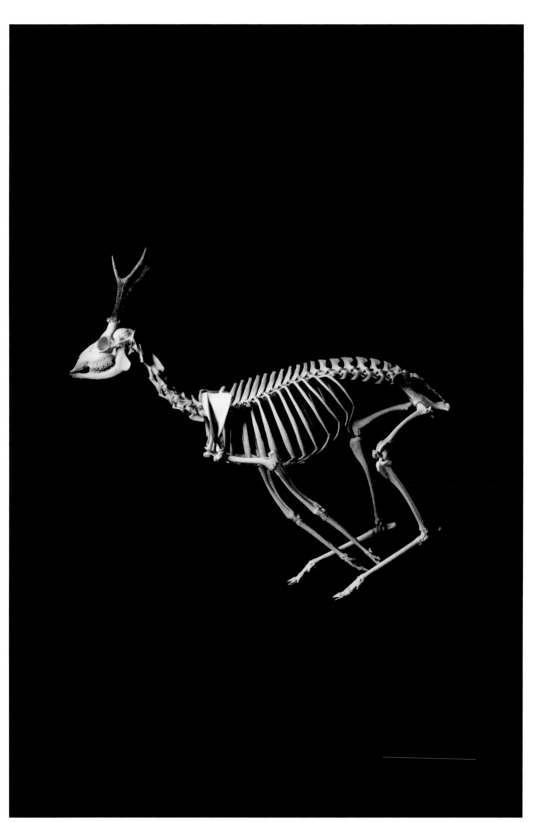

狍（*Capreolus capreolus*），欧亚大陆（肩高88厘米）

赤麂（*Muntiacus muntjak*），东南亚（肩高86厘米）

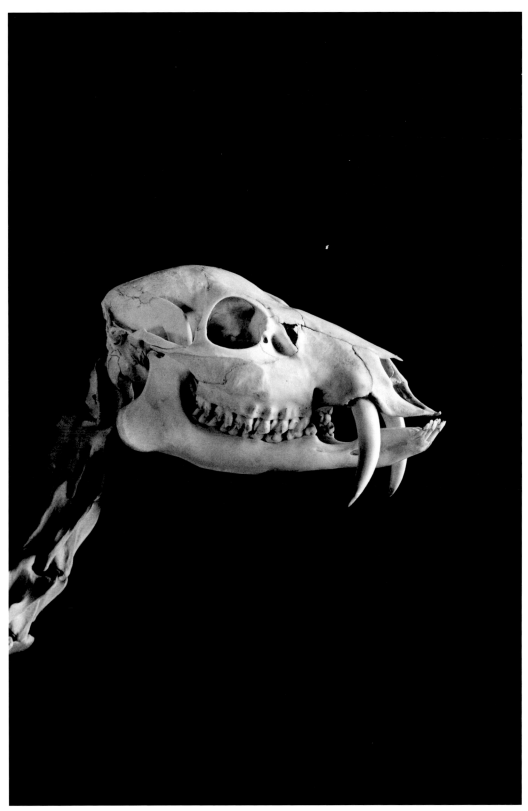

獐（*Hydropotes inermis*），分布丁中国及朝鲜半岛（肩高47厘米）

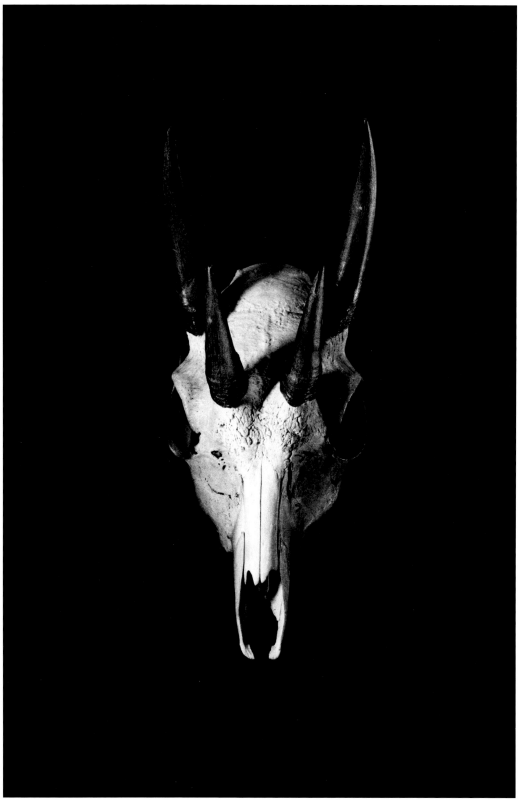

四角羚（*Tetracerus quadricornis*），分布于印度及尼泊尔（肩高60厘米）

雌性驯鹿（*Rangifer tarandus*），欧亚大陆北部及北美（肩高1.20米）

雄性驯鹿（*Rangifer tarandus*），欧亚大陆北部及北美（肩高1.20米）

雄性与雌性麋鹿（*Elaphurus davidianus*），中国（肩高分别为1.15米和1.05米）

马鹿（*Cervus elaphus*），北美及欧亚大陆（肩高1.40米）

麝牛（*Ovibos moschatus*），加拿大北部及格陵兰岛（肩高1.30米）

扭角林羚（*Tragelaphus strepsiceros*），撒哈拉以南非洲地区（肩高1.50米）

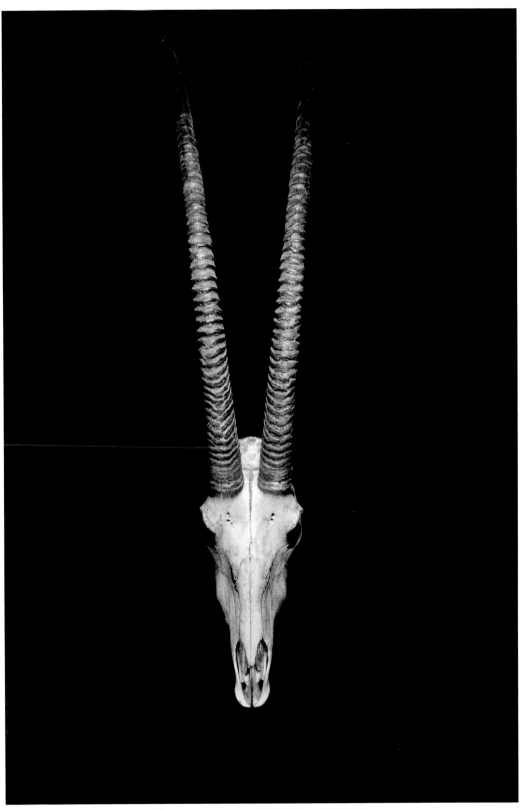

剑羚（*Oryx dammah*），乍得及尼日尔（肩高1.10米）

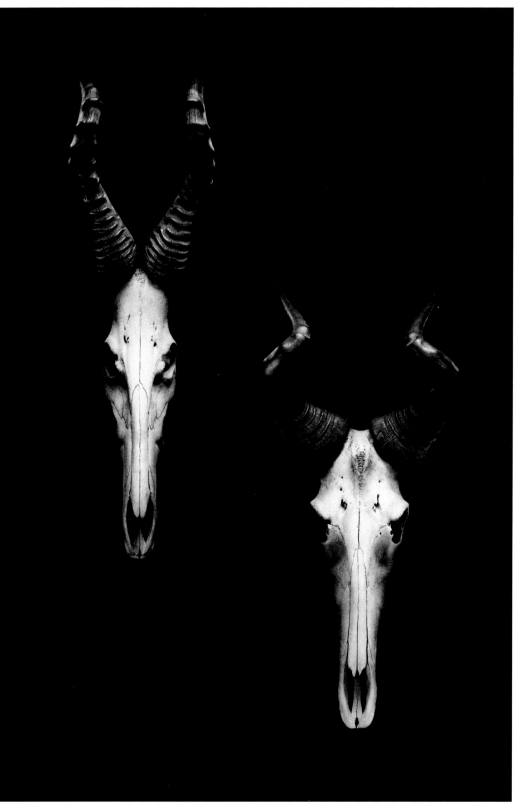

狷羚（*Alcelaphus buselaphus*），非洲（肩高1.30米）
利氏狷羚（*Alcelaphus lichtensteinii*），非洲中部（肩高1.30米）

第21章

著名的脖子

在他1809年出版的《动物学哲学》（*Zoological Philosophy*）一书中，拉马克（Lamark）以长颈鹿为例来诠释动物如何演化："长颈鹿生活的土地上，几乎遍地荒芜，缺乏植被，这就要求它们常常要绷直身体，才能采食到树上的叶片。这种习性在种群中的所有成员身上持续发生，久而久之，导致其前腿比后腿要长，同时造成脖子极度拉伸，使得长颈鹿不必抬起身体用后腿站立，只需抬一抬头，便可够到六米高的地方。"他主张，通过伸展头的高度，其颈部的拉长完全由它们自身造成。拉马克还坚信，这种通过个体行为获得的特性是可遗传的，继而能传递到其后代身上。然而这种"获得性遗传"的假说，在之后被证明是错误的，而不再被当作一种推动生物演化的机制①。

63年之后，在第六版的《物种起源》中，达尔文回顾了相同的例子，但解读的方式却截然不同："那些长得最高吃嫩叶的长颈鹿个体，哪怕就只比其他同胞高出那么三五厘米，在食物紧缺的日子里，常常能得以存活；它们游走在栖息区域中，四处搜寻食物。它们相互交配，产下后代，这些后代们要么继承了同样的身材特质，要么保持了以同样的方式变得多样化的趋势；而那些在相同条件下，不那么受到青睐的个体，将最容易消亡。"

在这个例子上，达尔文给出了与其自然选择学说相符合的一种解释：与其他个体相比，那些无意间受到青睐的个体幸存了下来，然后它们的后代继承了其特有的品质。他特意论证了，诸如长颈鹿的脖子这样的器官，其形态是被逐渐塑造的，并非一夜成形，这有助于我们理解所有的器官是如何做到同时演化的。达尔文提出的机制——自然选择——战胜了拉马克的假说，可是这种关于

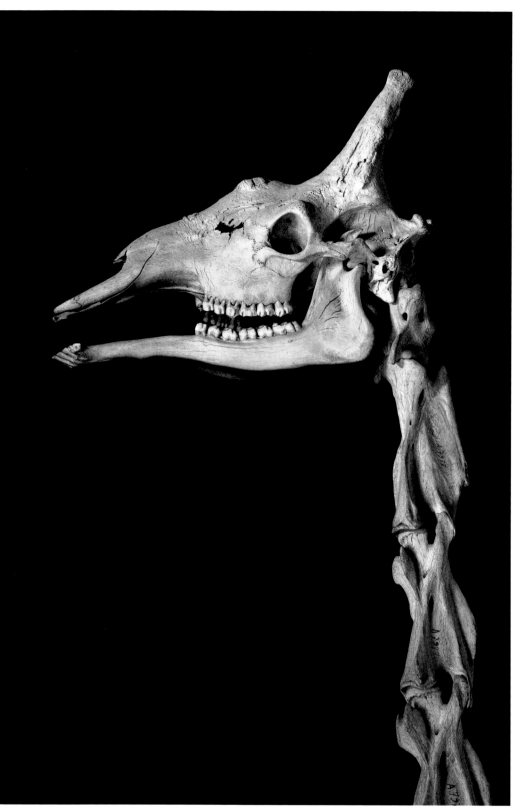

长颈鹿（*Giraffa camelopardis*），撒哈拉以南非洲地区（肩高2.90米）

长颈鹿脖子的"解释"也就这样盖棺定论了。并且,在超过百年的时间里,一直被作为教科书中最受欢迎的例子之一来描绘演化的思想与自然选择的原理。在达尔文的时代,证据更加匮乏,当时人们对除长颈鹿以外的其他长颈鹿科动物一无所知,而相关的化石记录也是一片空白。

对野生长颈鹿更进一步的观测,引发了一些新的发现。人们发现,在半数时间里,雌性长颈鹿会采用水平伸展颈部的方式进食,因此并不经常发挥长脖子的优势,即便是它们的长脖子可以够到其他食草动物无法触及的高处的树叶。可见,长颈鹿长长的脖子也许并不仅仅用来获取食物。长脖子可以用来察看远处的掠食者或食物资源,或是作为散热的部位,抑或是当作防御性的工具。可是,以上猜想均未得到有力证据的支持。另一方面,野外的观察为我们展现了雄性长颈鹿是如何落实长脖子的用途的。当繁殖季节到来,雄性间相互争斗,此时它们会操纵着一件不可思议但无比强大的武器:它们像挥动高尔夫球杆一样挥动着颈部,用头部相互击打。它们头骨的顶部变得异常厚实,并在骨骼中形成了许多窦腔②,能用来吸收捶打时产生的震荡。战斗以一方的落荒而逃,有时甚至以一方的死亡而告终。雌性会挑选获胜的雄性作为伴侣,而这只雄性往往拥有更强壮的颈部。因此,这个器官与鹿科动物的鹿角作用相当。长脖子可能并没有那么实用,但它确实在性选择的推动下得到发展,因为它保证了更高的繁殖成功率。而且长颈鹿体现出了与这种选择相关的两性异形现象:雄性体重平均超出雌性体重的60%;雄性具有更长脖子和更坚固的头骨。与从不相互打斗的雌性不同,它们的头骨和脖子会伴随年龄而增长。

仅仅通过现代长颈鹿脖子的用途,我们并不能找到证据来说明它们的脖子为什么要变长,又是如何变长的。我们可以推测出两套不同的演化剧情,既包括雄性间的斗争,又涉及对食物的摄取。第一套剧情中,脖子的加长可能最初由性选择引起,随后,作为长脖子的副作用,它让新鲜的食物资源变得抬头可及。第二套剧情以稍稍加长的脖子让取食更可行为开端,进而再通过性选择来促进脖子的进一步加长。为了在两种假说之中做出抉择,一个可能有效的方法是,将长颈鹿与它们的亲戚作比较,现生的或化石的均可。在1901年,西方博物学家们发现了另一种长颈鹿科的成员,霍加狓。许多特征都显示霍加狓是长颈鹿的表亲,比如齿列③和角④,它以较小的体型与长颈鹿相区别:测量显示它肩高1.5米——长颈鹿个头的一半。它的颈部具有同样是七节的颈椎数量,但每一节要短得多。古生物学家们试图搜寻到霍加狓和长颈鹿共同祖先的化石来反映它们祖先的相貌。在遥远的过去,长颈鹿科动物比现在要丰富得多,在有的区域甚至是作为大型食草动物的核心成员。数百万年前,生活在亚洲和非洲的一些长颈鹿科动物与今天的长颈鹿相比,可能长得更像霍加狓。另一些，比如西瓦兽（Sivatherium）⑤，体型巨大，重量也超过长颈鹿，但脖子却显得相对较短。但实际上，在演化的进程中，一些西瓦兽类变得越来越小。长颈鹿科的多样性也许能让颈部变长的演化过程倾向于取食假说，通过生活在同一片栖息区域中的不同物种间的生存竞争来实现。但所有的这些线索，都难以在两种剧情之间为我们描绘出一幅清晰的长颈鹿演化图景。当谈及长颈鹿时，达尔文本人这样强调："每一个物种的幸存，鲜由任一孤立的优势所致，而应由影响可轻可重的各方因素之集成来决定。"

译注

① 拉马克的"获得性遗传"长期以来被证明是错误的学说，例如长颈鹿的例子目前看来毫无依据。但最近的研究表明，在基因序列不发生改变的情况下，确实存在一些后天的影响能产生可遗传的特性，也就意味着存在"获得性遗传"。这个领域的研究属于"表观遗传学"，正如当年被当作错误学说的替罪羊一样，有人将拉马克重新推出，将这方面的研究归于"新拉马克主义"。

② 窦腔，或更准确地称为"窦"，指头骨中某些部位中空充气的空腔，例如鼻腔周围的鼻窦。

③ 哺乳动物的牙齿主要分为门齿、犬齿、前臼齿和臼齿四种类型，每种类型牙齿的数量和排列在不同种类的哺乳动物中存在稳定差异，这样的齿列信息可以作为分类的重要依据。

④ 长颈鹿科动物的角，由头骨上的骨质突起和包裹在外面的皮肤组成，与牛科和鹿科动物头上的角有本质区别。

⑤ 又译作"西瓦鹿"，长颈鹿科中已灭绝的一个属，化石发现于非洲和印度次大陆，最后的种类在距今8000年前消失，在撒哈拉沙漠的岩画上还能发现它们的形象。

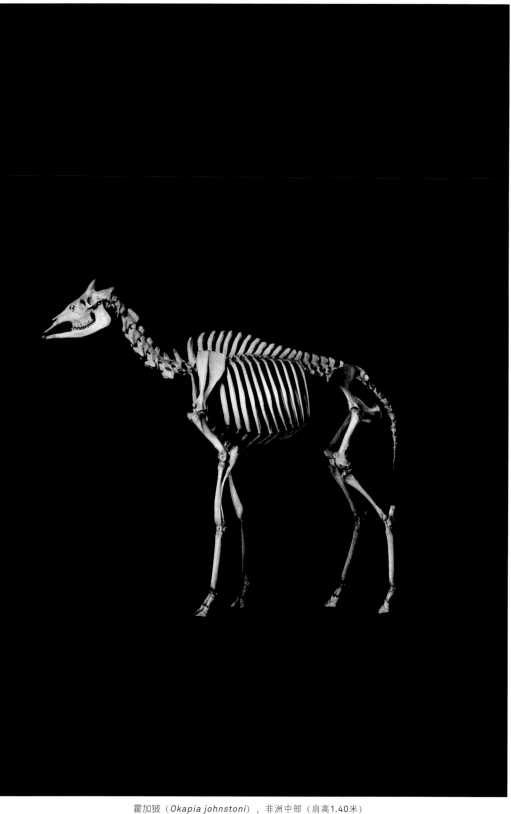

霍加狓（*Okapia johnstoni*），非洲中部（肩高1.40米）

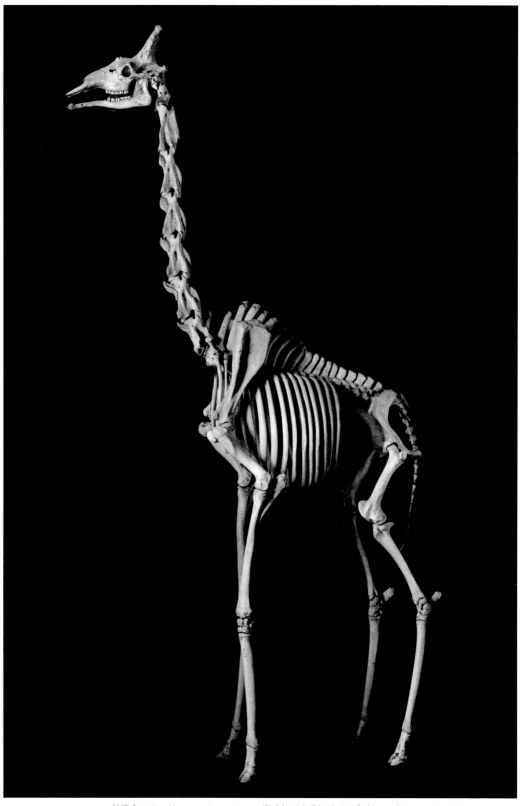

长颈鹿（*Giraffa camelopardis*），撒哈拉以南非洲地区（肩高2.90米）

第22章

——

尖牙之利

　　猴子的笑容，有时令人难以捉摸。根据物种的不同，"龇牙咧嘴"的表情具有因物种不同而异的含义，从极度的紧张，到善意的邀请，千差万别。总之，哺乳动物的牙齿并不都是与取食相关的。无论是疣猪的獠牙，麝的长长的尖牙，或是大猩猩那令人望而生畏的犬齿，都在繁殖方面扮演着决定性的角色。

　　雄性大猩猩的尖牙，其长度几乎能和狮子的相媲美。即便是排除了两性间体型大小的差异，雌性大猩猩的尖牙依然显得相对小得多。大猩猩是一种雌性与雄性之间的体质差异——两性异形——最显著的灵长类动物。野生雄性大猩猩的平均体重可达180千克，是雌性个体重量的两倍。它们头骨顶部有一条高高的脊，用来附着颌部强有力的肌肉[1]。这条脊在雌性个体中要浅得多。雌雄之间如此明显的差异，正显示着强烈的性选择。这也与特定的社会结构密切相关。在大猩猩中，一个族群往往由一只掌权的雄性，及若干成年雌性及其后代所构成。这只雄性有时能容忍在族群的边缘出现年轻的雄性，特别是他自己的儿子们。在另一方面，它对其他成年雄性表现得充满敌意。这样的社会结构是雄性之间激烈的竞争造成的结果。让我们看看鹿群之中的情况，不难发现，能够带来潜在繁殖优势的特性会受到青睐：硕大的体型带来了更强劲的肌肉，以及吓退竞争者的武器，比如显著的尖牙。由雌性主导的选择过程也发挥着重要的作用，因为它们更倾向于与具有优势的雄性交配。山魈具有与大猩猩相似的社会结构，而且它们的两性异形甚至更加表露无遗，雄性山魈的犬齿尤为让人不寒而栗（见第1章）。可以通过能分辨出来的后代数量[2]，来估算雄性的生育率，而生育率与其犬齿的长度表现出强烈的相关性。

雄性大猩猩（*Gorilla gorilla*），非洲赤道附近地区（身高1.35米）

在灵长类动物中，体型的大小貌似是能够反映族群结构的指标之一。物种体型越大，两性差异会越明显，家族成员中会包含更多的雌性。然而，雌性对雄性个体的挑选，反过来对种群中后续雌性的体型大小也会有影响，因为大个体雄性的后代，无论公母，其体型也都会相对要大一些。环境因素对于社会结构也会发挥作用。如果食物集中于某些地区，一只雄性能轻易的监管这片较局限的领地，从而控制这些资源，若干雌性只有在监管范围内才都能获得资源。反之，如果食物是均匀分散的，特别是在森林地区，那么仅凭单一的雄性就无法形成垄断。在这样的情况下，猴子们就会以庞大的混合种群的形式聚居，雄性之间的争斗就不会那么激烈。如此一来，较不明显的两性异形就可以被预见，这恰恰是我们在猕猴和黑猩猩之中所目睹的情况。

黑猩猩生活在庞大的社群之中，有时成员的数量可以达到数以百计。根据可利用资源的多寡，它们会组成数量不定的次级群体，而且成员组成也是频繁变换的。这些群体会相互混合，并拥有一只占统治地位的雄性，但它不一定是最大或者最强壮的。黑猩猩们实际上可以联合罢免这只雄性首领，当另一只雄性能对扶持其到高位的"伙伴们"足够宽容，它便能成为继任者。因此，社交能力扮演了重要角色，尤其是因为雌性没必要再选择最强壮的雄性；它们也可能会挑选社交能力最强的雄性，即那些乐于投入到社交活动的雄性，比如那些乐于帮助梳理毛发的雄性。在族群中，梳理毛发的行为对于缓解压力非常重要。性选择依旧强烈，只不过作为社会等级制度和个体之间瞬息万变的亲善关系相互作用的产物时，这种选择变得尤为复杂。

某些灵长类中毫无两性异形可言。雌雄长臂猿体型大小相当，它们的犬齿都一样的短小。所有的个体都在树丛中分散寻找食物。雄性长臂猿之间的竞争很轻微，它们与雌性形成稳定的配偶。这种"一夫一妻制"与均匀分布着大量资源的自然环境相符合。

人类起源于这些具有多种多样社会结构的灵长类，我们能从中学到什么呢？说到这，就得考虑到我们自身的两性异形，以及我们这个物种在灵长类演化谱系树上的位置。一般而言，男性往往比女性更高大、更重，也更强壮。我们的犬齿很小，而且在两性之间几乎相同。我们人类这个物种的两性之间的形态差异程度，比与我们亲缘关系最近的黑猩猩要小，又比那些明显和我们关系很远，但也是一夫一妻制的物种要大，可谓是介于二者之间。从而可以推测，我们的祖先生活于更大的混合社群之中，其中的性选择比起黑猩猩的应该更弱。即便是现生的两种不同黑猩猩，也有着不一样的社会行为。倭黑猩猩，因它们具有比其他种黑猩猩更丰富的性行为而广为人知。它们利用性来玩耍来换取和睦，或是来获得舒适，甚至还作为变更社会地位的途径。雌性倭黑猩猩之间，彼此形成紧密的联盟，与雄性们的权力相平衡。掌权的雄性事实上就是为首的雌性的儿子。黑猩猩的社会中等级更加森严，伴随着强烈的雄性支配权。每个个体都是天生好争吵的，但它们一定程度上更容易去分享食物。与我们亲缘关系最近的亲戚，既不是长臂猿也非大猩猩，而是黑猩猩和倭黑猩猩。我们未知的共同祖先，于是就作为源头，造就了三种社会行为截然不同的物种：黑猩猩、倭黑猩猩，以及我们人类本身。依照人性化的标准，我们会发现倭黑猩猩的生活比黑猩猩更加逍遥自在，但没有理由让我们知晓，二者之中谁的亲缘关系离我们更近。

译注

①指"矢状脊"，位于头骨顶部中锋沿前后向（即"矢状面"）的一条脊，其上附着颞肌，一块主要的咀嚼肌。人类因食物易于咀嚼而矢状脊不发达，当我们做咬合动作时，能在头部两侧，大约太阳穴上方的位置，感受到颞肌的收缩。

②"能分辨"指的是能确认是这只雄性的后代，因为雌性会在偶然情况下与群体外的"流浪汉"雄性交配，所以产下的后代中有部分难以分辨其父方。

雄性与雌性大猩猩（*Gorilla gorilla*），非洲赤道附近地区（身高1.35米和1.10米）

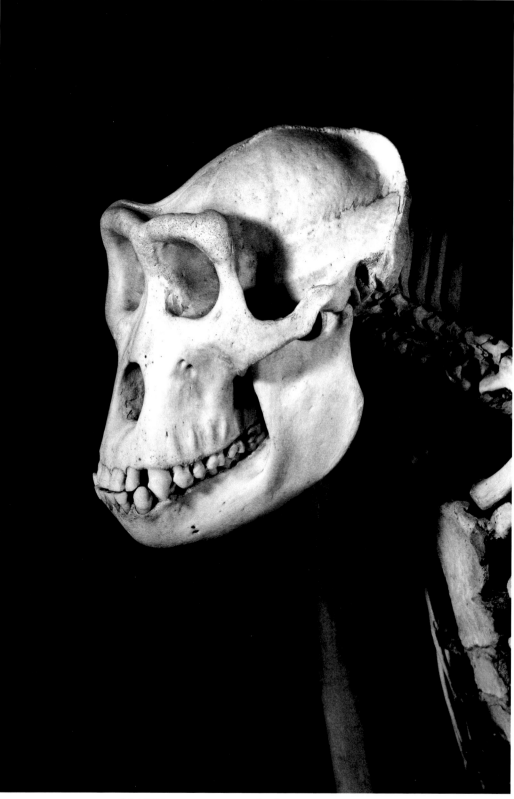

雌性大猩猩（*Gorilla gorilla*），非洲赤道附近地区（身高1.10米）

第23章

爱而后已

　　鹿豚是一种野生的猪类,其死亡率的攀升源于一种离奇的方式:有些个体会死于头部穿孔,而刺穿头部的却是它们自己的獠牙。自然选择——众所周知,能给物种带来越来越强的适应性——是如何导致了如此不利的解剖结构的出现呢?实际上,自然选择并非直接为个体的生活着想,而是侧重于其留下后代的能力。在鹿豚身上,獠牙悲剧不是顺应自然的例子,而其背后带来的对生育过程的促进才是顺应自然的。动物世界中,有时候性才是终极目标,甚至通向死亡,正如交配中的公螳螂会被它的伴侣吞噬,再如鲑鱼会在完成产卵几小时后数以百万计地大批死亡。

　　鹿豚是猪科动物的一员,猪科还包括野猪和疣猪。鹿豚的染色体显示,它与其他猪科动物在三四千万年前就分家了,是它们的远房亲戚。它们所居住的那几个印度尼西亚岛屿早已和亚洲大陆远远地隔离开了,造就了这份长期的分异。不过鹿豚确确实实保留了猪科动物的特征,例如它们的长鼻子可用来挖掘土壤,搜寻植物的根系和块茎。鹿豚只是在泥地和沼泽地中才这样使用它们的鼻子,所以会缺乏像其他野生猪类那样支撑吻部的鼻骨。而它也像其他猪科亲戚一样,长有一对形成獠牙的犬齿。底下的一对獠牙从下颌萌出,向上生长;而上颌的一对也是向上生长,穿过口鼻部,向后方弯曲。这些牙的长度能达到30厘米。在一些年长的鹿豚中,獠牙的尖端会延伸至接触到头骨,然后渐渐刺穿头部,直到导致动物体的死亡。而在雌性鹿豚中,獠牙要短小得多,甚至完全没有。

　　成年的公鹿豚是独居动物,而当繁殖季节到来,它们会加入到与同类的争

鹿豚（*Babyrousa babyrussa*），印度尼西亚（肩高75厘米）

斗中。它们用下犬齿来打斗，能造成严重的创伤。而上犬齿是不具攻击性的，主要功能是遭到对手顶撞时保护自己的眼睛。在鹿豚生活的环境中，并没有捕食者影响它们的演化。它们身上的伤口都是拜对手的獠牙所赐，所以四枚犬齿中的两枚退去了攻击性，转而具有了防御功能。这与雄鹿的鹿角有几分相似，同样可以抵挡住来自其他雄性的撞击。虽然我们对鹿豚的行为知之甚少，不过这些獠牙应该也可以是吸引异性的装饰物，就如同鹿角也是兼备了打斗和吸引的双重功能["鹿豚（babirusa）"一词的准确含义就是"猪-鹿（pig-deer）"]。

不是所有的公鹿豚都丧命于头部被獠牙刺穿。大多数雄性中，獠牙的生长会与头骨保持一段距离，它们的弯折也会完全避免伤及自身。并且，獠牙并不会达到威胁性命的程度直到晚年时期。它会想方设法地多次繁殖，这样又把它的特征传递给了后代。獠牙刺穿头部的偶然性致死事件，丝毫不妨碍越威风的獠牙越能俘获雌性的芳心，吸引异性便是其真正的裨益。

这样看似介于个体生存与物种延续之间的矛盾在动物界中广泛存在。年过六七旬，大象就无法通过进食来维持生存了，因为一生中仅有的六颗臼齿已经全部脱落[①]。它会死于饥饿，但在此之前它仍然有偶然的机会能进行交配，即便在与年轻公象的求偶竞争中处于绝对的劣势。它的生命以耗尽所有交配的可能性而告终。

对于其他一些物种来说，繁殖的后果就是迅速地大量死亡，鲑鱼就是个很好的例子。在海洋中度过数年之后，鲑鱼会返回到它们出生地的河流里产卵。逆流而上，还需要跳跃跨过水流湍急处，会耗费大量的体力，更拼命的是，鲑鱼在这长途旅行中完全不进食。很多个体死在半途，因而丧失了繁殖机会，这一幕在自然选择中早已司空见惯。仅有最富耐力的一部分能到达产卵地，但繁殖过后，它们中的大多数则精疲力竭而亡。少数的个体，以雌性居多，能够回到海洋，并启动第二轮甚至第三轮繁殖之旅。可以想象一下，假如自然选择青睐那些能力出众的洄游者，大部分鲑鱼就应该能够多次繁殖。然而事与愿违，那我们可以猜测，单次的产卵行为，总体而言对物种延续已足够有效了。

鹿豚和鲑鱼这两种生物，很好的对应了两种极端，生物学家们用这两种极端来比较研究动物的繁殖策略[②]。一些动物生命周期短，繁殖量大；双亲不会照顾后代，所以后代的死亡率很高。这种策略在昆虫和鱼类中被广泛采用。另一些动物生长发育缓慢，生存时间长；它们产下数量不多的后代，但会实施照料，这样就提高了后代的存活率。这种策略体现在大型动物身上，比如鹿豚。物种的留存明显取决于个体良好的健康状况，但这仅限于它们产下自己的后代以前。繁殖之后，它们个体的命运就会变得无关紧要了。

译注

① 我们通常所谓的象牙指的是大象门齿，同时一只大象在一生中还会生长出上下颌左右侧各6枚，一共24枚臼齿，用于咀嚼食物。与大多数哺乳动物一辈子换一次牙不同，大象的臼齿不是从下方萌出替换，而是从后向前。每个年龄阶段只会使用各侧的1枚，也就是4枚牙齿来进食，磨损的臼齿向前淘汰脱落，新的臼齿从后方补充，等到最后一颗臼齿脱落，便不再有新的萌出。

② 这两种极端在生态学中分别称为"k对策"和"r对策"，同样适用于植物。

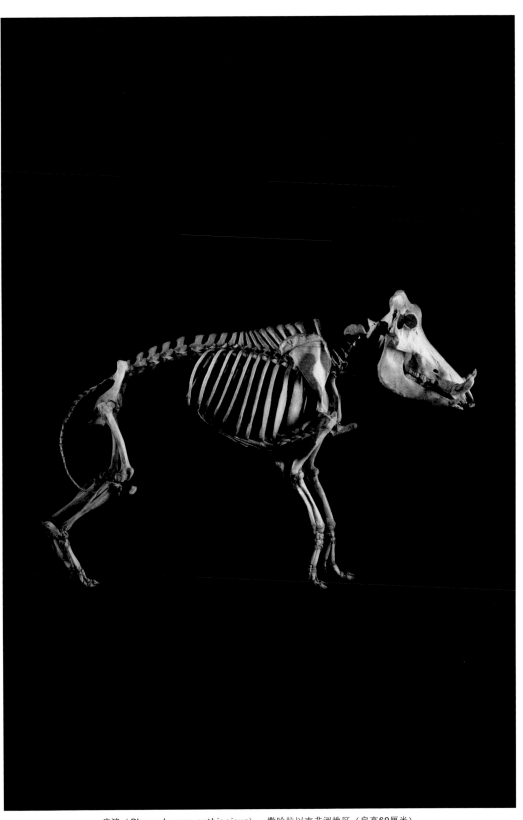

疣猪（*Phacochoerus aethiopicus*），撒哈拉以南非洲地区（肩高69厘米）

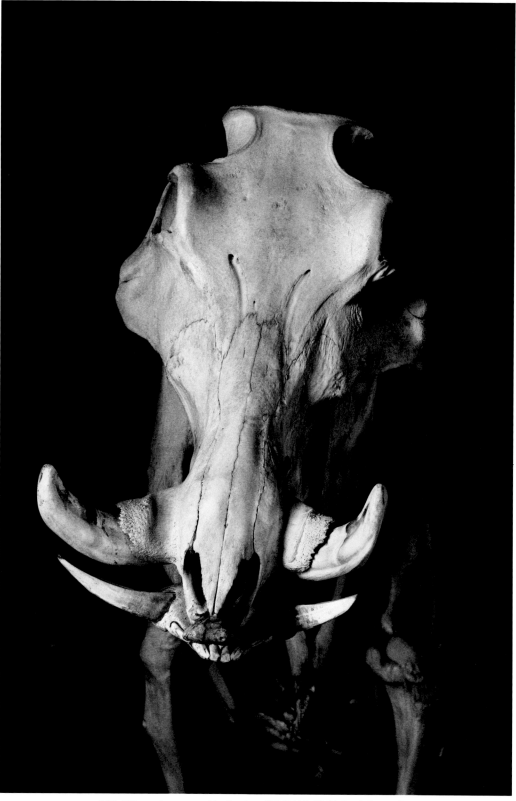

疣猪（*Phacochoerus aethiopicus*），撒哈拉以南非洲地区（肩高69厘米）

第24章

角的数量

　　不同种类的犀牛，要么长有一只，要么两只角。这种差异会不会是自然选择的结果？换而言之，难道拥有两只角对某些种类更有利，而就长一只角对某些种类更好吗？自然选择理论的提出，是生物学的革命，但一些博物学家却将其过度使用，试图找出任何一个孤立特征的适应性。多长一只角的好处不难想象（反之，少长一只角就没那么有利），可见自然选择在某些地方青睐两只角，而在另一些地方却又偏好一只角的情况多少有些说不过去。不过这种见解仍没有证明这些附加物有什么实质性的功能，如果它们真的具有一些可能存在的用途，自然选择就应该会发挥过作用。那对现生的犀牛的观察能给我们什么启发呢？

　　现存的犀牛有五种，以其个体大小、骨骼特征及齿列形态[1]相区别。黑犀（*Diceros bicornis*）和白犀（*Ceratotherium simum*）都生活在非洲大地上，但食性不同。它们头上都长着两只角：前一只角长达1.6米，后一只角的长度仅是它的三分之一，约50厘米。苏门答腊犀（*Dicerorhinus sumatrensis*）也有两只角，前一只长约20~30厘米，后一只要短得多，只是一个小小的隆起。生活在印度的独角犀（*Rhinocero sunicornis*）只有一只大约50厘米长的角，而爪哇犀（*Rhinoceros sondaicus*）的角很少有超过20厘米的。犀牛角由角蛋白构成，一种构成哺乳动物指甲和毛发的物质，犀牛角是很坚硬的，但并不像牛角和羚羊角一样有骨质角心的支撑。这些角蛋白从皮肤中产生，附着在颅骨前端、鼻骨上方变得粗糙且增厚的区域（如果有另一只角，则会长在额骨上）[2]。犀牛角会以每年5~10厘米的速度终生持续生长，并会从尖端受到磨损，比如

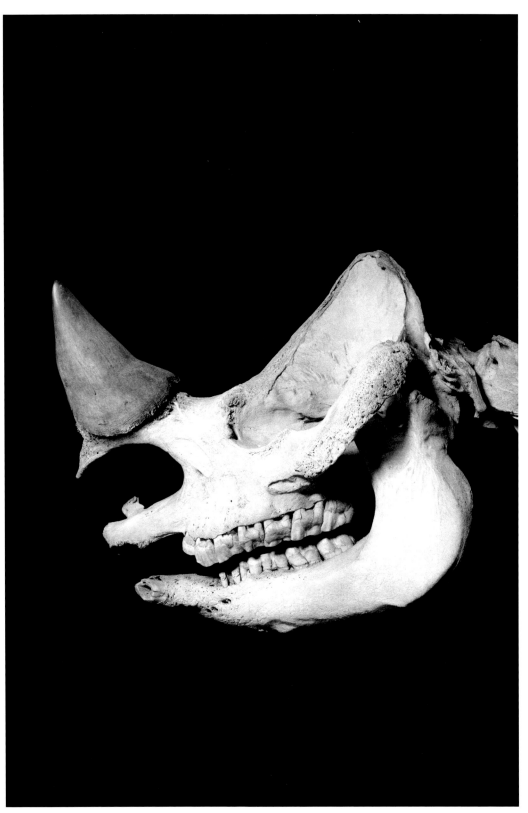

印度犀（*Rhinoceros unicornis*），印度、尼泊尔及巴基斯坦（肩高1.55米）

当犀牛把它在地面上刮蹭的时候。如果遭受猛烈撞击导致脱落，那么犀牛角还会重新长出来。

有一种观点认为犀牛角是作为对付掠食动物的防卫武器的。如果犀牛角的确是用来防御敌人的，那么问题就变得严重了，因为有时人们会建议去除犀牛头上的角来遏制盗猎行为。这些物种受到严重威胁，因为它们的角被用来制成药粉或剑柄，在亚洲市场上能谋得暴利。被窃取了角的雌性犀牛似乎更容易失去它们的孩子，由此猜测，角被用来保护后代，抵御掠食者——在非洲有鬣狗和狮子，在亚洲有老虎。然而这种说法存在争议，因为我们记录到的只是幼崽的丢失，而完全没有亲眼见到过这种防御行为。

另一种假说是，犀牛角是雄性间争斗的武器。雄性白犀攻击那些企图闯入领地的其他雄性的情况确实发生过，打斗在交配季节变得更加激烈。在非洲的两种犀牛中，雄性间总是兵戎相见，然后伤痕累累。种间的打斗贡献了白犀半数的死亡率（如果不考虑盗猎）。繁殖成功率看起来取决于雄性的体型，以及鼻角的长度。高大的身材，长长的犀牛角，显得比其他雄性更加威猛，也更容易吸引雌性。但是，这样的结论很难推广到亚洲的独角犀身上，它们用的不是角，而是用獠牙状的下门齿来打斗。而非洲的两种犀牛不能这样打架，因为它们的门齿是缺失的。因而比较非洲犀牛和亚洲犀牛的行为是一件困难的事情。另一个问题在于，雄性间的竞争与明显的两性异形是相互捆绑的。现在，雄性个体明显大于雌性个体的犀牛却只有两种：两个角的白犀和印度的独角犀。由此观之，犀牛角的数量不可能与繁殖相联系。

如果连第一只角都弄不明白，那么第二只角的出现更让人摸不着头脑。第二只角比前一只相对小得多，看起来不像是一件实用的武器。当两雄对抗时，小小的额角也许会有一些用处，比如可以相互卡住来限制具有杀伤性鼻角的活动范围，但是观察结果看起来并不支持这个猜测。角的样式可能关乎动物的体型大小。所以，鹿科动物中，一些最大型的物种会具有更大且分枝更多的鹿角。可是，五种犀牛中最小的偏偏是亚洲的双角犀牛（即指苏门答腊犀）。

找不出答案的问题，可能其本身就是有问题的。犀牛头上是一只角还是两只角，也许本来就完全没有适应的意义，仅只是随机突变的结果。有些生物学家会以此为例来阐明并不是所有的特征都一定要具有适应性，并且部分生物学功能可以适于多个方面，这些方面在自然选择中是不加以区别的。实际上，角的个数是可变的，有的个体长着三只甚至五只角。三只角的黑犀在纳米比亚地区尤为常见。16世纪，丢勒（Dürer）画笔下的那只著名的印度犀在肩膀上长出了一只多余的角③。这些变异相关的基因并没有受到选择机制的作用。

至此，犀牛角数量的问题仍然悬而未决。非洲那两种双角犀牛有着相近的亲缘关系，同时亚洲的两种独角犀牛亦然。至于苏门答腊的双角犀牛，分子研究显示，和它关系更近的是独角的印度犀，而不是长两只角的非洲朋友。可见，分子证据将犀牛们分门别类，并不是根据角的数量，而是更切合它们的地理发源。这五种现生犀牛的祖先很可能长有两只角，而在今天的两种独角犀牛这个支系的演化中，有一只角丢失了。当初的问题于是就变成了：那些犀牛是如何变成独角的呢？在现生动物的研究中，变换一个新问题，引出其他的答案，也不失为一种科学的进步。

译注

①不同种犀牛之间，门齿、臼齿等不同种类牙齿的数量、大小，及珐琅质脊的形态会有区别，以此可鉴定种类。

②所以，具双角的犀牛的前一只角被称为"鼻角"，后一只称为"额角"。

③德国画家阿尔布列希特·丢勒（Albrecht Dürer）在1515年创作了这幅木刻版画，整幅画是单色描绘的一头印度犀牛，准确地说，那只附加的角长在它的背部。作品并非实物写生，而是丢勒根据他人对一头印度犀的文字描述所绘，目前并未发现过如此背部长角的犀牛。

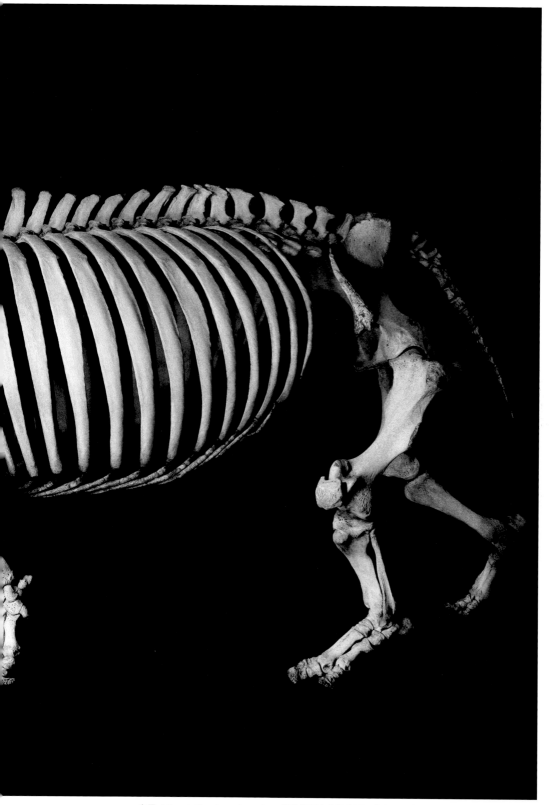

白犀 (*Ceratotherium simum*)，撒哈拉以南非洲地区（肩高1.55米）

第25章

骨头的性别

男性与女性存在差别，正如雄性与雌性的黑猩猩一样，也许出于同样的原因。经历着来自雄性之间的斗争与来自雌性的挑选，在以上两方面双重作用下的性选择，早已在我们远古祖先身上发挥了作用，并且很可能随着我们自身的演化继续进行下去。我们的这一段历史对于达尔文而言意义非凡，以至于在其长篇巨著《人类的由来》一书中描述我们的外貌是如何被塑造之前，他耗费了超过一半的篇幅来谈及动物中的性选择。

除了明显的卵巢与睾丸，及这两个器官对应的产物——卵细胞与精子的差异之外，两性异形便成了性别鉴定的一系列凭据。区分性别有一些解剖和行为方面的特征，包括总体身高、体型、外生殖器、体毛、音调和青春期的时段。骨骼的形态也是一项重要依据，因为它是古人类化石研究方面为数不多的可用指标之一。区分男性还是女性，在古人类学和考古学，以及用于对犯罪现场做骨骼鉴定的法医学领域都很有意义。

男性的平均体型要大于女性的，但不少女性还是要比大多数男性更高大。无论是针对整体还是针对特定骨骼，计量生物学在两性中的测量数据有很大的重叠区域，一节骨头的尺寸用于确定性别是远远不够的。单单就骨骼而言，能帮助我们分清男女的独立指标是不存在的。但有两部分骨骼对于性别鉴定确有其用：头骨和盆骨。只用头骨可以在半数的情况下给出判定，据个体情况不同，好在有一些特征或多或少会表现出两性差异：男性的下颌骨会更粗壮，下巴颏更突出而且要更方一些，同时男性颅骨后方在颈部以上的地方会更往外突出。用盆骨来做鉴定则更加准确，它是人类身上两性差异最明显的一部分

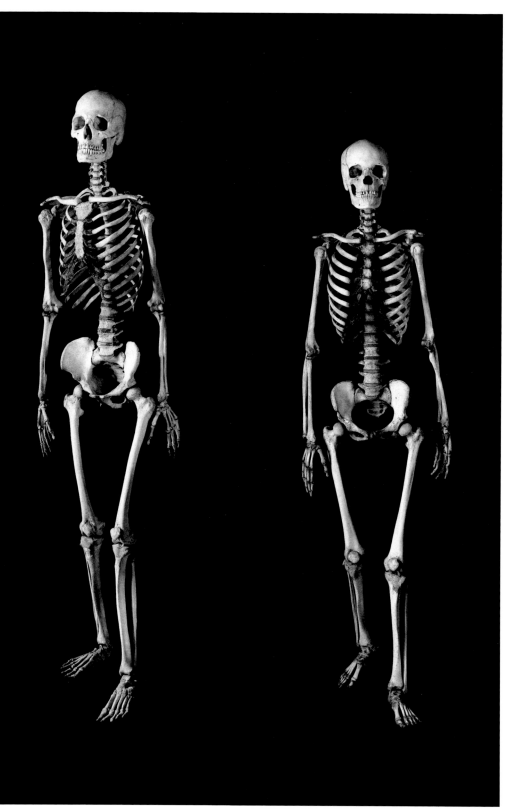

男人和女人（*Homo sapiens*），全世界（男性身高1.75米，女性身高1.65米）

骨骼，因为其在生育方面扮演着重要角色。盆骨是一个环形结构，由荐椎及其突起的棘包围在后方和两侧，两块髋骨和耻骨在同一水平面合拢。在女性体内，盆腔通道位于环状结构正中，其大小必须恰好足以让新生儿通过。在男性中，坐骨棘是向内延伸的，同样的位置在女性中则分得更开。借助头骨和盆骨，我们就能大概区分不同性别的骨骼了。但是由于种群和种群之间，这些特征都会有差异，为了在性别鉴定中降低出错的风险，最好能有一组该地区骨骼样本的集合可供参考。

两性异形在胎儿的发育中渐渐显现。男孩和女孩在七周之前并没有表现出什么差别。这就解释了为什么一些器官在男女身上都会出现，即便它们只在一种性别中发挥功能。例如，乳腺和乳头在胎儿发育初期便已成形，然而那时候外生殖器都还没有发育确定。后来，乳腺在男性中仍保持很小的状态，而受到卵巢激素的影响，在女性中发育膨大。乳腺在男性身上的保留并没有什么实际作用，但其缺失却需要额外且繁琐的基因调控机制的重建。

因为起源于灵长类，这给我们提供了一些可能的途径来了解人类两性异形的作用。所有的类人猿中，雄性都比雌性要大。人类也不例外，我们的两性异形的程度和黑猩猩的差不多。其他那些只对我们这个物种本身才适用的因素，就难以解释了。与其他类人猿相比，稀疏的毛发、高耸的鼻梁、宽大的嘴唇、肌肉发达的臀部（由于直立行走所致），以及显著缩小的牙齿，都将我们与它们相区别开。男性的阴茎也要比猿类的更粗大。在女性排卵期间，没有任何体征上的显示，而在雌性黑猩猩中就有显示。稀疏的体毛能把我们与其他猿类区分开来，也在男女之间有些不同。对于我们原有体毛的丢失，性选择无疑起到了重要的作用。

达尔文提出，胡须作为一种装饰物，是女性主动选择的结果。但也存在相反的可能性——光洁少毛的女性面部是男性选择的结果，这样也会造成男性看起来是长胡须的，虽然这种可能性弱一些。一些男女之间的差别具有显而易见的生物学意义，就比如盆骨的形状，但大多数两性异形的性状不能得到简单的解释。在其他物种身上，我们总希望能解读每个特征的适应性：为什么要这样选择？是否在雄性的竞争中发挥作用？是雄性或者雌性体质的指标吗？举个例子，女性的丰乳肥臀会受到青睐，因为这种外在表现预示着能更好地生育后代。但这些也可能是有吸引力的持久性标志，对于那些开始排卵时没有体征变化来传达信号的物种，这些就变得很重要。

动物行为学家们发现，雄性的猿类对于最年长的雌性们会表现出明显的偏爱，它们有很高的社会地位，并且已证明自己具有生育和照顾幼崽的能力。

它们会拒绝从未生育过的雌性。在我们自身的演化中，性选择毫无疑问的正在被"文化选择"所渐渐取代。现代西方社会中，更为常见的论调是年轻就是资本（无论男女）。在一些行为方面，我们已经和其他灵长类相去甚远了。

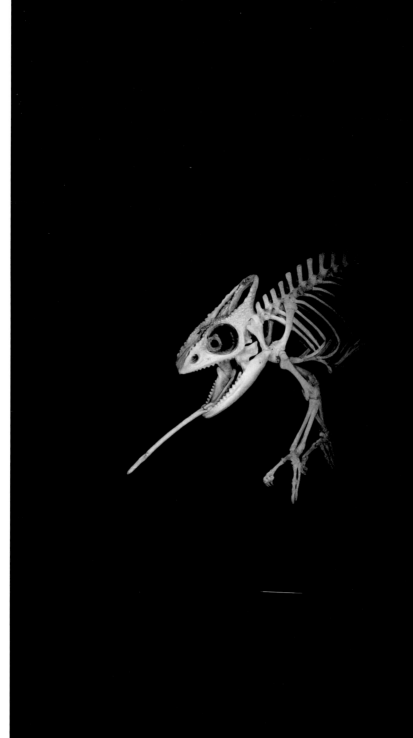

国王变色龙（*Calumma parsonii*），马达加斯加（体长43厘米）

第四篇
———
演化的修补

"这个器官是如此的不可思议，看起来就像是团队的杰作，这正是那些最令人眼花缭乱的证据之一，体现着掌控动物构造的智慧。"在1818年，一本《博物学词典》(*Dictionary of Natural History*) 是这样描述眼睛的，很符合自然神学的观点，其主张自然界的奇迹都是上帝存在的明证。眼睛成为了诋毁演化理论的人们最热衷的例子：如此复杂的器官，不可能在极其有限的自然选择作用下成形，也不会在几十亿年前的最早期的感光细菌身上，在缺乏设计蓝图的情况下凭空出现。

在他们看来，人类的眼睛——以及人类整体——在生命诞生之初，就早已被规划好了。在《物种起源》中，达尔文站在了这种成见的对立面。对他而言，眼睛仅仅是长长的一系列变形产生的结果，其中并不具特定的方向性，但受到自然选择的引导，这个器官的功能得以日益改善，甚至至今仍未达到"完美"。人眼并非十全十美：把光刺激传递到大脑的神经纤维，会从视网膜前方通过，这样会吸收一部分光[1]。这样奇怪的布局与器官演化的路径有关。但也存在其他演化的路径。章鱼的眼睛就以相反的演化路径形成：与脊椎动物的眼睛不同，它没有这样由干神经排布的影响而造成的盲点。演化受到环境的驱使，但也要继承生物学方面的遗产——那就是基因，还有源自祖先的形态。

弗朗索瓦·雅各布 (François Jacob)[2]认为，"演化从来不会凭空创造新事物。它会在早已存在的基础上动手脚，要么改造一套旧的系统并赋予其新功能，要么把一些系统组装起来成为另一套更复杂的体系。自然选择过程与人的行为不具有相似之处。但如果我们非要作比较的话，不得不承认，自然选择行起事来不像一个工程师，而像一个修补匠 (法语：bricoleur)，就是一个不知道会造出什么东西而仅仅是利用能取得的一切物件干活的手工修理者，这些物件零散不堪——几段绳子，几块木头，旧的纸板——也许就能给他提供材料。简而言之，就是一个修修补补的人……他就这样100万年又100万年的缓慢而持续地对产品加工再加工，反复整理，修来修去，这里去除一些，那里添加一点，抓住一切机会去调整、变形、创作……"任何器官都反映着演化修补的痕迹。为什么蝙蝠的翅膀长得不像鸟翼？反过来，为什么海牛的鳍肢会具有和人的手臂有一样的结构？为了弄明白动物结构的来源，我们必须从抽象的"为什么"转而思考修补过程是"怎么样"的？

比喻是有局限的，因为即使修补匠会采取各式各样间接的方法，但他总还是会抱有一定的目的性。演化没有长远目标，它会设法抓住任何机会来提高动物对它们当时周遭真实环境的适应，而不会估量它们遥远的后裔们未来的需求。这种无计划性也是演化机制的基本特点。为了弄清这些机制，就必须去颠覆我们对自然的传统认知。我们倾向于认为大自然让动物们能"认识到"它们的需求。而事实恰恰相反：动物们已有的部分在突变下会被转化，甚至会产生出新的功能。如果获得的这个新功能无意中切合需求，就会被保留下了。肉食恐龙的骨骼在鸟类诞生前就变得相当的中空了；这个特征对于大型物种减轻身体重量十分有用，但结果是这样很适宜飞行，即便一开始并不是为了这个理由。器官功能的转换被称为"扩展适应"（exaptation），而有时也被叫作"预适应"（pre-adaptation）——后面这个术语选得很糟糕，因为它表达出对将来功能的预期。选择机制什么也不会去期望；它所做的只是把当时对物种有用的东西保留下来。

依据脊椎动物类别的不同，无论是牙齿还是爪子，都展现出了惊人的柔韧性、大小变化、形态和功能（详见第26章和第28章）。有时器官会变得无用，而基因也随之丧失，但这些器官一旦消失，就无法以同样的方式再现，即便是又变得有用了。在这样的情况下，选择机制会利用其他器官采用新的途径来创造具有同样功能的替代品。因此，正如我们所见，某些鸟类重新获得了牙齿，但与其祖先的完全不同。而熊猫又长出了拇指来发挥功能，虽然不是真正的指头（详见第27章和第30章）。演化有时会采用平行的途径，然后殊途同归。在善于奔跑的动物中，四肢变得加长而且简化了，但发育的方式因种系而异——羚羊每条腿上有两个脚趾，马就只有一个——两个类群独立演化出了各自特有的结构（详见第29章）。同理，两种生活在海底沙床上的扁平状的鱼，各有各的变得扁平的方式（详见第31章）。

对同源器官的比较，比如猎豹的前爪和鸟的翅膀，展现了同样的身体部分最终会成为不同的样式。但是这并没有证明它们从一种样式变化成另一种，这是演化理论中一个基本的问题。某一器官的特征很大程度上由这个物种的基因决定。器官上任何一个重要的改变都意味着特定的、有意义的变异的存在。现在我们知道，大部分突变都会造成基因功能的紊乱，或是彻底的失活。一个基因在突变下又如何能避免功能被扰乱呢？基因组（genome）是由一些相似的基因组成，有时这些相似的基因会在同一个染色体（chromosome）上一个接一个地重复排列。它们被视为同一个原始基因的扩增。这里有一种能轻易改变基因的表达结果的现象：如果这是一个编码激素的基因，一堆重复基因拷贝的出现，就会让激素量增加，导致个体生长发育的变化。根据环境不同，这样的突变可能是有益或者有害的，在世代延续的过程中可能会在种群中扩散。

随着这种扩增，另一种在演化方面更具可能性的情况将会发生。当那个基因的原始样本继续正常地发挥作用，在生物体能正常生活的情况下，它的拷贝会随着世代的增加而得到积累。与原始的蛋白质相比，那些受新基因控制合成的蛋白质将产生新的功能。如今，我们知道有很多种或很多组基因的结构在多轮复制后存在轻微的改变，产生了功能的多样化。举个例子，肌肉中的肌红蛋白（myoglobin）和血液中的血红蛋白（hemoglobin），还有神经细胞中的脑红蛋白（neuroglobin），以及大部分细胞中的细胞红蛋白（cytoglobin），它们都很相似。它们都能够固定氧气，但在不同组织中能发挥不同功能。类似的球蛋白（globin）还在其他动物类群中出现，比如软体动物和昆虫。如果把上述编码这些蛋白质的基因进行细致对比，我们会发现它们其实源自于同一个祖先型基因，这种祖先型基因可能存在于脊椎动物出现之前，并且存在多次伴随着变异的扩增过程。

　　如果这样影响基因的突变是隐含在个体发育的早期，也就是胚胎阶段，那便会对解剖结构的变化造成深远的影响。胚胎研究一直被视为演化研究中重要的一部分。例如海克尔等一批生物学家认为，"个体发育再现了系统发育"（ontogeny recapitulates phylogeny）。换句话说，在生长发育的过程中，一个个体被认为是经历了导致该物种产生的所有的演化阶段。实际上，胚胎和其祖先的成体长得并不像，但是我们发现，不同类群的脊椎动物，其胚胎状态比起它们的成体形态之间具有更多的相似之处。在发育早期，这些不同动物的胚胎是如此惊人的相似，随后就越来越不同了。得益于基因分析在个体发育早期的应用，分子生物学的进展复兴了胚胎学的研究。我们可以在不同物种间，对这些发育早期决定着基本结构的基因进行对比（详见第9章）。这项两个学科之间的交叉被称为"演化发育生物学"（evolutionary developmental biology），简称为"Evo-Devo"。

　　想要理解微小尺度的突变是如何造成巨大转变的，最可能被应验的理论之一被科学家们称为"异时发育"（heterochrony），这个理论早在19世纪末就由海克尔提出，20世纪70年代又被史蒂芬·杰·古尔德复兴。异时发育指的是一个动物体中两个发育过程存在着时间差，一者比另一者快一些，或者说发育速率不同。性成熟常常在身体生长的中途就已完成，因此在成为一个"成年个体"之后还能长得更大。而且，各种各样的器官其发育时间不同，途径也各异，这便造就了成年动物的千姿百态。这也许可以用来解释大角鹿那巨大的鹿角了。如果我们对比不同的鹿科动物，它们的鹿角都会适当的比身体长得要大。因为大角鹿的体型异乎寻常的高大，所以它们的鹿角对我们来说看起来就异乎寻常的巨大。反过来，恐龙的大脑显得极其微小，但对于那种体型的爬行动物确实是很正常的尺寸，因为大脑相对其体格要长得慢。很多异时发育的情况都被生物学家们记录在案，包括发育的延迟或加速，还有生长耗时的长短。一个著名的例子是动物的所谓"幼态持续"（neotenic）或"幼形化"（pedomorphic）：性器官会比身体的其他部分发育得更快，并且成体保持着幼年的形态（详见第32章）。

一些动物物种的完整基因序列已经被检测出，这使得越来越精细的对比工作得以开展。至于脊椎动物的基因组，已被证实比二十年前人们预料的要复杂得多。基因会被复制加倍、片段化，或被一些偶尔也会编码蛋白质的序列在外层加以修饰。DNA还会含有大量不进行编码的片段，我们至今对这些片段的用处依旧知之甚少。如此复杂，且至少看起来杂乱无章的结构，并不像一个根据精心制订的计划来构思每个物种的工程师的杰作，而更像是一个至今依旧娴熟的工匠的修修补补，他所做的仅仅是把信手拈来的零件往上拼贴，而这些各式各样的装配素材是来自祖先的馈赠。

译注

①如同胶片相机的感光底片，视网膜是人眼中感受光刺激的结构，前方通过的这些神经会遮挡部分外界光信号到达视网膜。

②弗朗索瓦·雅各布（François Jacob, 1920—2013），法国生物学家，因发现病毒合成中酶的生成是由遗传学控制的，而与另外两名科学家共同获得了1965年的诺贝尔医学奖。

第26章

—————

独角兽的牙

1558年，在纪尧姆·罗德来（Guillaume Rondelet）发表的《鱼类通史》（*Complete History of the Fishes*）中，他给"吸血鬼"①人白鲨下了这样的定义："牙齿坚硬而锋利，呈三角锯齿状，如利剑般分布于上下两侧，分为六排。其中第一排牙齿在咽喉外可见，向前方倾斜；第二排牙齿则是直的；第三至六排最向口中倾斜……这种鱼会互食，十分贪婪，它会将整个人一口吞下，我们可以从这样的经验中获知：在尼斯和马赛，（渔夫们）曾捕捉到一条大白鲨，在它的腹中发现了一个衣着齐备的人。"自从人类开启航海时代以来，这份对大白鲨的恐惧与被证明确实存在的个别攻击事件有关，更主要的是来自于那可以撕碎猎物的，从口中爆发而出的满口利齿。

这张吓人的大嘴，早在数亿年前，就在鲨鱼的祖先身上发挥作用了。满口都长着数量庞大，而且形状近似的牙齿，这对于脊椎动物而言是一个原始的特征。在后续的演化进程中，哺乳动物和其他物种的齿列经历了两方面的转变：牙齿数量减少，牙齿形态变得极其多样。另一种海洋生物，独角鲸，是其中最令人惊奇的例子，它仅有的牙齿变形成了一支长牙。脊椎动物齿列的变异程度呈现出了一幅内容丰富的画面，让我们得以了解演化是如何做到从鲨鱼口中的无数匕首到独角鲸的"独角"的。

在鲨鱼的一生中，会连续长出若干组，共上百颗的牙齿。这些一排排的牙嵌在牙龈中，然后逐渐向前移动，仿佛是装在滚动的传送带上。这些牙随着推进的过程而同时脱落，因而鲨鱼总能保持有一套完美的牙齿。这种齿列更替的残迹还保留在哺乳动物中，在发育过程中，乳齿会被恒齿所代替。在硬骨鱼②当

尖吻鲭鲨（*Isurus oxyrinchus*），温带与热带海域(最大体长4米)

中，比如鲅鲢③，牙齿不局限分布于颌骨，可能还覆盖到了上颚。通常情况下，满口牙的形状是相似的，但在一些鱼类中，牙齿会形成一个研磨平面来磨碎蟹类和其他甲壳动物。在两栖类和爬行类身上，牙齿只长在上下颌骨上，一般都长成一个样。我们从鳄鱼嘴里可以发现这样的现象，它们的牙齿不是连接在骨骼上的，而是像哺乳动物的一样，植根于齿槽中。而毒蛇则具有两枚特化的尖锐的毒牙，具有贯穿其中的管道，以此来注射毒液。

　　牙齿数量的减少和特化程度，在哺乳动物中更为突出。除了鲸类，哺乳动物的牙齿不会超过50颗。狮子这样的典型的食肉类，拥有长而尖锐的犬齿用来捕杀猎物，门齿则用来切断或固定住猎物，而臼齿可像剪刀一样进行切割。鬣狗的臼齿则显得更平整，用来磨碎骨头，吸食尸体中的骨髓。鬣狗头骨顶部的矢状脊所附着的肌肉，便用来提供咬合的力量。一些哺乳动物，比如有蹄类和啮齿类，有持续生长的牙齿。以河狸为例，它在上下颌各有一对这样的门齿，可以像木凿子一样砍伐树木，用来建筑堤坝。和其他所有啮齿类一样，河狸也缺乏犬齿。而它那20颗前臼齿和臼齿是持续生长的，用来研磨食料，因为会被不断磨蚀，但又能不断生长来补充损耗，所以这些牙能始终保持稳定的长度。与臼齿一样，那对门齿也能够持续生长，但是它们之间不会互相磨损，所以越来越长。在大象身上，那对长牙是它的上门齿，而海象的长牙是一对上犬齿。海象有时会用它们来辅助从水里爬到岸上，不过最主要的功能是用作性选择时的武器。海象长牙的尺寸和形制，也可以作为年龄和性别的标志以供其他同伴辨识，雌性海象的长牙就要比雄性的短很多。这种门齿、犬齿和臼齿的分化是一个关键的特征，能够将最原始的哺乳动物和它们的爬行动物祖先相区别开来。但演化进程并没有特定的方向，有些哺乳动物物种随后又恢复了同型的齿列。虎鲸，和其他鲸类一样，起源于长有不同形态牙齿的陆生哺乳类（见第34章）。它有大约50枚圆锥状的牙齿，与哺乳动物的相比，这些更接近于鱼类和爬行类的牙齿。有些海豚有多达260颗更细更小的牙齿。但不是所有的鲸类都遵循这条演化路径：须鲸类丢失了所有牙齿，而独角鲸则只留下了一颗——它那带螺纹的长牙，在雄性中可长达2.7米。这根长牙有时会出现在雌性个体身上，但会显得更短更直一些。独角鲸的独角是一颗植根于左上颌的门齿，穿过上唇指向前端。第二颗门齿一般封闭在颅骨内，但有时也会突出在外。独角鲸的长牙被解释为用来捕猎鱼类的武器，或者用来破冰或挖掘沉积物的工具。最近的观察发现，其中富含神经末梢，可以为这种动物提供水中气味和温度的信息。但无论如何，所有这些"描述"都缺乏直接的目击证明，并且与一个无争的事实相悖：大部分雌性独角鲸没有长牙。因此，独角鲸的长牙不可能是一个重要的器官，看起来更像是求偶竞争中的装饰物。

独角鲸的长牙长久以来被视为独角兽存在的"证据"。从17世纪开始,人们都相信独角兽是源于海洋的,所以独角兽就顺理成章的归结是独角鲸了。除了这一枚长牙之外,这种动物就几乎没有别的牙齿了。虽然它在胚胎时期是有16颗牙的,但最终只有一颗发育完全,而且成为了动物界中最长的牙齿。除了那颗极为不寻常的独牙,这种海中独角兽已经丧失了牙齿的功能。

译注

①原文用"Lamia",原指希腊神话中女首蛇身的嗜血女妖,后衍生为"吸血鬼"之意。

②鲨鱼、鳐等的骨骼主要由软骨构成,被称为"软骨鱼",而具有骨化的硬质骨骼的鱼类称为"硬骨鱼",后者占现代鱼类中的绝大多数。

③也叫"琵琶鱼",鮟鱇鱼是鮟鱇鱼目硬骨鱼的统称,第222页图中为其中一种。肉食性底栖鱼类,背鳍前端棘刺特化成带鱼饵的吊杆状,会晃动吸引小鱼,将其一口吞下。

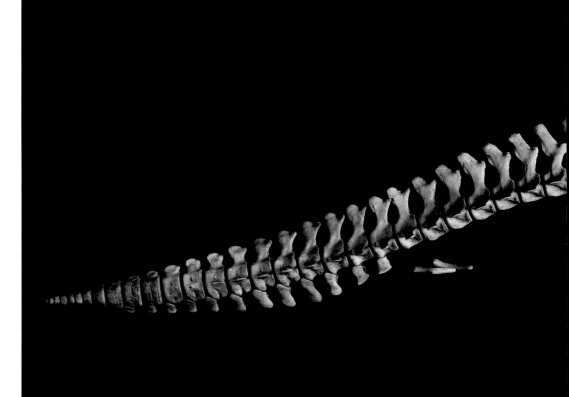

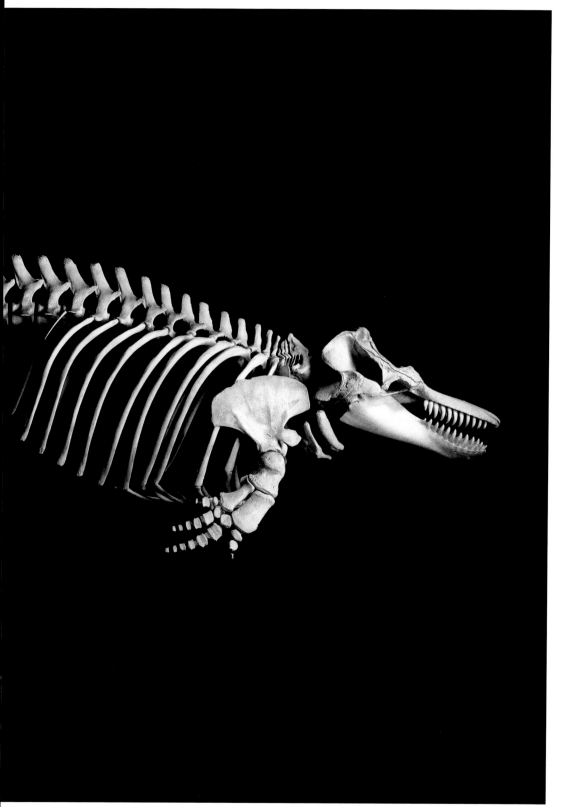

虎鲸（*Orcinus orca*），全球海洋（体长5.25米）

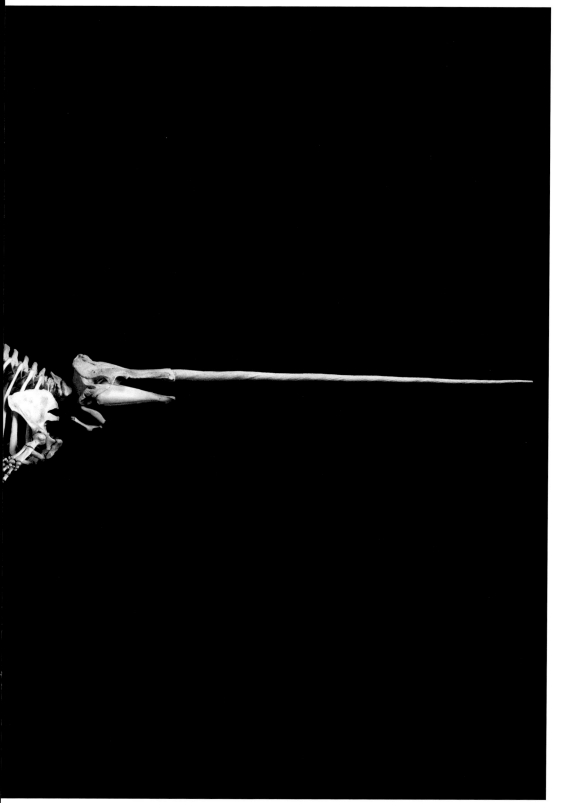

独角鲸（*Monodon monoceros*），北冰洋（体长6.30米）

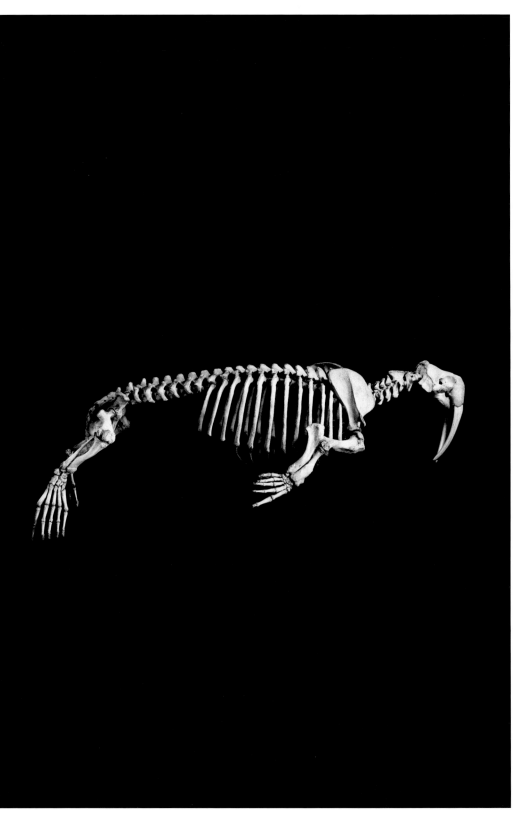

海象（*Odobenus rosmarus*），北极周边海域（体长2.60米）

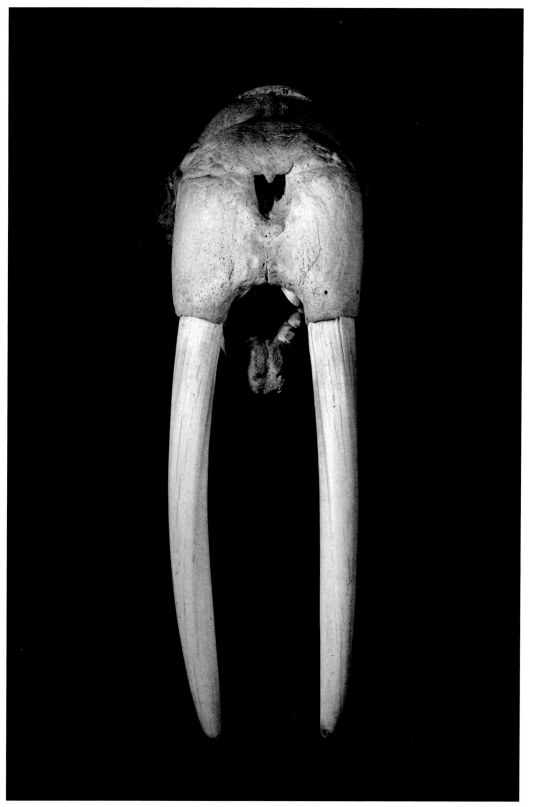

海象（*Odobenus rosmarus*），北极周边海域（体长2.60米）

鮟鱇（*Lophius piscatorius*），大西洋东北部沿岸地区（体长1米）

黑色食人鱼（*Serrasalmus rhombeus*），亚马孙河流域（体长26厘米）

恒河鳄（*Gavialis gangeticus*），分布于孟加拉国、印度、尼泊尔及巴基斯坦（最大体长6米）

尼罗鳄（*Crocodylus niloticus*），非洲（最大体长6米）

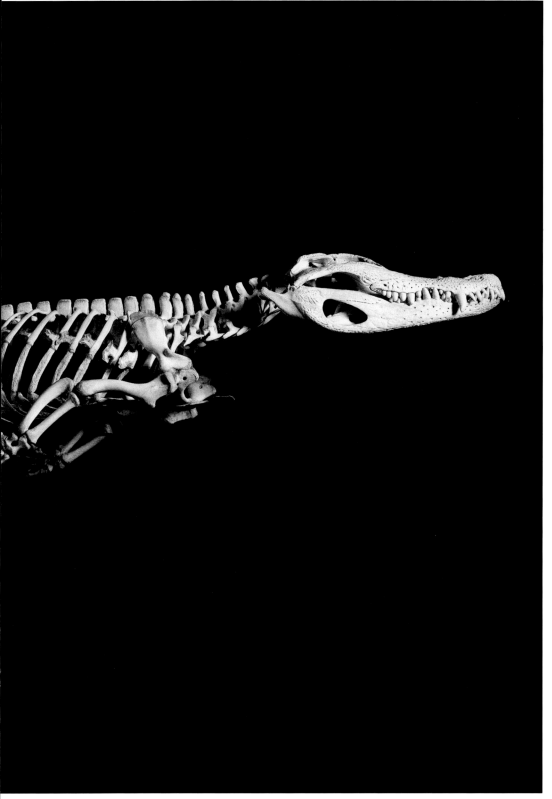

美洲短吻鳄（*Alligator mississippiensis*），美国东南部（体长1.80米）

响尾蛇，未定种（*Crotalus sp.*），美洲（体长160厘米）

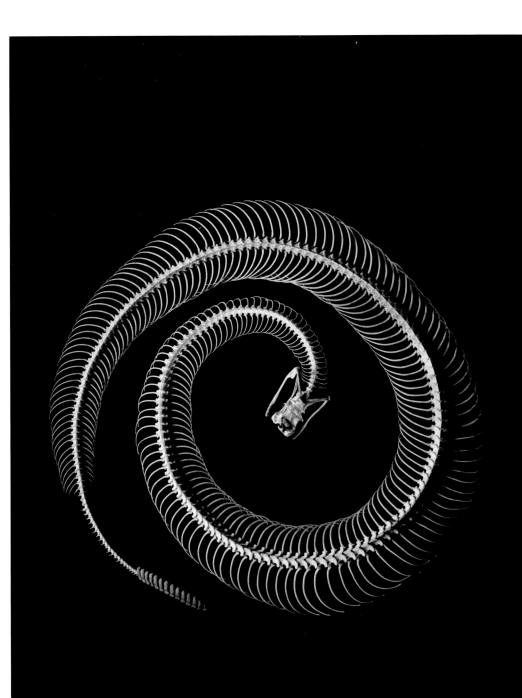

响尾蛇，未定种（*Crotalus sp.*），美洲（体长160厘米）

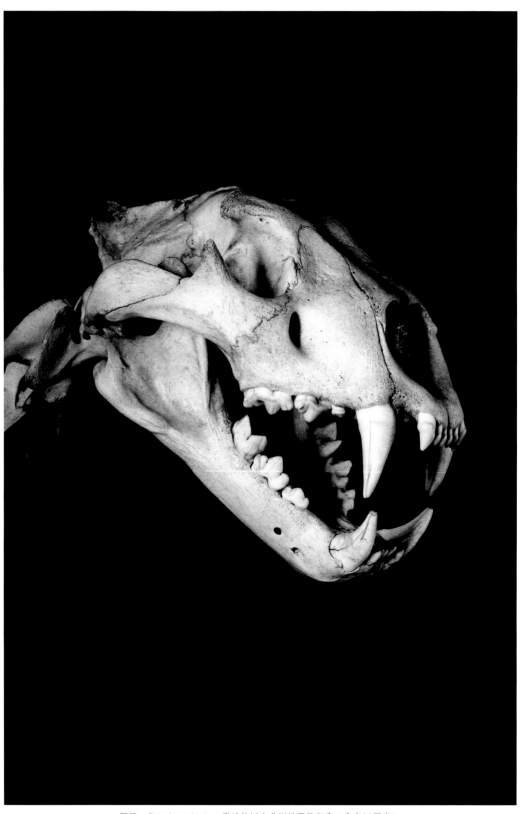

狮子（*Panthera leo*），撒哈拉以南非洲地区及印度（肩高90厘米）

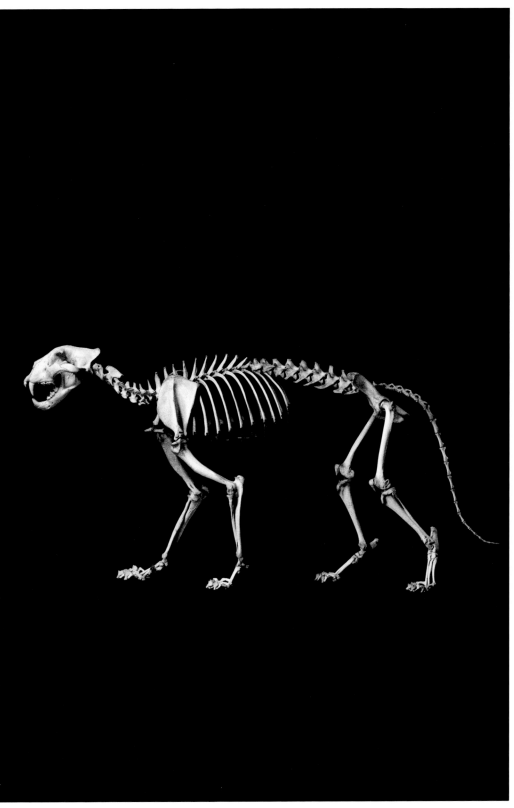

狮子（*Panthera leo*），撒哈拉以南非洲地区及印度（肩高90厘米）

鬣狗，未定种（*Hyaena sp.*），非洲（肩高58厘米）

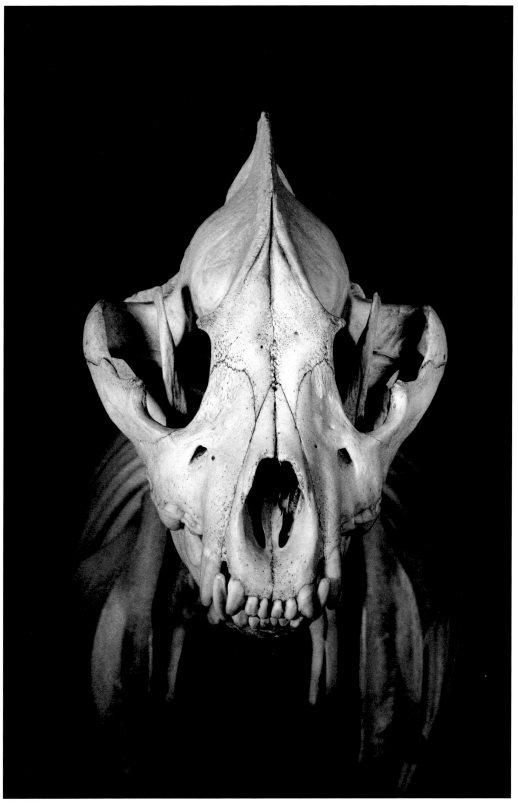

鬣狗，未定种（*Hyaena sp.*），非洲（肩高58厘米）

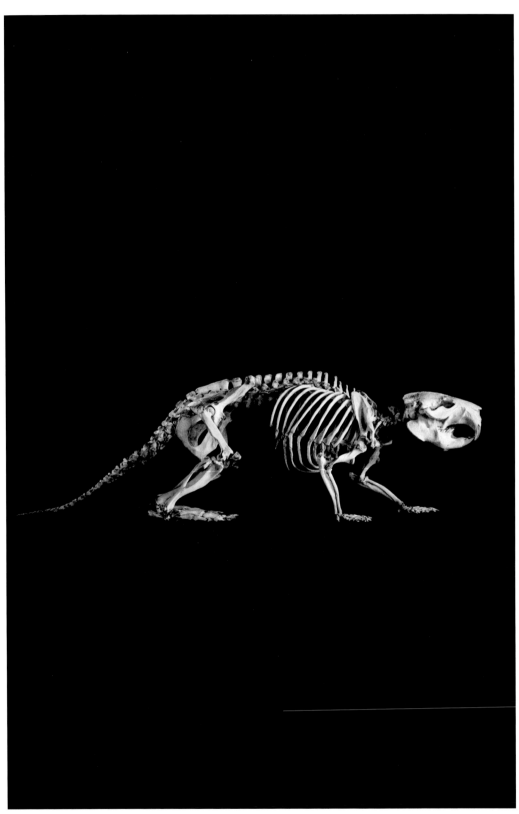

河狸（*Castor fiber*），欧洲及亚洲北部（体长83厘米）

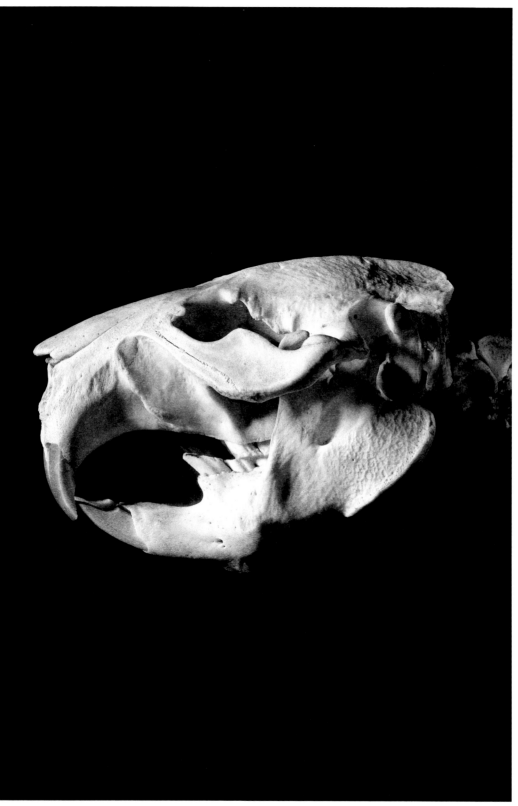

河狸（*Castor fiber*），欧洲及亚洲北部（体长83厘米）

第27章

角质的齿

想当初，当鸡还长有牙齿的时候，它们还未完全成为鸡，乃是半鸡半恐龙。现代鸟类的祖先们，确实是小型的肉食性恐龙，它们还长着厚实的上下颌，武装着尖利的牙齿。这些恐龙中的一部分长出了羽毛，并学会了飞行。在那场标志着中生代结束的大灭绝之后，一些恐龙幸存了下来，不过换了一番模样：带着牙齿的鸟类。这些动物后来丢失了牙齿，这一现象在很多动物类群中都发生过，包括在龟类、两栖动物和须鲸之中。虽然绝大多数鸟类没长牙齿，但演化让一些鸟类物种又再次长出了"牙齿"，但与早先的形式有所不同。鸟类的真牙和假牙转换的过程，为我们揭示了一些演化的通路开启和关闭的复杂过程。

大约7500万年前，鸟类和它们的恐龙表亲们依旧生活在一起。最广为人知的古鸟类化石残骸属于一些水鸟，它们的颌部具有大量的细小牙齿，有助于抓鱼。我们还知道一些更早期的无牙鸟类，比如孔子鸟（*Confuciusornis*）①，但它们是完全灭绝了的一支，没有留下后代。在6500万年前，那一场给动物群造成巨大冲击的大灭绝之后，鸟类依然统治着天空，它们的形态开始越来越接近现代的鸟类，但依然长着牙齿。随后，大约6000万年前，为了某些生存的便利，它们丢失了牙齿，成为了类似我们今天所知的鸟类的样子。

对于诸如此类的肉食性早期鸟类而言，牙齿对于咬住表面光滑的猎物至关重要，但与此同时，牙齿是很致密的，具有一定重量的，会妨碍飞行；减少牙齿可以对体重产生决定性的影响（见第33章）。鸟类出生时，有的还带有微小的牙齿，而有的完全没有牙齿，这与那些颌部笨重的恐龙相比，在体重上具有一定优势。牙齿的丢失并不困难，因为只需很简单的转变就能完成，自然选择

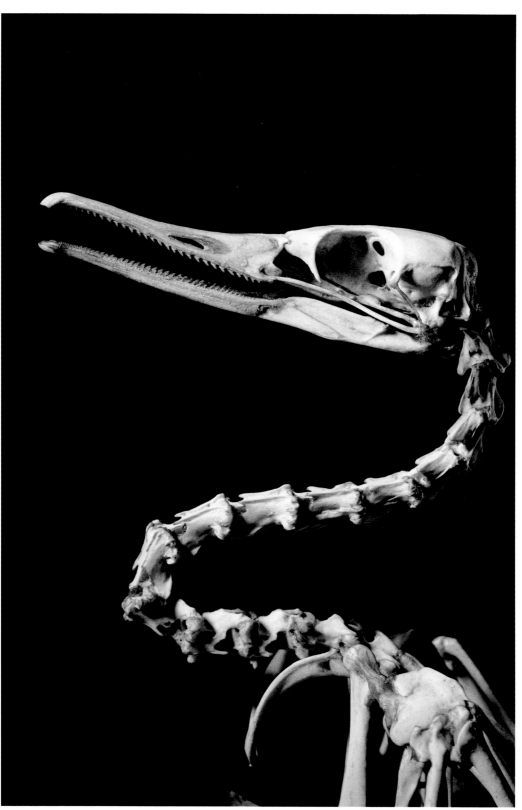

普通秋沙鸭（*Mergus merganser*），北半球（身高31厘米）

可能就是通过这样的简单转变，来操控了鸟类的演化。事实上，在胚胎发育的过程中，只需一个小小的意外，就可导致引导牙齿形成的反应链的中断。这样的意外可以影响到单个基因的突变，让发出制造指令的蛋白质失活。生物学家在研究鸡的变异的时候，观察到了上述情况，但这些鸡在孵育中的第18天就死亡了。它们体内的一个基因上带有"致命"的突变，造成个体在孵化前的死亡。这个有害的突变具有另一个副作用——它让鸡获得了重新长出牙齿的能力。鸡的胚胎中，在喙的边缘，的确表现出了一些惊人的器官：牙齿状的细小芽突。可是因为胚胎发育中，控制牙齿生成的这条路径被关闭了，这些芽突是无法长大的。通过实验，科学家把引发这种长牙变异的基因拼接到了正常鸡的体内（仅限于口腔部分，不会扰乱其正常发育）。这样一来，果然促成了在鸡的口腔中长出了像鳄鱼的一样的圆锥形牙齿。值得注意的是，鳄鱼恰恰是现代动物中，与鸟类关系最近的表亲。

通过其他一些实验，科学家们已经设法弄清楚了今天的鸟类牙齿形成受阻的机理。鼠的胚胎组织样本是可以自发长出牙齿的，我们把它用来和鸡胚的表面组织作比较，发现它们起初都会长出芽突。更有趣的是，鼠胚组织受到遗传引导，最初产生的是鸟类的牙齿，而不是哺乳动物（鼠）的牙齿。随后的发育过程中，鸡胚的组织继续传递着关闭牙齿形成的信号——这些信号虽然抑制了牙齿生长，但对于今天的鸟类，可能具有另外的功能。一些负责形成牙齿的基因，在鸟类中依然具有活性，但其他的一些却消失了或彻底失活了（例如BMP4基因，在颌部和牙齿的构建方面有多种功能）。这项实验同时证明了，控制牙齿产生的信号，在鸡和小鼠中如出一辙。所以，这个过程与哺乳动物和鸟类从共同祖先那继承下来的古老基因，以及生物化学的系列反应都密切相关。

没有了牙，鸟类就长出了喙，这是一层包裹着颌部的角质鞘，上下两部分的形状可以相互吻合。因为没有了牙，所以这种角质结构变得足够锋利，能切碎食物。猛禽可以从猎物身上把肉撕扯下来，而鹦鹉可以给从树上拽下来的果子去皮。研磨食物，对于取食硬质植物的鸟类而言也非常必要，这个步骤要依赖于它们吞下去的小石子，这些石子储存在鸟类的砂囊中，它们以此当作磨石来磨碎种子和切割纤维。除了以上这种适应方式，牙齿的丢失对于一些鸟类而言，还是引起了严重的不便——由于逆转不可能实现——它们发明了一种长牙的新方法。在秋沙鸭（一种潜水的鸭类）中，整个喙的边缘都是锯齿状的。它们口中向内侧倾斜的那一串锐利的尖端，使其能把在水下捕到的猎物抓得更牢，特别是一些小鱼、螺类和蠕虫。这些"牙齿"和鸟类的那些爬行动物祖先的牙十分类似，但又有本质上的区别，这些假牙仅仅是角质的尖端，作为鸟喙上包裹物整体的一部分。其他一些鸟类也长着带锯齿的喙，比如大蓝鹭和大西洋海雀，它们也凭借这样的结构稳稳地抓住口中的鱼。加拿大雪雁和赤颈鸭的锯齿则另有用途——剪断并切碎它们的口粮，主要是一些富含纤维的水生植物。

那些引发牙齿形成的基因的丢失，在鸟类中形成了几乎不可逆转的屏障，是因为这些基因的丢失能带来益处。秋沙鸭没有让牙齿重现，而是另辟蹊径的仿制了一套假牙。对于演化而言，要去恢复那份已经丢失了6000万年的造牙之法，是更加困难的事情。与此相对，去改造一个现有的器官——喙——就要容易得多。

译注

①孔子鸟（*Confuciusornis*）是发现于中国东北部的早白垩世鸟类，前文提及的长牙水鸟应该是指鱼鸟（*Ichthyornis*）和黄昏鸟（*Hesperornis*），二者均发现于北美洲，时代为晚白垩世。近年以中国发现的鸟类化石为主的研究表明，牙齿在原始鸟类演化过程中，出现过多次独立的丢失和出现。

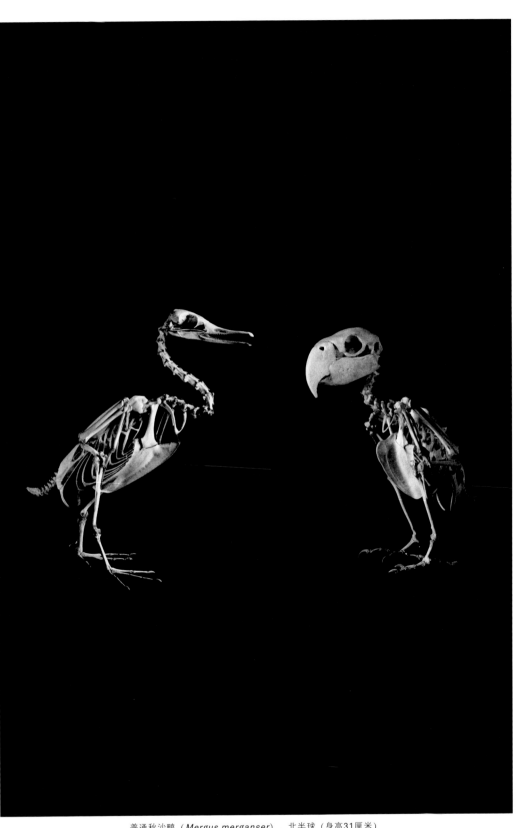

普通秋沙鸭（*Mergus merganser*），北半球（身高31厘米）
绯红金刚鹦鹉（*Ara macao*），南美（身高29厘米）

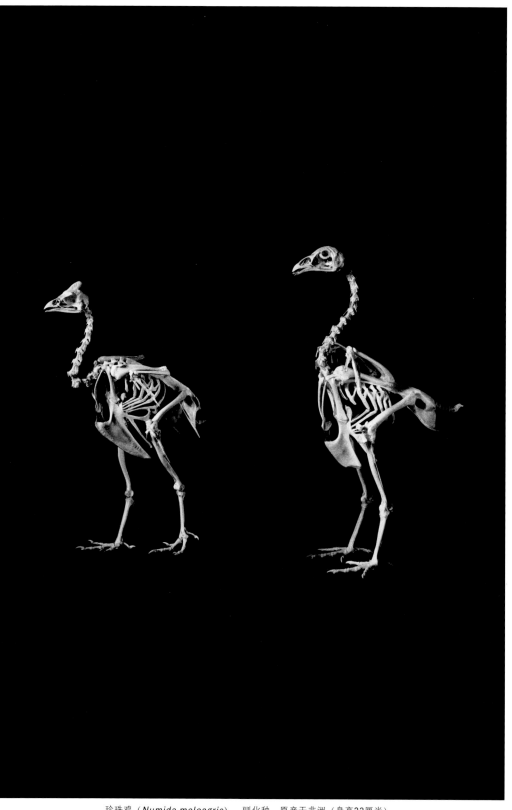

珍珠鸡（*Numida meleagris*），驯化种，原产于非洲（身高32厘米）
家鸡（*Gallus gallus*），驯化种，原产于亚洲（身高38厘米）

黑天鹅（*Cygnus atratus*），澳大利亚（翼展1.80米）

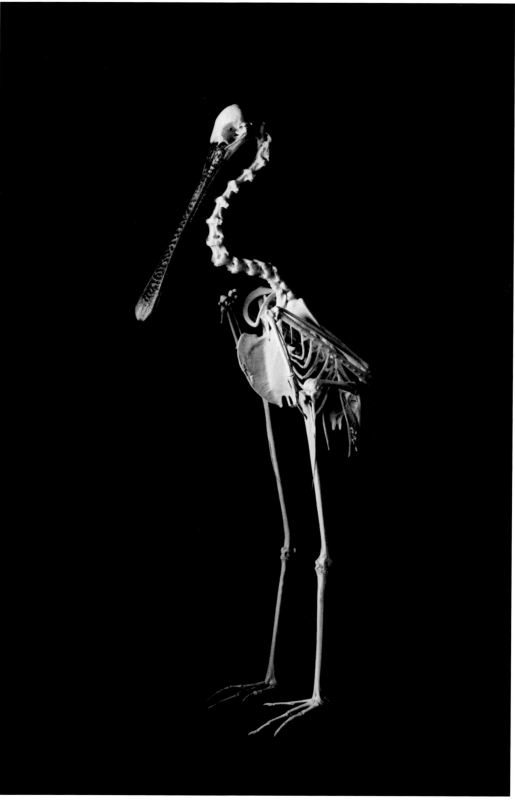

白琵鹭（*Platalea leucorodia*），非洲及亚欧大陆（翼展68厘米）

托哥巨嘴鸟（*Ramphastos toco*），南美（身高21厘米）

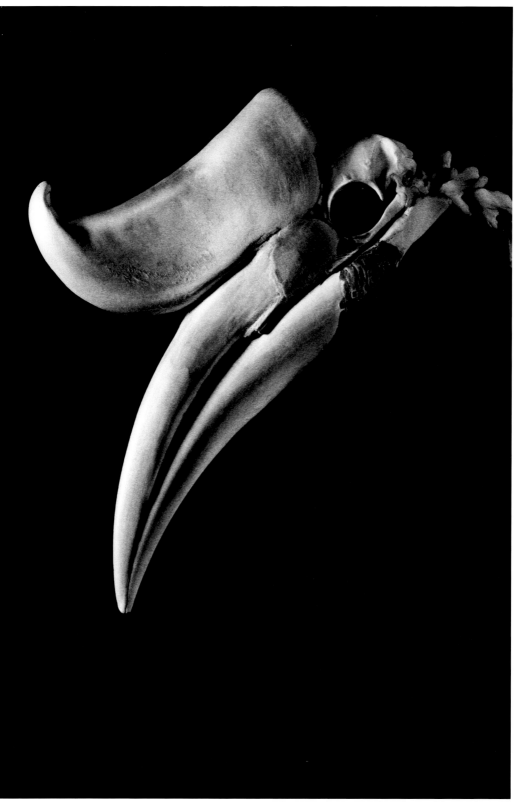

马来犀鸟（*Bucerus rhinoceros*），东南亚（翼展1.20米）

第28章

———

爪，翼，鳍

　　"有些鸟类，受到需求驱使而到水中寻觅赖以生存的食物，当它们需要拍打水体，在水面游弋时，会伸展开脚趾。通过这种持续展开脚趾的动作，连接趾间基部的皮肤就会与伸展的习性相契合。因此，久而久之，像鸭和鹅等鸟类的脚趾间，就会被宽大的皮膜连接在一起，成为我们今天所看到的样子。"在拉马克看来，动物的适应是依据需求的变形结果。对一个器官持续的使用能使它变得更强，反之，缺乏使用会导致器官的消失。这种关于演化的观点常常被概括为"用进废退"原则，阐明了他对演化变化的理论认识。

　　这种"用进废退"的表述，长期以来被视为普遍接受的常识，给出了一幅貌似理所当然，但实则大错特错的演化图景。之所以让人感到理所当然，是因为它假设出某种力量能干预和操控正确的演化方向，这种力量是由动物们必要的生活模式带来的，让它们与环境相适应。相对于一个盲目的，要经过反复的试验和错误，再偶然得之同样适应结果的"大自然"，我们会更偏好一个高效而人性化的"大自然"。但这却是个误导性的思路，因为生物学家们从未找到过这样的力量：一种所谓的依据其需求而决定的，能推动物种演化的力量。物种是持续变化的，但这种变化更是随机的，周围的环境条件促使它们不断接纳与摒弃新的事物，开放式的去伪存真。

　　直到6500万年前恐龙消失之时，哺乳类依然是弱小的，它们以从鼩类到獾类的一系列类型的动物为代表，其形态多样性并不高。随着这些大爬虫的灭绝，哺乳动物填满了一切空缺的生态位，进而采纳了极为多样的生活方式。在短短几百万年间，它们经历了一场演化扩散，产生了大大小小的不同物种，包括

鹬鸵（*Apteryx australis*），新西兰（高38厘米）

食肉的、食草的和杂食的,栖居于地表地下,林地之间、海洋之中及天空之上。早在5000万年前,便已经有了鲸和蝙蝠、猴子和熊,或至少是很类似它们的物种。哺乳类展现出惊人的可塑性,它们的四肢发展成为适合行走或跳跃的四足,或变化为铲状、鳍状或翼状。獾是跖行性的:它们利用整个足部来支撑身体。借助于那短小而有力的四肢,它既是典型的步行者,也是典型的挖掘者。猎豹是趾行性的:当这种动物行走时,贴在地面的是它的脚趾。善奔跑的掠食者四肢加长,呈现出Z字形的特点。动物的奔跑速度,与它们跖骨(脚掌中一些长骨头)和肱骨的长度相关联。而其他方面的适应性特征,也能减少跑动中的能量消耗:依靠其柔韧性,韧带在脊柱弯曲和恢复的过程中,提供了内聚力和柔韧性,能量在每一步中得到释放。与纯粹四足行走的动物相比,在善于跳跃的动物中(比如跳鼠和袋鼠),后肢要明显更长且更强壮;同样的,韧带在它们身上仿佛弹簧,给跳跃带来的反作用力一个缓冲。像狐猴这样的攀爬者,拥有长长的指节和可以对握的拇指,对于攀附枝杈十分有用。在狐蝠这种大型蝙蝠身上,手臂和指节都出奇的延长用来支撑翼膜(一层构成其翅膀的膜质皮肤)。

有时器官的消失,甚至会比其极高的多样性,更能清晰的揭示演化的真实机制。海牛,一种专营海生生活的哺乳动物,为此完全失去了后肢,靠尾巴的上下摆动来移动身体。它的前肢成为鳍状肢,在水中用来掌舵和保持平衡。某些鸟类也是如此,甚至已经丧失了一项重要功能——飞行能力。对于企鹅来说,这仅仅是功能的改变,它们依然使用翅膀,只不过是用来游泳罢了。它们的骨骼反映了其他方面的适应性,比如它们的骨骼坚固而致密,对于飞翔显得过于笨重,但可以帮助这种动物潜入水下。飞行功能的丧失,还体现在一些行走和奔跑的鸟类类群身上,就比如说鸵鸟和鹬鸵。鹬鸵是一种体型如鸡的林地鸟种,是新西兰的土著居民。它在地表活动,用细长的喙在泥土中取食,挖掘昆虫和蠕虫。它们的双翼过于短小,附着其上的羽毛完全不足以让它们的身体腾空。两翼的骨骼和肌肉都极度退化,胸骨也彻底消失了。鹬鸵的长骨[①]不像其他鸟类的那样是中空充气的,但还保留着髓腔。当躲避在巢穴中睡觉时,鹬鸵会把喙放置在翅膀下方,这貌似算是这个器官保留的最后功能了。

未被使用的肌肉会发生萎缩,但是这种获得性的性状不会遗传给后代。一个物种身体上的某个器官,只有在受到自然选择强烈抑制的情况下才会消失。若要使然,仅是器官失去了其所有用途是不够的,它还必须变成了一种不利因素。鹬鸵的翅膀便是如此。诚然,飞行是一种颇为高效的移动方式,但同时伴随着巨大的能量消耗(至少对于通过振翅、滑翔和翱翔来飞行的小型鸟类而言,确是如此,见第33章)。一旦为飞行耗能付出的代价超过了其所带来的益处,自然选择将会青睐那些不会飞的动物,尽管在其他环境条件下,这样的不飞动物会迅速消亡。因此,在没有天敌,并且能在地面找到食物的情况下,鸟儿们就不需要会飞了。假如一种缺翼的鸟类获得了好处,为此它不再飞行,便可将那些要为飞行付出的能量转而贡献给其他方面,比如繁殖。这便是在鹬鸵身上发生的故事,它生活的区域与世隔绝了数千万年,周遭缺少危险的天敌。与那些依然拥有双翼,且具有飞行优势的鸟类相比,它们生来就只有退化的翅膀,无力飞行,却更好地适应了这片独特的土地。在鹬鸵的故事中,鲜于使用并不是造成翅膀消失的原因;恰恰相反,正是翅膀的消失,让无用又费力的功能得以废止。

译注

① 脊椎动物体内的骨骼分为长骨、短骨、扁骨和不规则骨,长骨即较长的骨干,多分布于四肢内,如肱骨和股骨等。

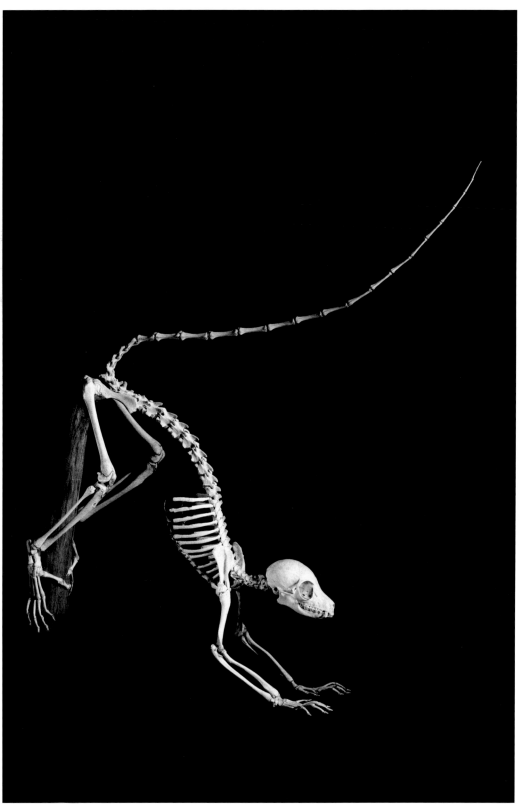

环尾狐猴（*Eulemur mongoz*），马达加斯加及科摩罗群岛（体长79厘米）

瓦努阿图狐蝠（*Pteropus anetianus*），大洋洲新喀里多尼亚（翼展84厘米）

狗獾（*Meles meles*），欧亚大陆（肩高25厘米）

突尼斯非洲跳鼠（*Jaculus jaculus*），北非、阿拉伯半岛及亚洲中部（体长27厘米）

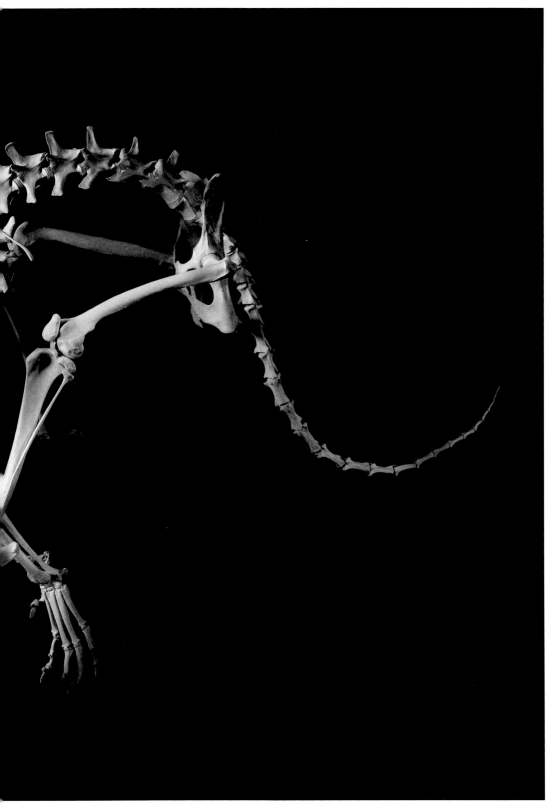

猎豹（*Acynonyx jubatus*），撒哈拉以南非洲地区及中东地区（肩高70厘米）

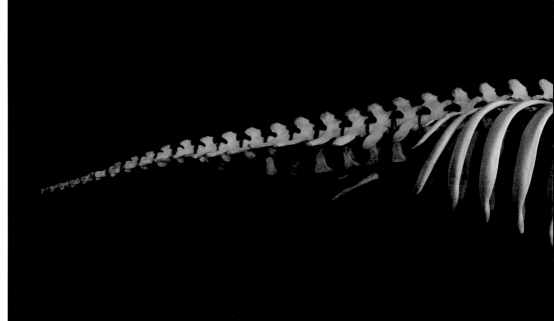

西非海牛（*Trichechus senegalensis*），非洲西部（体长2.15米）

兀鹫（*Gyps fulvus*），非洲及欧亚大陆（翼展1.50米）

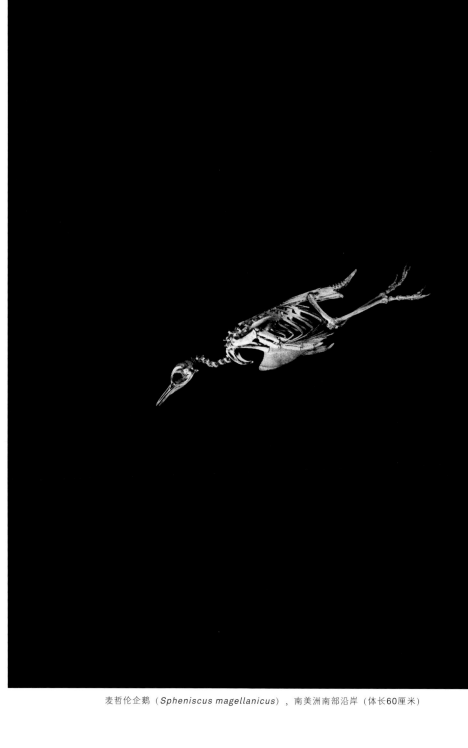

麦哲伦企鹅（*Spheniscus magellanicus*），南美洲南部沿岸（体长60厘米）

第29章

最后的脚趾

兽医们有时会进行一项奇怪的手术：帮刚出生的小马驹摘除一两个多余的趾头。对于这样的情况，科学家们并不把它当作畸形（例如一只长两个头的牛犊就是畸形），而是视为返祖现象，即小马驹身上出现了从它们远祖那继承的特征。几乎没有其他器官能像马的脚趾这样备受热议，它由数千万年的演化塑造而成。

马是一种有蹄类动物：它长有蹄子，和我们的指甲或者其他动物的爪尖是同源的[①]。蹄子是一层坚硬的角质外套，包裹在马的唯一的最末端的趾节骨上，呈特殊的扁平状。在这仅存的一个指（趾）的前肢（后肢）中，相当于我们手掌或脚掌的部分，有一根管状骨，这根管状骨两侧贴着两片薄板状的骨片，就是另外两趾的残留。这段突出的趾头很修长，长度能比得上腿部其他两节——小腿和大腿。马的四肢都通过延展手掌或脚掌的方式来同时加长，其他四趾的消失使其变得更轻盈。以上特征意味着这些动物能更善于奔跑，适合生活在开阔的地区——高纬度的荒原和热带草原。

马和其他马科动物，比如亚洲野驴和非洲野驴，都属于奇蹄类（perissodactyls，脚趾数量为奇数的有蹄类）[②]，有蹄类还包括貘和犀牛。犀牛每条腿上都只有三个脚趾。貘的每条后肢有三个脚趾，但前肢却各有四个脚趾。不过它最粗壮的第三趾位于前肢的中轴位置，和犀牛前肢的情况是一样的。这样的中趾是奇蹄类动物共有的特征之一，当然它们还共同具有其他的解剖特征。随着从最初都是四个或五个具有功能的趾，到后来贴附着两片小骨片的单趾，一些马类化石展现出了趾头逐渐减少的完整转换序列。随

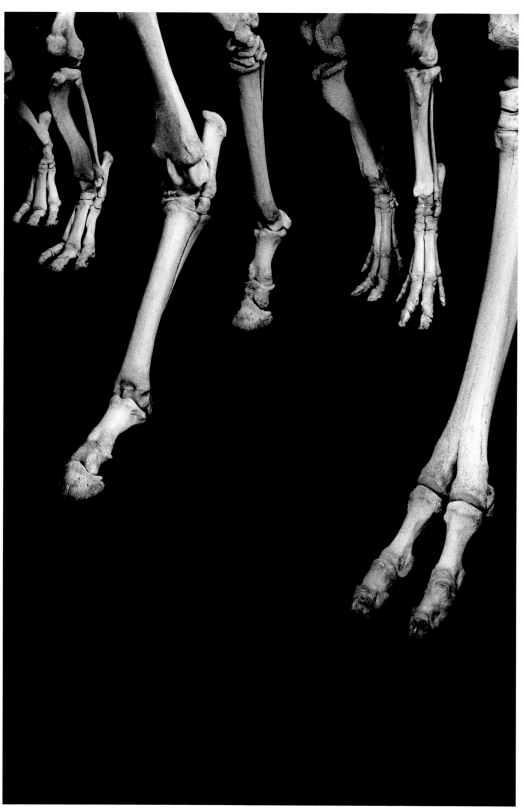

后蹄（从左至右）：马来貘，平原斑马，家猪，骆驼

着中趾的肌腱越来越强壮，两侧的趾头就越来越缩小。极少数的奇蹄类存活到了现在，可它们依然具有多样性，物种间的形态千差万别：有的体态丰满而笨重，但腿脚短小，例如犀牛；有的体型较小，例如貘；还有的身材高大，四肢修长，几乎试图把所有趾头都丢失，例如马。

有蹄类的另一个支系，偶蹄类（artiodactyls，脚趾数量为偶数的有蹄类）产生了与奇蹄类相同的一些体态类型，例如河马、野猪和单峰驼。这些动物依据其构成蹄子的脚趾数量为偶数，而很容易与之前所述的那些动物相区别。蹄子这个小部件看起来无关紧要，可是事实上，以其归结出的这两大类动物，自6000万年前它们分道扬镳以来，有着诸多鲜明的特征差异。偶蹄类最初丢失的是大拇指，同时四肢的中轴发生着轻微的变化。在野猪和家猪身上，中间的两趾长而粗壮，外侧的两个趾头较为短小，勉强能碰到地面。牛科动物，例如牛和羚羊，就只有两个行使功能的脚趾，其他两个变成了小小的趾尖。对于胼足类，也就是骆驼科——美洲羊驼和单峰驼——只剩下两只脚趾。它和马科动物一样有修长的四肢，也适于奔跑。

有蹄类动物都是草食性的动物，对于它们而言，敏捷性就成为逃避掠食者的决定性优势。奔跑的速度由很多因素决定，比如其整体体型大小，还有步频和步距。四肢的加长能机械性地获得更大的步距。由于趾头丢失而拉长的脚掌也起到了重要的作用，四肢重量的减轻使得阻力也减小了。有蹄类还有其他适于奔跑的特征，比如具有特殊形状的距骨（astragalus）。这节脚跟处的骨头在偶蹄类和奇蹄类之间虽然有些差异，但在两个类群中，它都起到了锁定关节，避免任何侧向的转动，从而使足部更稳定的作用。所有的有蹄类还都缺失了锁骨（clavicles），仅靠肌肉和韧带将前肢连接到脊柱上。这样一来，肩胛骨就可以参与到前肢的运动中，从而增加了步距。这样的组合方式还可以缓解踏出每一步带来的冲击力。

在这两支动物类群中，以上这些所有特征都是独立演化获得的，而且同时出现在化石发现中。偶蹄类和奇蹄类都是同一个祖先的后代，但由于化石稀少而不完整，我们对其知之甚少。这个共同的祖先可能属于踝节类（condylarthra），是一类生活在晚白垩世（Upper Cretaceous period）（约7000万年前）的具有五趾的哺乳动物。奇蹄类开始分化得要早一些。它们是古近纪大型食草动物的代表，但后来逐渐被偶蹄类取代，更准确地说应该是反刍类。

在这两个动物支系中对于奔跑的平行性适应，仅仅是演化中的一个巧合，因为它们是独立产生的——一支长着四个或两个趾，而另一支有三个或一个趾，但没有理由去判断这两种结构孰优孰劣。最敏捷的有蹄动物，实际上并不是常常被提到的斑马，而是一种偶蹄动物：印度黑羚（*Antilope cervicapra*），其速度可达到每小时100千米。此外，还有其他影响动物速度的因素。比如说单峰驼，虽然拥有修长的四肢和两趾的蹄子，但跑得并不是很快。对那些食肉动物而言，它们从祖先那继承了更柔软的指头和爪子。它们的足部也有所延长，但没有有蹄类那么夸张，而提高它们速度的关键性变革是那易于弯曲的脊柱。正因如此，猎豹才能够在短距离内达到每小时超过100千米的速度。狼也能够达到马的速度，并且能长距离以此速度奔跑。

　　长有多个趾的马不全都是返祖现象的实例，正如长着六指（趾）的人也并不意味着我们的祖先就比我们多一个手指（脚趾）。在绝大多数情况下，这些仅仅是发育方面的异常，没有任何演化意义。但是在某些情况下，我们会见到过度发育的那两块小骨片，它们唤起了现代马类的奇蹄类祖先的状态。有些长着三个趾的远古马类在北美洲一直生活到了不超过500万年前，其他一些种类生活在两三百万年前的非洲，和我们人类的祖先相伴而栖。趾头的丢失是很近期才发生的，而在个别现代马的个体中，仅需一处细微的基因变化，就能恢复祖先的原型。

译注

①如果把一些器官或结构描述为同源的(homologous)，就意味着它们的演化或发育来源相同，但在不同生物身上可以有多样的形态，且功能各异。

②奇蹄类的趾的个数不一定都是奇数，原始的奇蹄动物和现代的貘前肢都是四个脚趾。但奇蹄类四肢的中轴都通过第三趾，还有距骨只在背面有滑车关节，牙齿为脊型齿等特征与偶蹄类相区分。

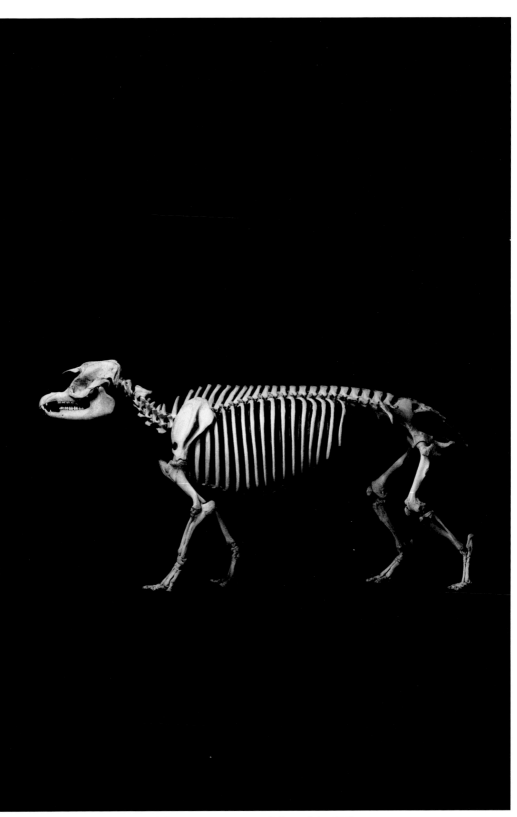

马来貘（*Tapirus indicus*），东南亚（肩高90厘米）

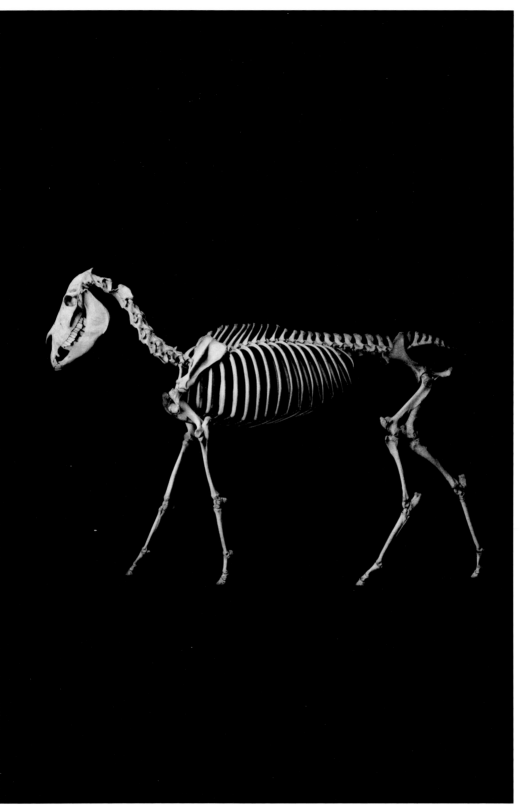

亚洲野驴（*Equus hemionus*），亚洲（肩高1.05米）

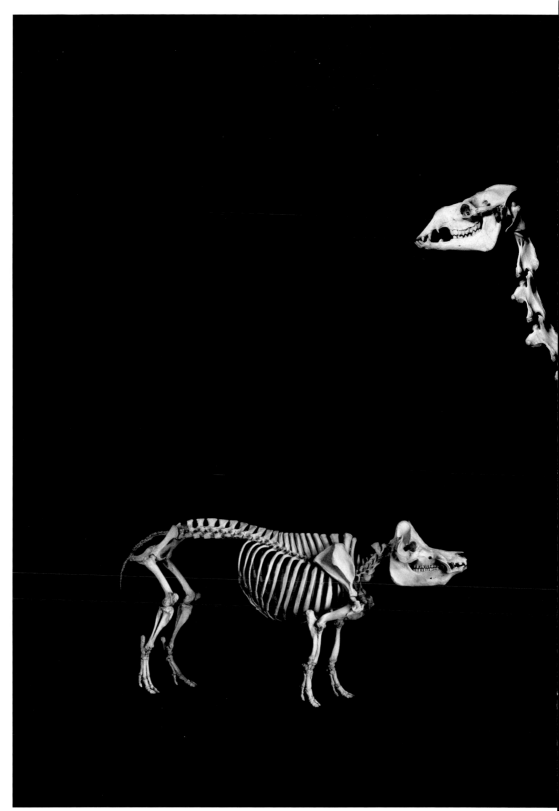

家猪（*Sus scrofa*），驯化种，原产于欧亚大陆（肩高80厘米）

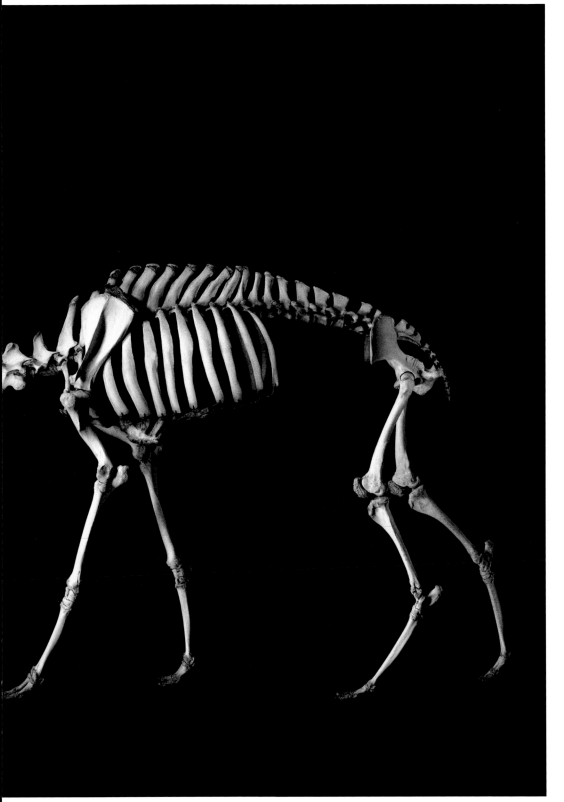

骆驼（*Camelus dromedarius*），驯化种，原产于非洲（肩高1.75米）

第30章

两种熊猫

在20世纪70年代，当中国将大熊猫作为礼物以示友好馈赠给多个国家时，这种动物俨然成了明星。差不多就在这时候，大熊猫也因一块形状奇特的小骨头而为人们所知，史蒂芬·杰·古尔德（Stephen Jay Gould）选择这块小骨头当作一个吸引眼球的实例，来表现演化的曲折过程。在一本科学月刊专栏里，这位美国古生物学家试图提出一种想法：自然界中那些稀奇古怪的事物，相比那些最显而易见的适应性，更能揭示演化的机制。在古尔德看来，"大熊猫的拇指"比起蝙蝠的翅膀或马的蹄子，更能让我们对演化有所了解。

大熊猫除了吃竹子，其他几乎什么都不吃。在它用餐时，会用爪子紧握竹子的茎，以便把竹叶撕扯下来。虽然缺乏可以对握的拇指，它还是可以凭借第六根"手指"和手掌形成钳状，来握住竹竿。这个假冒的手指和其他五根手指，在结构上有所不同：它不是由指节骨组成，也不带爪子。如果我们把大熊猫的手掌和棕熊的做个比较的话，我们会发现这根指头实际上是一块腕骨——桡骨一侧的籽骨①，大熊猫的这枚籽骨要比棕熊的长很多。这块骨头在很多哺乳动物腕部都有，但接近圆形，而且要小一些；它的作用是缓和第一指（真正的拇指和其他指平行）的韧带受到的摩擦。我们人类在大脚趾的根部也有两块小的籽骨，在膝盖处还有一块大的籽骨，即髌骨（膝盖骨）。在熊类身上，桡骨一侧的腕骨要比其他食肉类②的大，其本身附着着一块（很小的）肌肉。

和其他熊类一样，大熊猫也起源于食肉类动物，食肉类的拇指指向前方，与其他四指平行。对于食肉类，要让一个指头变得"可对握"需要很复杂的改变，特别是已经特化适应了奔跑或行走的指关节的转变。但是如果拥有一根

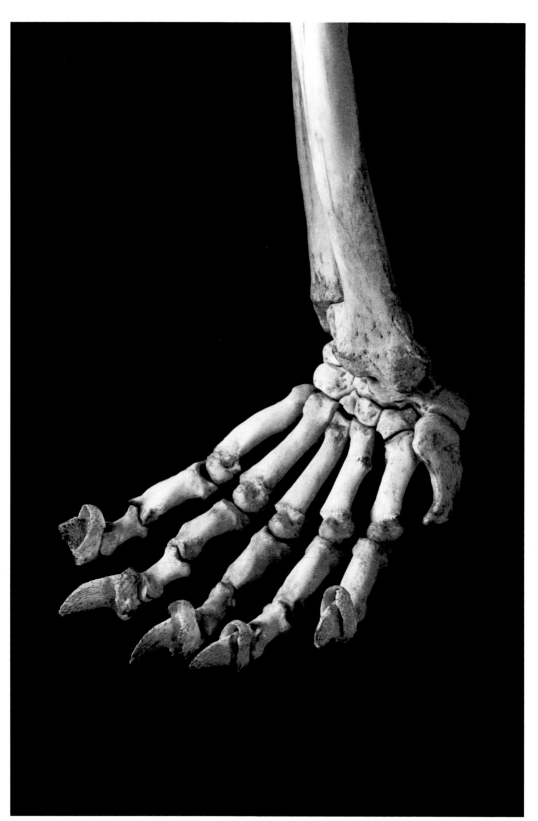

大熊猫的爪子

可以对握的手指能带来巨大的适应性优势的话，对于某些动物来说，转换较大且较灵活的籽骨，不失为一种捷径——必要的骨骼和肌肉都是现成的。把这个籽骨转换成可以对握的"拇指"，就只需略微的变化。

其实古尔德是想说服北美的读者，演化的方向是不可预知的，寻找每一种适应性背后的上帝之手只是徒劳。我们自己的可以对握的真正的拇指，对解释它是"纯自然的"演化还是"受到引导的"结果毫无帮助，因为这个器官与其功能互相完美适应。与之相反，大熊猫的拇指只是演化的发明创造，从另一个原本完全不为此功能而生的器官改造而来。古尔德说，这种奇特的适应性表明，演化不是被上帝的工程师操控的，也并非所谓的选取最美妙的解决方式来应对生物问题，而是依循生物的结构和发展历史，利用那些唾手可得的素材。古尔德进一步指出，在大熊猫的脚掌上，那块与"拇指"等同的籽骨也相应地比其他熊类的要大，但脚上的籽骨的增大对这种动物而言没什么明显的好处。这也许仅仅是四肢平行发育模式导致的结果，基因让前后肢的结构同时发生了变化。

从大熊猫的远房亲戚们身上，我们能把食肉类这枚籽骨的演化过程看得更清楚。让我们来看看浣熊科的动物，它们也具有一定程度加长的籽骨。这个科的物种包括浣熊和小熊猫，它们以攀爬能力著称。在浣熊身上，是大拇指略微形成对握，加强了攀爬能力，而在小熊猫身上，却是籽骨发挥了作用。与它的同名亲戚大熊猫一样，小熊猫也生活在亚洲中部，也以竹子为食。由于两个物种间确实存在的相似性，动物学家们才给它们起了一样的名字，而无论是名字还是籽骨的形态，都暗示着小熊猫和大熊猫的近亲关系。

动物学家们对于这一大一小两种熊猫的分类感到很困惑。根据分类学家制定的标准，它们有时被归为一类，有时又被分开，或是从一个科移到另一个科。两种熊猫被当作熊科（ursids）成员，或者是浣熊科（procyonids），或者与鼬和貂同属于鼬科（mustelids），甚至被分到臭鼬科（mephitids）。它们有时也自成一科，熊猫科（ailuropodids），它们是这个科中仅有的成员。从蛋白质到DNA，分子分析结果支持了解剖学上将二者分开的意见，并把大熊猫确信无疑地放到了熊科里。至于小熊猫，DNA并没给出确切的答案：它与浣熊科动物接近的同时，也很像鼬科动物。这两个科实在是太接近了（见第411页）。这种不确定性恰恰反映了分子技术在解决这一类问题时的局限性——对DNA和蛋白质的研究，有时很难区分那些很久之前在短时间内发生的事件造成的差异。此外，这些研究表明小熊猫和大熊猫的共同祖先生活在4000万年前，而大熊猫这一支从其他熊科动物中分化出来的时间在大约2200万年前。

一个是熊类的后裔，一个是浣熊类的后裔，因此籽骨的增大在这两支中是独立发生的。我们还发现和小熊猫亲缘关系很近的一个化石物种身上，籽骨也被用作适于抓握的大拇指，就像大熊猫的那样。这种叫作扁鼻犬（*Simocyon*）的化石物种，生活在1000万年前的西班牙，它用这样的结构来攀爬细小的枝干，而同时代的其他食肉类还是以地栖为主。这可以让它逃避其他的掠食者，或是把自己捕获的猎物藏在树上。它的近亲，小熊猫，把这种结构用到了其他地方：抓握竹子的茎。史蒂芬·杰·古尔德在扁鼻犬发现之前就去世了，不然他也许会对这个意外发现倍加赞赏，能给熊猫的拇指的故事增色不少。

译注

①籽骨泛指动物身上由肌腱骨化形成的独立小骨头，而本文中的籽骨如未加限定，均指桡骨一侧的那枚籽骨。

②一般所说的"食肉类"专指食肉目的哺乳动物，而不是泛指各种肉食性动物。

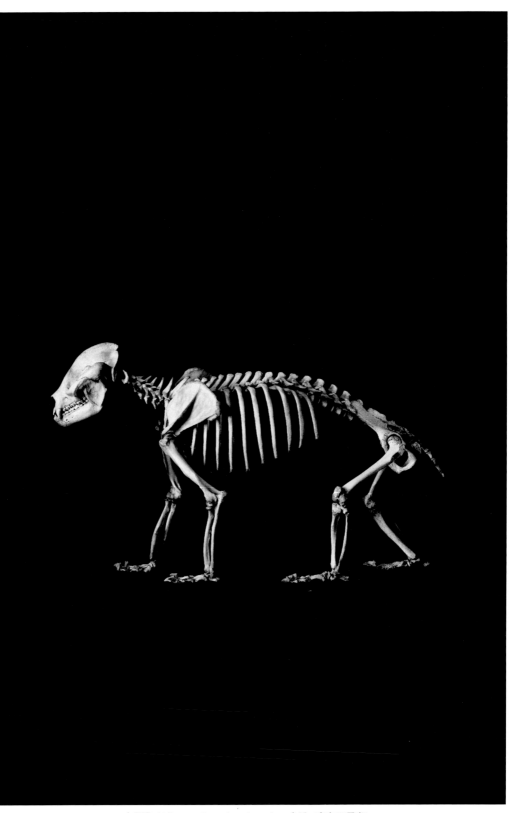

大熊猫（*Ailuropoda melanoleuca*），中国（肩高65厘米）

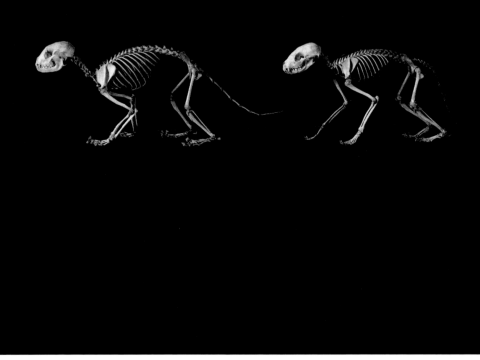

小熊猫（*Ailurus fulgens*），亚洲（肩高24厘米）
浣熊（*Procyon lotor*），北美洲及欧亚大陆（肩高21厘米）

第31章

——

深海变种

　　科幻电影里有时会为我们展示一些受到"变态"（metamorphoses）现象所困扰的"变种"（mutants）人，可能预示着我们人类这个物种不可避免的"演化"趋势。这些带有生物学含义的词汇在这里看似用得很合理，但描述的却是与其原意很不一样的现象。变态是一个严格的关于生物个体形态变化的概念，比如从毛毛虫变成蝴蝶的过程；演化涉及世代繁衍中后裔形态的改造过程。电影里的变态是典型的"拉马克主义"，因为电影里说这些后天获得的性状可以遗传给后代。那些早期传说中的狼人和长着人脸的巨型苍蝇，它们的命运不会引人羡慕。但对于现实中的很多变态现象，在我们看来，成体要比原先的幼体更"完美"。与一辈子都是毛毛虫或蝌蚪相比，谁不想变成蝴蝶或青蛙呢？然而就偏偏有这么一个例子，变态导致了畸形的成体，诡异的不对称的身体，但确实揭示了其在特定环境中惊人的适应性。

　　只要平平地抬起一只大菱鲆或沙鲆①，从正上方就可以看到这个有趣的现象：嘴巴再正常不过，但两只眼睛都长在了左侧。另一侧呈现白色，而且没有眼睛。这些比目鱼，或称为"鲽形目"鱼类（pleuronectiformes），囊括了超过700种鱼类，从牙鲆到庸鲽，后者能长到近3米，重约300千克。它们身体扁平，而且两只眼睛长在同一边，依靠这些特征，你一眼就能认出它们。同其他比目鱼一样，大菱鲆大部分时间是躺在海底的，部分身体掩埋在沉积物里，这确保它们能有良好的伪装。如果它的右眼长在正常的位置，就会变得无用，由于缺少光刺激而可能很快就会失明。可见把两只眼睛长在同一侧是很有好处的。比目鱼不是生来就如此畸形，而是后来慢慢长成这样的。

大菱鲆（*Psetta maxima*），大西洋东北部及地中海地区（体长38厘米）

大菱鲆的雌鱼产下数以万计的鱼卵，它们会立即被雄鱼受精，然后留在海水中。几天后出生的幼体看起来没什么与众不同。它们垂直游动，眼睛在身体的两侧各长一个。它们以浮游生物为食，成长非常迅速。几周过后，右眼开始向头顶移动，然后越过头顶，转移到身体左侧。右眼会在靠近左眼时停止运动，而左眼则保持原位。实际上，并不是眼睛在转移，而是颅骨经历着不对称的生长：有些骨头消失了，另外一些骨头发生了变形或正在形成，这一系列重组于是就表现为眼眶的移位。这些幼体随后下沉到海底，右侧面向下，双眼向上观望。朝下的那一面色素渐渐褪去，而受到光照的背面慢慢变成棕色。背鳍和腹鳍被延长了，围绕在大菱鲆身体的四周。右侧的胸鳍保持在原位，于是就被压在了身体下方，紧贴着海底。在其他一些物种中，这枚胸鳍消失了。它的行为方式也随之改变，至此它会以一种扁平的，或者说水平的姿势游动，这种水平波动式的泳姿和其他鱼类大相径庭。

这种不对称的生长模式就是名副其实的变态，就好比从蝌蚪变形成青蛙。而受到影响的不仅仅是颅骨，大脑也受到了改造，这才使得移位的那只眼睛功能正常。右侧的鼻孔也按照同样的转移路径，挪到了靠近另一个鼻孔的位置。颌部不再是当初的对称状，牙齿改变了位置，肌肉也变得适应这种新的游泳姿势。鱼的身体结构也随之变化，所有的脊椎都不再是原先那样左右对称的了。形态的改变受到一种甲状腺分泌的激素的控制，叫作甲状腺激素，它在动物体内普遍存在。在两栖动物之中，这种影响生长的激素引发蝌蚪的变态；在人身上，它在胚胎的生长和发育中扮演重要角色，特别是对于骨骼的发育，同时在成人的生理功能方面也具有重要作用。

庸鲆是个"左撇子"，也就是左侧向上的一种，它的眼睛向左侧移动；鲽鱼、鳎鱼都是"右撇子"。但也会有少数例外——一贯偏向右侧的物种之中，也存在左偏的个体。在其他一些种类中，左偏还是右偏取决于每个个体分布的区域。杂交试验证明，变态主要发生在决定眼睛向哪个方向移动的那个基因上。其他比目鱼类——例如鲽科鱼类——左右都有可能偏转。它们的成年个体依然保持垂直姿势游动，肌肉也比其他比目鱼类更接近左右对称。它们也是唯一拥有鳍棘（spiny fins）的鲽形目鱼类。在比目鱼中，垂直游动、肌肉对称、鳍棘等是较为古老的特征，可能与它们的祖先相似。所以鲽类可以揭示比目鱼的起源，以及它们和其他现代的比目鱼类物种的关系。鲽形目可能起源于一类鱼，它们具有背侧鳍棘和一对接近头部的鳍。这些特征让它们与鲈形目鱼类很接近，比如鲈鱼。

在海滨地区，存在着营养丰富的水下生存环境。在柔软的沉积物中，隐藏着数不胜数的甲壳类、海胆、蠕虫和贝类。在那里可以轻而易举的找到食物，也不难躲避天敌。鲽形目的鱼类，以有别于其他任何脊椎动物的一点点变形，换来了对这个特殊生态位的占据。可是它们不是在这片海底生活的唯一鱼类，它们还需要给鳐类让出一点空间。与其他鱼类相比，鳐类和比目鱼的亲缘关系一点也不近，因为前者属于软骨鱼类，软骨鱼还包括鲨鱼，它们体内是一副软骨。鳐类腹部着地，它们的"翅膀"是侧面部分的延展。其扁平的形状是压出来的——也就是说，只是简单的变形。在梭形（或纺锤形）的鲨鱼与鳐之间，不存在中间过渡形态。例如扁鲨和犁头鳐，想象一下一条圆柱体型的鱼被压扁的情形，就是它们的样子。鲽形目鱼类，身体是不对称的，属于比目鱼；而鳐类，身体是对称的，不属于比目鱼，也就不会发生变态。

译注
①大菱鲆英文为"turbot"，因此音译为"多宝鱼"，都属于鲆科，是硬骨鱼类中鲽形目下的一个科。

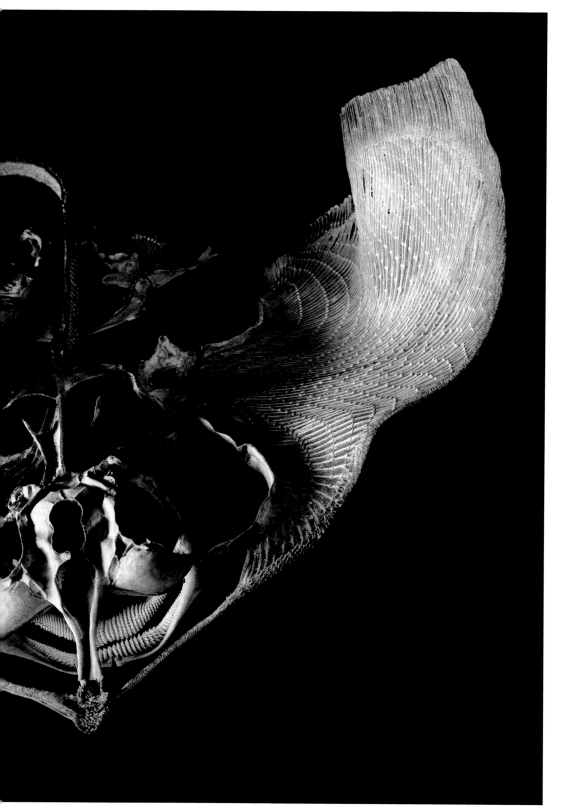

灰鳐（*Raja batis*），全球海洋（翼展91厘米）

第32章

—

幼态持续

　　在1749年，伯努瓦·德·马耶（Benoist de Maillet）想象了一条鱼是如何冲出干旱的河岸，然后转变成一只鸟的："它们的鱼鳍，不再被海水浸润，在干旱中变得分离和扭曲。它们发现，落入这芦苇和杂草丛中，只有很少的食物来维持生存，于是就拉长了已经分离的鳍，还长出了羽枝……位于腹部下方的鳍状副翼，变成了脚，帮助它们在陆地上行走……一千万年的时间里，这对副翼可能在这些生物还没习惯用脚之前就被消磨掉了，但那对分开的鳍却足以赋予了这些物种飞行的能力。"在现实生活中，这番描述看似更像另一种自然现象——变态，就如毛毛虫变成蝴蝶，蝌蚪长成青蛙。变态不是演化，但确实揭示了演化机制的蛛丝马迹。

　　这些物种是如何获得了新的形态，进而转变成其他物种的呢？实验结果表明，如果去注意一些物种——例如鼠和果蝇，两种常用的实验动物——会发现这个过程中可被观察到的变化不多。在单个基因上一个位点的突变，就会引起一连串的变化，产生长黄色皮毛的小鼠和翅膀发育不良的果蝇。这些变异会一代一代地传递下去。与之相似，家养动物的饲养者能偶然观察到一些突变现象，他们会通过高明的杂交手段让这些突变性状在后代中稳定下来。一旦在影响到繁殖的解剖结构或行为特点的方面发生突变，能迅速导致一个新物种的产生（见第16章）。可是大部分微小的突变都达不到这样的效果；所以新物种的产生需要依靠更大范围的突变，但它们绝不能在动物个体发育过程中导致严重的不良后果。

　　在两栖鲵的原产地，美国的西南部①，它们被称为"刚果鳗"（Congo eel）。

280

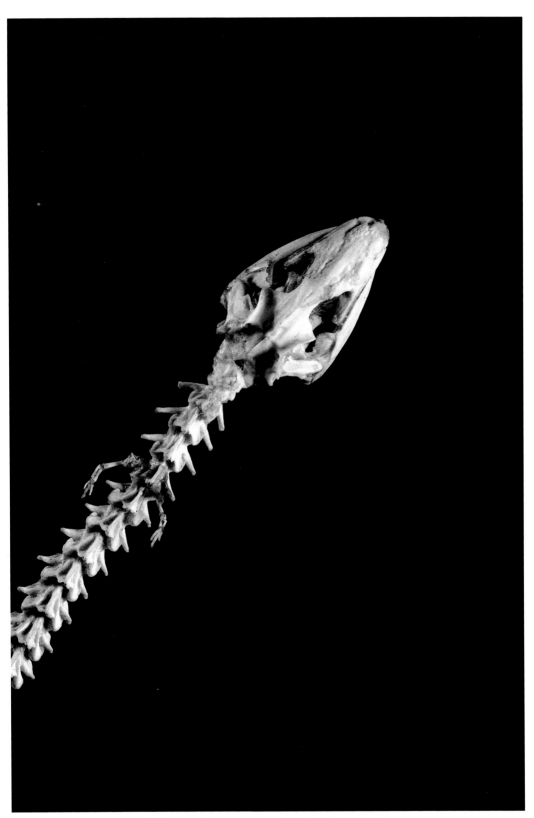

两栖鲵（*Amphiuma means*），美国东南部（体长88厘米）

那棕灰色的身体，灵活无毛且滑腻腻的皮肤，鳃状的裂口，这一切都让它们看起来长得很像鳗鱼（还被误认为来自非洲）。然而，脚的存在和其他所有解剖特征都显示，它毫无疑问的属于蝾螈。两栖鲵是一类具有惊人特点的两栖动物：它们在幼体的状态下就变得成年了！就像青蛙的蝌蚪一样，蝾螈的幼体过着完全水生的生活。幼体不长脚，还带着鳃。按理说，这些幼体经过一段时期的生长，会发生变态。它们会长出四肢和肺，具有繁殖的能力。在两栖鲵身上，变态是不完整的：它四肢短小，不足以把身体支撑着脱离水体。它丢失了鳃，但仍然在头的两侧保留着鳃状的开口。它的眼睛还保持没有眼睑的状态。如果把这些幼体状态的特征置之不顾，两栖鲵俨然已是成年个体，已经达到性成熟，并且可以交配繁殖。墨西哥钝口螈，另一种蝾螈，在成体阶段会长出正常的四肢，但是依然保留着外鳃，延续着严格的水生生活。

这种现象叫作"幼态持续"（neoteny），被解释为发育不同阶段在时间上的分裂或中断。在变态完成前，就已经达到了性成熟，这就让一切后续的发育都停滞了。在对墨西哥钝口螈进行深入研究发现，其变态并不是彻底停滞的，注射甲状腺激素，很轻易地就能让变态过程完成。幼态持续表明，激素浓度或者其分泌节律的微小变动，就会导致重大的形态变化。这种变动可能仅仅是由简单的突变造成的，这简单的突变影响了基因的表达，从而影响蛋白质种类，或是激素的产生。

幼态持续只是会导致发育产生时间偏差的原因之一，它与其他更多的情况统称为"异时发育"（heterochrony），正如前文所提到的。这些现象，与不同发育阶段绝对时间长短和相对速率有关。比如，较缓慢的成熟过程，造成的仅仅是体型的增大，而不会导致形态的变化。在过度生长的情况下，较晚的成熟会造成一些成体特征的过度发育。在不会飞行但善于奔跑的鸟类中，那发育不良的小翅膀，看起来就像是胚胎时期那几块骨头停止了发育而造成的结果。成年鸟类身上长着极度退化的翅膀，这就算是一种幼态持续。在鸡形目——与鸡同类的那些鸟——之中，胸骨和龙骨突在胚胎发育很早的阶段就出现了。所以这两块骨头的缩小，会对这种动物的整体发育造成严重的干扰，缺乏胸骨的鸡形目鸟类往往会有缩短的翅膀就证明了这一点。与之相反，在鸽形目——鸠鸽一类鸟类——之中，胸骨骨化得比较晚。而胸骨的萎缩，可能是整体正常兼有"局部异常"造成的结果。鸽形目鸟类产生出过不会飞行的种类，例如著名的渡渡鸟，已在近代灭绝了。

另一个例子将引起我们特别的关注，因为它反观了人类自身。人类有一张扁平而简略的脸，这在灵长类中是独树一帜的。我们没有长着一副肌肉发达并向前突出的面孔，我们的脸从额头到下巴，几乎是完全平整的，除了鼻子部分有点突出（鼻子本身的形状也是人类特有的）。在成年黑猩猩身上，突颌（上下颌向前突出）的程度要比幼年黑猩猩的明显得多。成年个体的面部相对头骨显得十分突出。反观黑猩猩幼年个体，面部更小，所以颅骨看起来就很大，就像人的一样。换句话说，我们这两个物种之间，在幼年阶段的相似度相比于成年时的要更高。再考虑到随着发育成熟而越来越突出的其他差异，成年的人类相比成年的黑猩猩，更接近幼年黑猩猩的样貌。将部分幼年特征保持到了成年时期，人类相对于黑猩猩来说就存在着幼态持续。同理，在人类本身之中，女性比男性表现出更多的幼态持续，她们面部缺少毛发，而且鼻子更小。对于男性，青春期睾酮分泌增加，能刺激上颌和下巴骨骼的生长，同时也促进鼻子的发育。超人（Superman），正如他的名字所表达的那样，也许正饱受着阳刚气过剩而造成的折磨吧。[2]

译注
① 两栖鲵是现生的两栖动物的一个属，有三个种，分布于美国东南部地区，其化石在欧洲也有分布，文中可能为作者笔误。
② 以作者的意思，"Superman"字面理解为"超级男人"，即可能相关激素分泌过剩，例如睾酮分泌过多会导致好斗、体毛增多、脱发等副作用，所以作者认为是"折磨"。

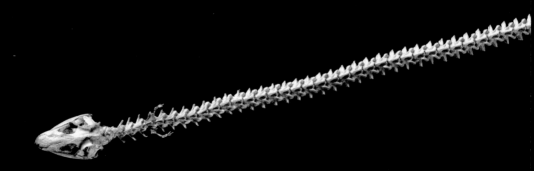

两栖鲵（*Amphiuma means*），美国东南部（体长88厘米）

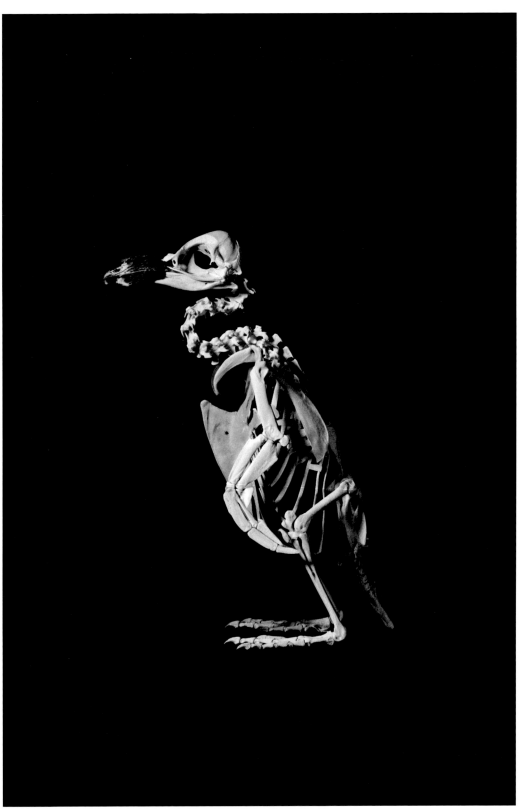

黑脚企鹅（*Spheniscus demersus*），南非（体长30厘米）

第五篇

———

环境的力量

鸟类坚硬而轻盈的羽毛完美地适应于飞行；海豚流线型的身躯使它能够高速游动；食蚁兽的嘴简直是为了捕食蚂蚁而生。动物身上的各项解剖特征都与它生活方式的某一方面息息相关，而这些特征综合到一起，则使之能够整体适应它所处的生存环境。如果一个动物的牙齿、胃、脚或眼睛等器官不与环境相适应，那它很快就会死亡；如果整个物种都不与环境相适应，那这个物种就会很快消失于世。就这个意义而言，说某种动物具有良好的适应性是无谓的赘述。描述一个器官的适应性通常就是描述其形态与功能的关系，但如此便遗漏了一个基本要素：这一适应性的起源。对于神创论者来说，这样的适应性只是神的旨意而已。对于智能设计论者来说，它来自一个经过完美构思并得以实现的设计。而对于生物学家来说，它代表着演化历程中的一个阶段。

　　适应其实并不是一个稳定的状态，而是一个动态的过程。在这个过程中，原始的器官可能会发生变化，从而产生一些新的功能。最惊人的适应案例可能不是鸟类演化出了能够飞翔的翅膀，而是它和蝙蝠的翅膀由原始的前肢各自演化而来，具有不同的结构，却有着相似的功能（见第33章）。泛而言之，生物的适应意味着它的解剖结构与行为都由其生存环境和生活方式所决定。"适应"（adaption）这个词其实跟"演化"（evolution）一样含混不清。从生理学角度看，适应是生物体应对某些情境（如体能的消耗，外界温度的升高，或是进入了山区）时所发生的变化，这些反应可能是间接（心跳频率加快）或缓慢（红血球增多）的。就像生物个体的某个器官经过不断的使用会得以强化但不会遗传一样，生物体的这些生理性适应也只是个体的暂时性变化，不会遗传到子代。演化适应则不同，它是通过基因突变和自然选择的相互作用而产生的物种真正的变化。自然选择会在两个层面上发生作用：如果一个突变不利于该物种在某一环境条件下的生存，那么它将会被淘汰；如果一个突变能够为该物种带来新的特征以更好地利用环境，那么它将会被保留。

　　生物所处的生存环境或生态系统，不仅包括地貌条件（如森林、草原、山地、浮冰、珊瑚礁），还包括各种气候因素，光照条件，水土类型，以及与它共同生活的其他生物（如同类、天敌、猎物、寄生物，甚至与之关联甚少但仍有微弱影响的一些物种）。这些环境因素相互作用，生物的适应性代表着它与所有这些因素之间的平衡。

　　某些器官的现状几乎抹去了它们在演化历程中一系列的变化所留下的痕迹，这使得它们看上去具有非凡的适应性。海豚的外表酷似鱼类，它的各个器官较其他哺乳动物都发生了翻天覆地的变化，因此它可以看作生物适应性改变的完美案例之一。然而如果两种动物存活在相同的环境中，我们能够说其中一种比另一种适应得更好吗？相比于仍保留有四肢的海獭，四肢变成鳍的海豹就更适应于水生环境吗？海獭的外形受水生生活的改造较海豹小一些，但它却是在水中产崽，而海豹则仍需回到陆地上产崽。哺乳动物中的海獭、海豹、海狮和海豚都"完美"地适应于所处的环境，但各自却有着不同的形态，相对于它们祖先的变化程度也各不相同。这些类群没有什么特殊的遗传学关系，但它们的存在说明从四足动物到海豚之间还有很多能够适应水生环境的物种形态。因此，对现生物种的观察能够为鲸类的演化提供一些信息。与此同时，也仍需化石材料和DNA分析加以补充（见第34章）。

作为完全水生的动物，海豚可以与鲔鱼和鱼龙（一种中生代水生爬行类）相互对比。它们的躯体都呈纺锤形，有利于在远比空气致密的介质如水中快速前进。它们还都长有相似的背鳍，和通常意味着吃鱼这一食性的小而多的牙齿。虽然具有诸多的相似性，这三种动物的祖先却大相径庭：海豚和鱼龙分别演化自某种哺乳类和某种爬行类，都是陆生四足动物，而鲔鱼的祖先却从未离开过海洋。对同种生存环境或特殊生活方式的适应，导致了这样的殊途同归。这一现象称为"趋同"（convergence），它既显示了脊椎动物基本结构的可塑性，也证明了环境条件对物种演化的影响力。无独有偶的是，脊椎动物中有数个爬行动物的类群都适应了地下生活，相应的某些原始特征在这几个演化支系中均独立出现，分别衍生出了同样无足的蜥蜴和蛇类（见第36章）。

地球数亿年来所发生的气候与地理巨变，对于生物演化有着举足轻重的影响。地球深处的温度和压力使得某处岩石发生了部分的熔融，熔融岩石内部的高温引发这些黏性物质产生大面积对流，从而拉动冷而硬的地壳板块发生位移。这使得各块大陆以每年几厘米的速度相互远离或靠近，久而久之，所有漂移的大陆块在某一时期连在一起形成了一块超级大陆——盘古大陆（Pangaea），然后又再度分裂成彼此独立的各块大陆。板块构造理论对这些运动有着详细的阐述，它将地质学几大分支学科综合到一起，解决了诸多历时已久的难题，如彼此分离的大陆上为什么会出现相同的化石属种，以及某些现生物种为什么在全球范围内分布不均。

在大陆块漂移和重组的过程中，一些物种发现了广袤的新天地——其中有新的植被、新的竞争者和新的天敌，动物群由此发生了迅速的演化。例如，澳大利亚和南美洲大陆在几千万年以前与其他大陆相分离，它们的动物群至今仍保有分离事件的痕迹（见第38章）。从较小的尺度看，相似的快速演化现象在被一小群物种所占据的火山岛屿（见第14章），以及被一些慈鲷和小型鱼类占据的非洲湖泊中（见第40章）亦有发生。

大陆块的位置，洋流以及天文因素的变动都会使全球气候随之改变。这些都是缓慢而长期的变化，除此之外，地球环境还会经受一些短期而强烈的冲击，比如大陨石群撞击地球，产生的巨大尘云会迅速阻隔大气，造成全球降温。大型的火山喷发也会产生类似的效果，喷出来的火山灰能够几千年不散。这些大灾难对世界范围内动物群和植物群的演化都具有重大意义。它们会造成某些物种的大灭绝，但同时也会为一些其他物种创造出占领空余生态位的机会。例如两亿年前晚三叠世时大量爬行动物的灭绝，给恐龙创造了大肆发展的机会，而恐龙的灭绝又随后成就了哺乳动物的繁盛（见第28章）。

由于各个大陆气候、地形及土壤性质的差异，其上所生长的植物也各不相同，由不同的途径演化而来。食物的差异自然会造成植食性动物的差异，例如当草出现并且开始占领陆地时，吃叶子的动物就会为适应这一变化而转变为吃草。动物对植物的影响则在于能够为后者提供肥料、传播种子，以及有选择地消耗掉某些类群。面对这一植物与动物的协同演化过程中所出现的新机遇，某些类群适应地比其他类群更好，例如反刍动物就成功取代了之前一直处于优势地位的其他大型植食动物。尽管各个大陆上的资源不尽相同，但它们提供的生态位却是大体一致的。非洲的食腐动物首推旧大陆秃鹫，与鹰的关系较近；美洲则为新大陆秃鹫，与鹳和鹭的关系更近。与之类似，蚂蚁和白蚁在世界范围内广为分布，使得不同的大陆上各自演化出了不同的食蚁动物（见第37章）。个体所处生存环境的另一个要素是社会关系，尤其是对鸟类和哺乳动物而言。演化理论的概念长期以来都在动物行为学的研究之中有所应用——如解释鸟类交配时的展示行为，以及动物族群内的阶层关系。在研究族群内部成员关系时，我们也许还可以追寻出某些重要器官如人类大脑的起源演化之路（见第39章）。

哺乳动物最早出现于约2.2亿年前，几乎与恐龙同时，然而它们等待了1.5亿年，才终于得到了环境的垂青——恐龙灭绝了，为它们腾出了大量的生态位。哺乳动物的幸存并不意味着它们比恐龙更适应于当时的环境——任何动物都不可能适应陨石撞击这样猛烈的灾变环境。只是当时的哺乳动物体型较小，非常不起眼。它们可能是夜行动物，白天躲在地洞里，晚上才出来找点种子和昆虫为食。但也许正因如此，它们才得以能调节自身的新陈代谢，熬过那些或干旱、或寒冷、或食物短缺的艰难时期。这些特征，以及和现生哺乳动物类似的保持体温恒定的能力，可能在它们的这次幸存中扮演了重要角色。当第三纪曙光初现时，哺乳动物开始大力挖掘自身结构和生理特性的潜力，最终演化出了从蝙蝠到鲸鱼，这些纷繁多样的不同物种。

作为猴子中的一员，具有多种体型多个属种的人科曾演化得相当成功，但随后可能由于气候因素而萎缩，使猴科成员（猕猴和狒狒）得以发展。然而，得益于全球气候变冷和（亚）热带稀树草原及温带草原的扩张，某些人科成员逐渐演化出了早期的人类。尽管如此，纵观不断发现的丰富多彩的化石物种，没有任何迹象表明人类受到了特别的眷顾。我们——长着大脑袋的人类这一物种，同样是漫长的生命演化史的产物（自35亿年前生命起源开始），其间经历了各种完全无法预测的飞跃与挫折。

第33章

—

征服蓝天

在脊椎动物中，只有鸟类、蝙蝠和人类真正地征服了蓝天。它们可以在空中逗留，来去自如。但不为人知的是，很多其他动物比如蛇、青蛙、鱼和啮齿类也尝试过飞行，但都不够成熟，仅限于简单的跳落到滑翔。征服蓝天最重要的条件是保证能量的供应——飞行过程中必须持续地克服重力；其次是具有空间感知能力——在三维空间中飞行需要能时刻感知自身的位置，稍有差池就可能带来灾难性的后果。飞行需要动物的身体结构和行为都做出极大的适应性改变，但它所带来的优势也是显而易见的：更好地躲避天敌（如果天敌自身不能飞行），以及迅速探索更广袤的区域。从昆虫飞上蓝天开始（远早于脊椎动物），我们头顶的世界就已经成了动物们重要的"粮仓"。只有振翅飞行（不同于滑翔和翱翔）才能有效利用这一资源，但它需要很多的适应变化，因此不可能是突然出现的。那么，我们是否能够从现存的过渡飞行模式中，找出与飞行起源和演化相关的蛛丝马迹呢？

大量动物都自行"研发"出了滑翔的本领，它们用以滑翔的方式五花八门。飞行的鱼类通常在加速后跃出水面，利用自己巨大的胸鳍进行短距离的滑翔。飞行的蛙类则具有加长的手指和脚趾，以蹼状物固定后能够发挥类似降落伞的功能。飞行蜥蜴的肋骨向身体两侧扩展，从而成为皮膜的支点（某些蛇也具有类似特征）。飞行的哺乳动物比如鼯猴（又称飞狐猴），通过大片可折叠的皮肤——翼膜——来连接加长的肢骨。在滑翔时，这些动物必须先爬到一棵树上，再跳落滑行至较矮的另一棵树上。这些能够滑翔的动物都具有各种各样的翼展面（bearing surface），它对于起飞无所裨益，但能够减

漂泊信天翁（*Diomedea exulans*），南回归线以南海域（翼展2.10米）

缓其降落时的速度。它们大多生活在赤道上的丛林里，能够利用滑翔在树与树之间进行快速的移动。

现生脊椎动物中唯一能够振翅飞行的只有蝙蝠和鸟类。蝙蝠的翅膀由前肢和四个极度加长的手指（除第一指以外的四指）支撑皮肤翼膜而成。它的骨骼非常精巧，胸骨具有一个龙骨（keel）状突起①，附着有用于拉低翅膀的肌肉，而用于提升翅膀的肌肉则附着于背部。蝙蝠在飞行过程中将后肢置于后侧方，以支撑起整个翼膜。鸟类对飞行的适应则与蝙蝠大为不同。鸟类的骨骼中空，更加轻巧，其中有些还填充有气囊，能够参与呼吸作用。它们的脊柱、肋骨和腰带形成了一个牢固的整体，两侧锁骨愈合成"许愿骨"（wishbone）②进行进一步加固，胸骨具有非常发达的龙骨突，附着有用于飞行的胸部肌肉。在不同鸟类中，这些用于飞行的肌肉可以占到个体体重的四分之一到三分之一。鸟类的翅膀由近乎等长的三段组成：大臂、小臂和手部，其中手部仅保留有三个部分相连的手指。这些骨骼上附着有大型飞羽，形成了鸟类翅膀的翼展面。

麻雀、鸽子和其他生活在树林和花园中的鸟类，都是通过扇动翅膀来实现飞行。它们也可以在空中滑翔，但仅能持续很短的距离。只有某些翼展③极宽的鸟类能够利用上升的气流，实现真正的翱翔。信天翁几乎终其一生都生活在海上，它们利用海浪掀起的风力前行，可以翱翔数小时而无须扇动一次翅膀。很多海鸥则可以利用海风拍击悬崖产生的上升气流进行翱翔。秃鹫能够前往离巢几百英里以外的地方寻找动物腐尸；迁徙中的长腿涉禽能够利用上升的热成风④或土壤经阳光照射后形成的上升热气流翱翔至几千英尺的高度。翱翔是非常巧妙的飞行方式，它所耗费的能量远小于振翅飞行。不过，这些高超的翱翔家们也需要起飞和降落，其间仍需拍打翅膀。翱翔这一飞行方式有时被认为是位于滑翔和振翅飞行之间的中间状态，但它其实是鸟类面对空中各种可能性所产生的一种相当进步的适应。

为了实现振翅飞行，动物需要对自身结构进行大刀阔斧的改变。从攀缘动物摇身一变成为滑翔动物其实是相对简单的，尽管这需要完成体重的降低、骨骼的轻量化，以及皮肤翼膜的形成。这里所涉及的每一处小变化都能够带来或大或小的优势，因此它们可以逐步地完成所有这些适应性转变。现生动物中有很多能够跳跃的动物，都有点儿像可以慢慢下落的滑翔动物。与滑翔相比，实现振翅飞行则需要骨骼和肌肉系统发生更加深刻的变化。尽管这两个物种没有特殊的亲缘关系，但我们仍可以想象飞行方式是如何从飞狐猴演化到蝙蝠的，例如：飞狐猴手指间的翼膜很容易让人联想到蝙蝠那由翼膜构成的翅膀。但如果想要振翅飞行，还需要相关的关节和肌肉的鼎力相助。鸟类由生活在陆地上的两足行走的小型食肉恐龙演化而来。有些恐龙已经身覆羽毛,但对于飞行来说这些恐龙身上的羽毛都太少或者结构不甚合适。尽管相关的演化细节还不明了,但极有可能在飞行出现之前,羽毛就已经出现了。它们可能脱胎于一些小型恐龙身上类似绒羽的纤维结构,而后者的初始功能可能是维持体温恒定。在被用于飞行之前,大而坚硬的羽毛可能具有用于求偶的装饰作用。

最初拍打翅膀的动作可能仅仅是为了帮助鸟类在奔跑时加速,而与飞行毫无瓜葛。比如鸡会拍打翅膀来协助自己逃跑、栖息或攀爬陡坡,但它们从来不会真正地飞上蓝天。不论是化石还是现生物种的证据,直至今日都依然无法为我们解答一个谜题:鸟类究竟是起源于某种拍打翅膀的地栖动物,还是某种攀爬滑翔的树栖动物。

译注

①龙骨是位于船只底部的突出结构。善飞的鸟类胸骨腹侧有一个非常明显的突起,用于附着飞行肌肉,因形似船底的龙骨而称之为龙骨突。蝙蝠的龙骨状突起没有鸟类的发达。

②即叉骨,学名furcula。

③翼展(wing span)指鸟类、蝴蝶等伸展翅膀时左右翅尖间的直线距离,也可指飞机等飞行器左右翼尖之间的直线距离。

④热成风(thermal wind)是上下两层等压面上地转风的矢量差,因上下层等压面间具有水平温度梯度而形成,大小与此水平温度梯度成正比。

普通林鸽（*Columba palumbus*），欧洲、中东及北非（体长28厘米）

飞狐猴（*Cynocephalus volans*），东南亚（体长53厘米）

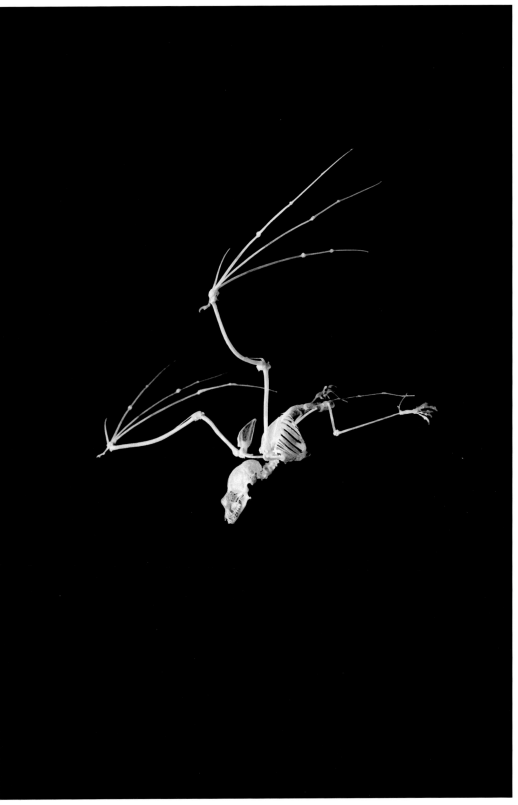

马铁菊头蝠（*Rhinolophus ferrumequinum*），欧亚大陆（翼展36厘米）

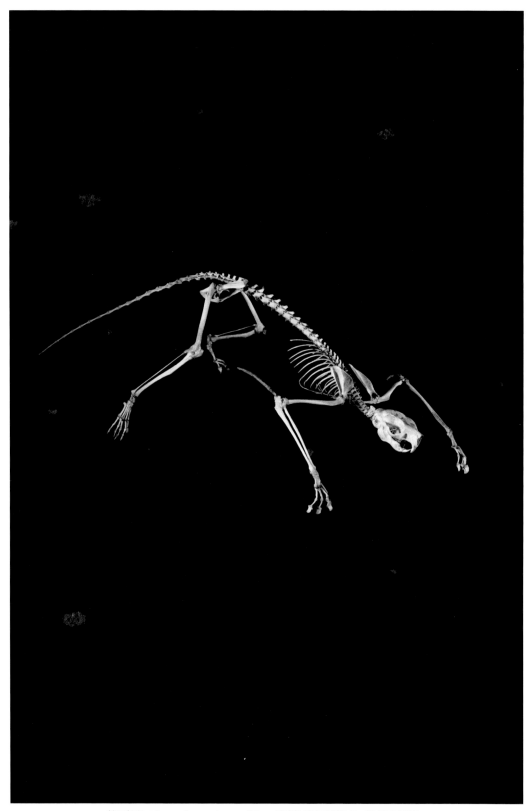

鳞尾松鼠（*Anomalurops beecrofti*），撒哈拉以南非洲地区（体长52厘米）

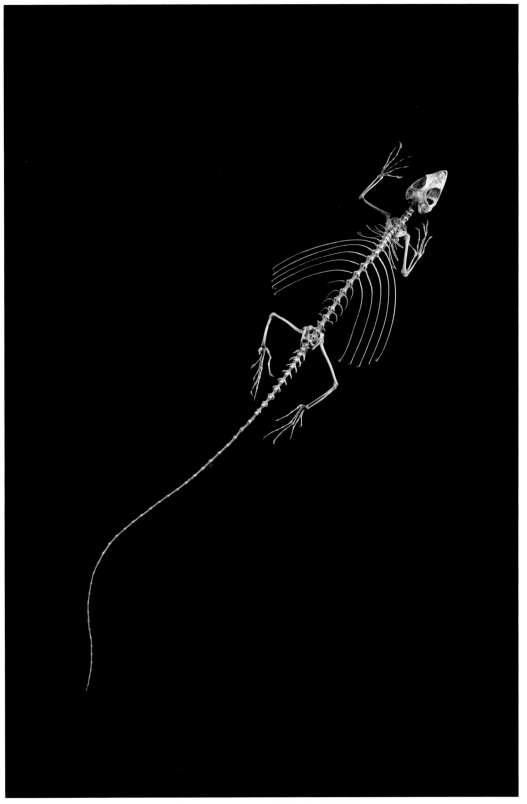

飞蜥 (*Draco volans*)，东南亚 (体长17厘米)

蜂鸟，蜂鸟科（Trochilidae），美洲（身高4厘米）

普通鸬鹚（*Phalacrocorax carbo*），全世界（身高48厘米）

第34章

——

入海的牛

斑海豹是一种生活在北大西洋的海豹，海牛则是海牛属动物的俗名。水手和渔民们常常为这些奇特的海洋动物取一些和陆生动物相近的名字，让它们听上去不像看上去那么陌生。鲸鱼则在很长一段时间里都被当作一种巨大的鱼类，其分类位置一直饱受争议。虽然以上这些物种最终都被正确归入了海生哺乳动物之中，但它们的起源问题却依然悬而未决。从陆生动物转而成为水生动物，这个过程无疑是令人难以想象的。半海牛？半海豚？这些转变的中间态物种要如何存活呢？鲸鱼的祖先究竟是什么，它们又是如何完成由陆入水这一转变的呢？解答这些问题，揭开鲸类起源的迷雾，需要动物学、比较解剖学、古生物学、胚胎学和分子生物学的共同努力。

某些鲸类在出生前的胚胎阶段曾经有过牙齿的萌发，而在其他哺乳动物后肢所在的位置上，成年鲸类长有一些细小的骨骼。这些小骨头是鲸类腰带和股骨的残余，它们在雄性中比较粗大，在雌性中则较为细长。人们推测这些残余的骨骼可能在交配中作为雄性生殖器官的支点，也可能有助于雌性的分娩。鲸类的胚胎具有四肢的萌芽，随后前肢逐渐发育成了鳍，后肢却在发育进程中迅速退化，最终只留下了这些不完整的小块骨骼。在抹香鲸和海豚中，有时候这些退化的骨骼会稍有发育，形成后肢的雏形。昙花一现的牙齿和残存的后肢，这是鲸类的四足动物祖先留在它们身上最后的印记。

虽然海獭、海豹等与鲸类并没有直接的亲缘关系，但它们仍然能为我们提供灵感，去推测鲸类的演化过程。面对海洋，这些海生哺乳动物各显神通，发展出了五花八门的适应策略。海獭是一种四足食肉类动物，长着厚实的

南海狮（*Otaria flavescens*），南美沿海（体长1.90米）

皮毛，可以短暂地潜入水中寻找贝类为食。虽然在陆地上行动笨拙，但通过躯干和尾巴的上下摆动，它在水中有着高超的游泳能力。这一技能的实现得益于它灵活性极大的脊柱——它所属的鼬科（鼬和貂也属于此科）所具有的特征之一。海狮则属于食肉目的另一个类群——鳍足类①，其形态为适应水生环境发生了更加深刻的改变。海狮的前肢变成了桨状肢，使之可以实现水下"飞行"，后肢则变成了蹼足，可用于变换方向。当它们上岸时，海狮能将四肢转向前方，摇身一变成为能跑能跳的四足动物，而它的近亲海豹则无法将后肢转向前方，因此在陆地上就只能匍匐爬行了。海狮入水后利用后肢的水平划动来四处游动，几乎用不着它的前肢。

　　鲸类比如鲸和海豚，都是为了适应水生环境而极端特化的哺乳动物。它们的骨骼疏松多孔，脂肪含量高，从而加大了身体的浮力。躯干的纺锤状外形和后肢的退化有效地减小了水体的阻力，背鳍则为连接组织紧紧地连在一起。鲸类依靠尾鳍的垂直摆动提供移动的动力，而前肢则变化成了扁扁的桨状肢，用来保持平衡。它们通过一个位于头顶的喷水孔——也就是鼻孔进行呼吸，于是可以一直把头几乎完全没入水中，让自己游得更快，耗能更少。它们的头骨顶面有一处明显的凹陷，里面填充有一个由复杂的脂肪组织形成的囊状物，用来接收喷水孔发出的声波所返回的回声。这些声波投射到周边物体，比如鱼和岩石之上，所形成的回声返回给鲸类，然后经由下颌传到中耳——它们中耳里的听小骨也已经发生了深刻的变化。从海獭到海豚，我们可以发现后肢的逐渐退化并没有不可逾越的鸿沟，这些中间状态只是哺乳动物对水生环境的多种适应方式之一而已。尽管依然无法揭示鲸类的真正起源，但这些海生哺乳动物的平行演化显示出从四足动物到鲸类的转变是大有可能的。

　　近年来发现的大量鲸类化石为我们勾勒出了鲸类祖先的完整形象，以及它们一步步从陆地返回海洋的演化之路。最古老的鲸类成员是生活在5200万年以前的巴基鲸（*Pakicetus*）。这种四足动物跟狼差不多大小，脚上长着类似爪的小蹄子，可能还具有不错的奔跑能力。巴基鲸依然生活在陆地上，尾巴也没有特化成扁平的鳍。脚踝处的一块骨头——距骨（astragalus），将巴基鲸和偶蹄类（如猪和反刍动物）的关系拉得很近，而内耳的骨骼形态又显示出它和鲸类的密切联系。较巴基鲸年代稍近一些的走鲸（*Ambulocetus*）[词源意思就是"行走的鲸"（walking whale）]，已经有了和鲸类相似的头骨和牙齿。它可以在陆地上靠四肢到处活动，但同时也是个游泳健将。现生生物中没有发现它的近似物种，它的生活方式很像海狮，但它上下摆动腰带和尾巴的游泳姿势，却更接近于海獭。生活在4500万年前的龙王鲸（*Basilosaurus*）则已经拥有了很多鲸类的特征，比如纵向加长的躯干和变为鳍的前肢。它的后肢退化，可能已经失去了运动的功能。稍晚演化出的另一支鲸类则出现了区别于其他脊椎动物的独有适应性：以水生浮游生物和小鱼鱼群为食的独特食性。它的牙齿消失了，取而代之的是一些长长的角质板——鲸须，就像可以过滤食物的过滤器一样。

分子生物学的证据已经有力地证实了古生物学的推测，将鲸类和偶蹄类合并成了一个单系类群——鲸偶蹄类。换句话说，牛跟海豚的亲缘关系比马跟海豚更近一些，而真正"入海的牛"不是海牛也不是海豹，而是鲸鱼。

译注
①此处原文为鳍足科，但目前认为鳍足类是亚目级分类单元，此处以鳍足类代之。

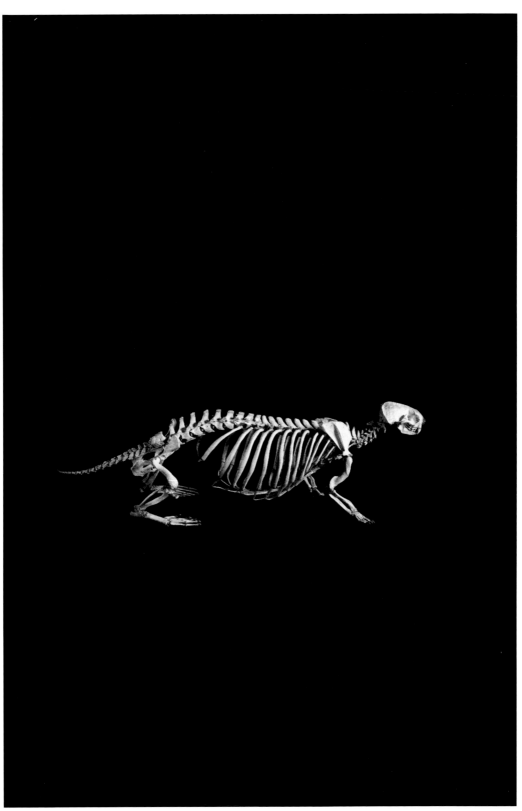

海獭（*Enhydra lutris*），太平洋北部沿岸（体长1.17米）

309

南海狮（*Otaria flavescens*），南美沿海（体长1.90米）

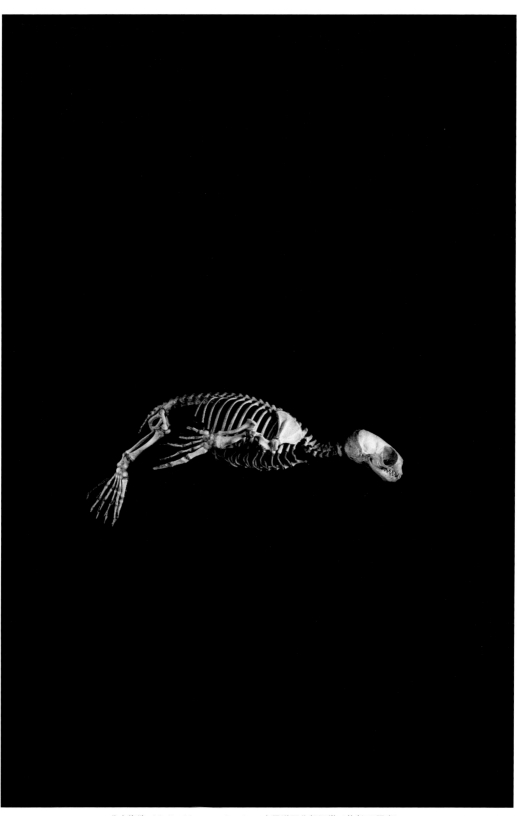

北方海狗（*Callorhinus ursinus*），太平洋西北部沿岸（体长55厘米）

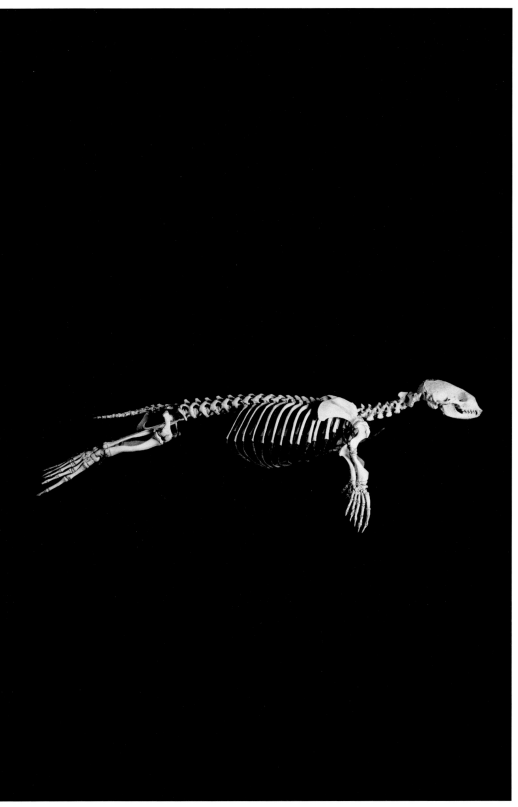

港海豹（*Phoca vitulina*），北半球沿海（体长1.20米）

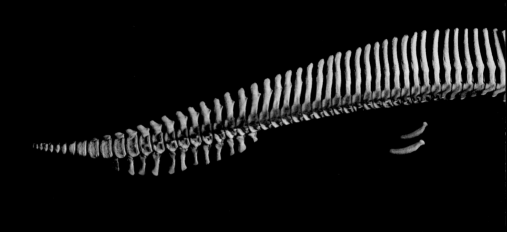

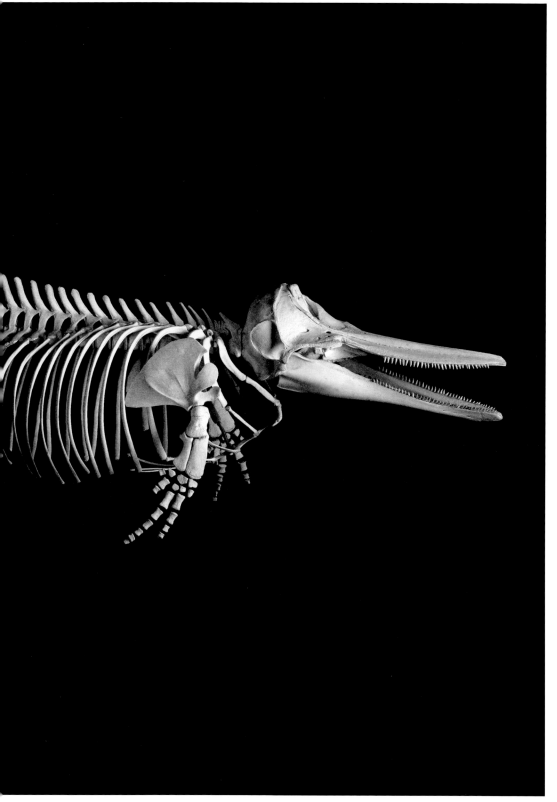

条纹原海豚（*Stenella coeruleoalba*），全球海洋（体长1.70米）

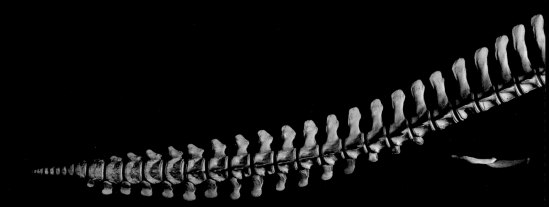

长肢领航鲸（*Globicephala melaena*），全球海洋（体长4.45米）

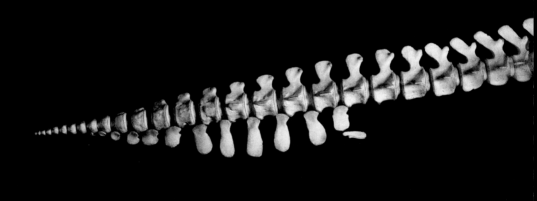

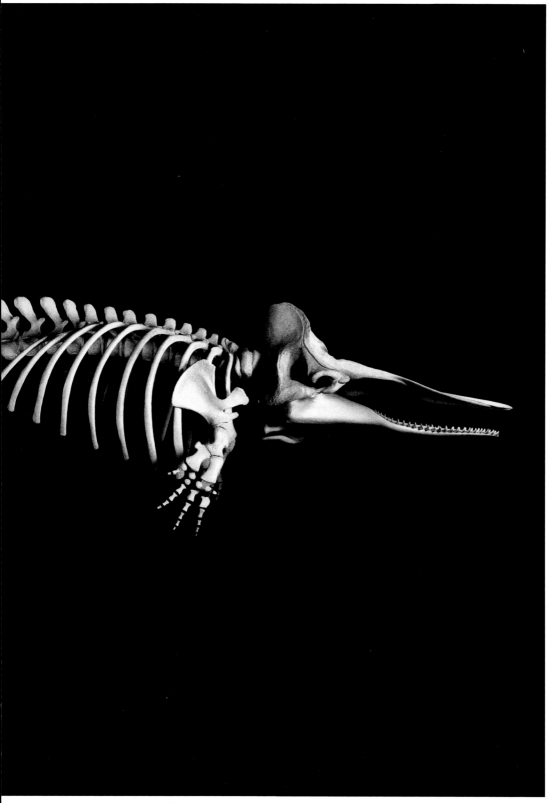

抹香鲸（*Physeter macrocephalus*），全球海洋（体长9.15米）

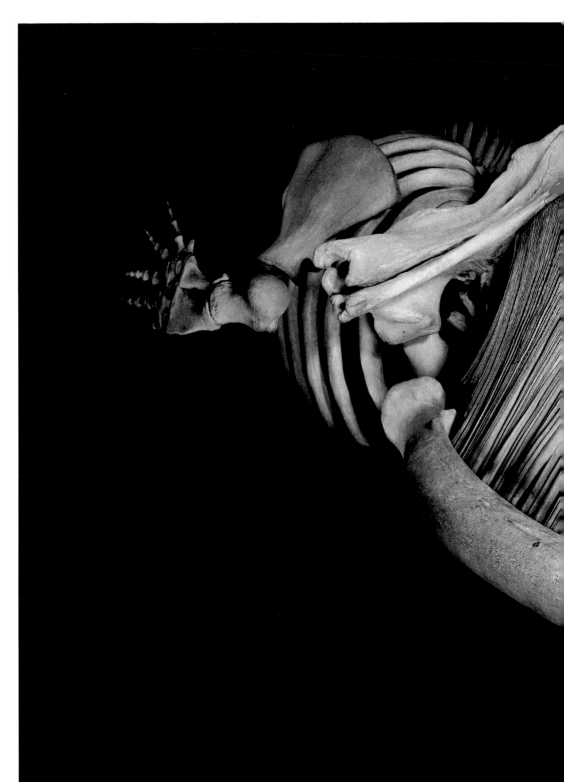

南露脊鲸（*Balaena australis*），南极地区（体长15米）

第35章

反刍的胜利

　　反刍动物的外表看上去并不强大。将动物们拟人化的话，它们与年轻敏捷的狼将形成鲜明的对比：前者只会呆呆地凝望着前方，后者则能爆发出嗜血的能量。然而，反刍动物却是最成功的演化案例之一——它们具有完美的植食性适应，如果没有了它们，狮子和狼就无以果腹。能与它们的成功相媲美的哺乳动物唯有啮齿类。后者在演化上的某些亮点甚至更加耀眼，但平均而言还是稍逊一筹，而且哪怕是最小的反刍动物，也只有少数啮齿类能在体重和体型上与之匹敌。目前发现的现生反刍动物超过190种，其中最为繁盛的是牛科动物（如家牛、绵羊及羚羊）和鹿科动物（如鹿、马鹿、驯鹿及驼鹿）。它们的体型大小纷繁多样，变化范围从生活在丛林里比兔子大不了多少的麂羚，到硕大的水牛和长颈鹿。它们生活在世界的各个角落里，在除澳大利亚和南极洲以外的大陆上都有它们的身影。反刍动物演化的成功之处主要体现在两个方面：骨骼和内脏，其中内脏主要指的是牙齿和肠胃，尤其是瘤胃——赋予了它们有效地利用丰富草料资源的能力。

　　绝大多数的植食性动物需要对纤维质食物进行咀嚼，以帮助消化。为了更好地完成这一功能，反刍动物演化出了持续生长的臼齿，并以珐琅质的齿冠进行进一步加固。牙齿的持续生长弥补了咀嚼食物所导致的磨损。不断的磨损在它们的牙齿上形成了两个磨蚀面，其上可分辨出由珐琅质（比牙齿中所含其他两种材质：齿质和结合物更坚硬）所形成的脊。其他有蹄类（如马）和啮齿类也都具有这一结构，但脊的形状在不同物种中则各有不同。反刍动物的另一独特之处在于其上门齿几近退化消失，而代之以一个硬质的角质垫。

蛮羊（*Ammotragus lervia*），北非（肩高94厘米）

在舌头的协助下，它们能够咬合下门齿和这个角质垫来取食植物。另外，反刍动物嘴唇的可动性比马要差，因此面部的表情比较匮乏。我们将目光转移到头部以外的其他骨骼的话，会发现反刍动物最大的特征其实在于足部（跗骨处）的两块小骨头——骰骨和舟状骨——的愈合。无论是现生还是化石物种，这一特征都能够轻易地将反刍动物和其他哺乳动物区分开，但这似乎并不是它们成功演化的决定性因素。

反刍动物获得成功的最大因素是它们对所摄食的植物，有着无与伦比的吸收利用能力。它们结构复杂的胃分成了四部分，使得整个消化过程于此有了一个细致而充分的开端。瘤胃相当于一个发酵室，其中所含的大量细菌和原生动物会对食物进行一次预消化。经过这一处理的食料随后会重新回到嘴里被咀嚼下咽，使得细菌作用得以进一步加深。当这些食料最终完全变成液体以后，它们将会被移入下一个消化器官，进入肠道之中①。在肠道里，反刍动物将最终完成食物的分解，同时消化掉从瘤胃里带来的原生动物和细菌等微生物（一头牛每天能消化掉重约500克的微生物）。食材在反刍动物的消化道中来回移动，完整的消化过程耗时近80个小时。由于对食物的消化更加彻底，牛科动物能够比其他植食性动物吃得少一些，但必须更有选择性地取食比较柔软的植物。

奇蹄类（现生成员包括马科、貘科和犀科）的消化过程中也有发酵作用，但都发生在消化过程的后段，历时较短，效率较低。它们能够短时间内摄入大量低营养的食物，以数量的庞大来弥补消化吸收的低效。当反刍动物和马等奇蹄类相遇时，它们的关系互补多于竞争：羚羊会选择吃刚发芽的嫩草，而斑马则觉得老硬一些的草也没什么不好。此外，反刍动物体内的细菌能回收利用蛋白质分解所产生的尿素，从而减少对食物中硝酸盐的需求。奇蹄类则不同，它们必须将产生的尿素直接排出体外，这使得它们必须频繁地饮水。一头驴在沙漠中每天都要喝水，而剑羚和骆驼则不用②。

在反刍类和奇蹄类各自的演化之路上③，一次气候的大变动造成了决定性的影响。在距今约5500万至3400万年前的始新世，地球上主要的有蹄类动物是奇蹄类。就像如今的反刍类一样，那时的奇蹄类远比现在繁盛得多，占据着极大的生态优势。随着反刍类的逐渐兴起，奇蹄类慢慢衰落了。大约在1600万年前，反刍类经历了一次飞速的分化，奠定了它们日后繁盛兴旺的基础。随着一次世界范围的植物大变动，奇蹄类的优势地位最终被反刍类所完全取代。始新世末期时，全球的陆地气候都变得寒冷而干旱，部分森林变成了草原。为了适应这一变化，动物们不得不对重要的身体结构和行为进行改造。草里面含有一些硅质小颗粒，是一种比较硬的食物。以草为食就要求牙齿能持续生长，以弥补长期吃草所带来的磨损。草的产量极为丰富，但它并不是终年生长，这使得大型食草动物还必须定期地进行迁徙。因此，一些习惯于在丛林中觅食的物种比如貘科动物和绝大部分犀科动物，都伴随着植物界的这一剧变而逐渐衰落了。马相对而言衰落得没有那么强烈：在大约2000万年前，吃叶子的早期马科成员演化出了较大的体型和持续生长的牙齿，使得它们能够食草为生。尽管如此，马还是不得不将优势地位让给了反刍类，后者最终占据了绝大部分领地。究竟是马科成员在与反刍类的直接竞争中黯然失色，还是早期有蹄类的衰落造就了反刍类的繁盛，答案我们还不得而知。

时至今日，反刍动物已然大获全胜。借着人类饲养的东风，某些反刍类更是得以迅速增殖，使得它们的胜利越来越辉煌。这一胜利持续发展的结果是人类摒弃了祖先的全素食谱，转而利用反刍动物去实现自身所无法完成的复杂工序：将青草变成肥美的牛排。

译注

①事实上，食料会在反刍动物的瘤胃和网胃中不断传递，在这个过程中，部分食料会反向蠕动到口中被再度咀嚼。网胃过滤掉粗大的食料，将磨碎的食浆送入重瓣胃。食浆中的水分在重瓣胃中被吸收，随后进入皱胃中被消化液所消化，最终在小肠中被吸收。

②此处举例有所歧义，驴属于奇蹄目，剑羚属于反刍亚目，而骆驼虽然也有反刍现象，但属于胼足亚目。

③反刍亚目属于偶蹄目。

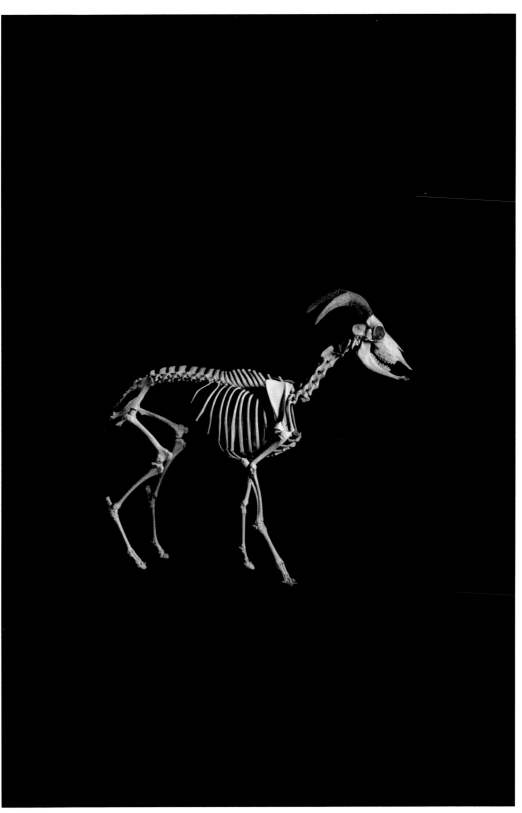

蛮羊（*Ammotragus lervia*），北非（肩高94厘米）

水牛（*Bubalus bubalis*），驯化种，原产于印度、尼泊尔及泰国（肩高1.30米）

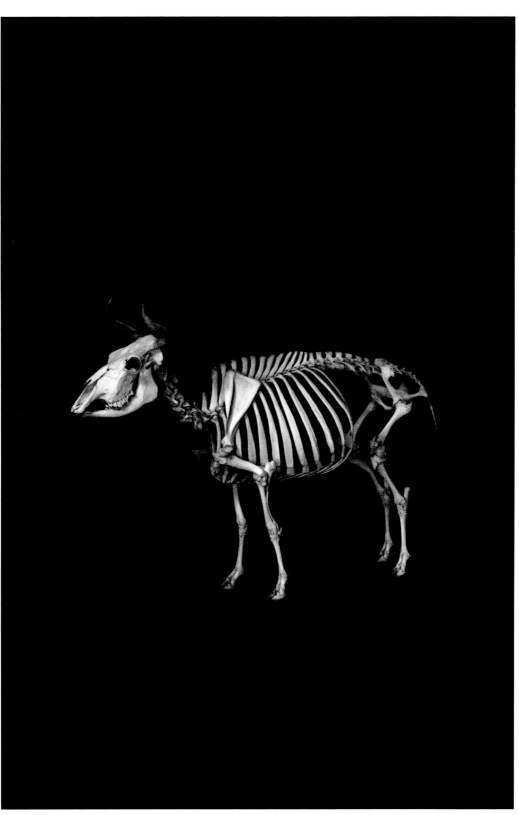

奶牛（*Bos taurus*），驯化种，原产于欧亚大陆（肩高1米）

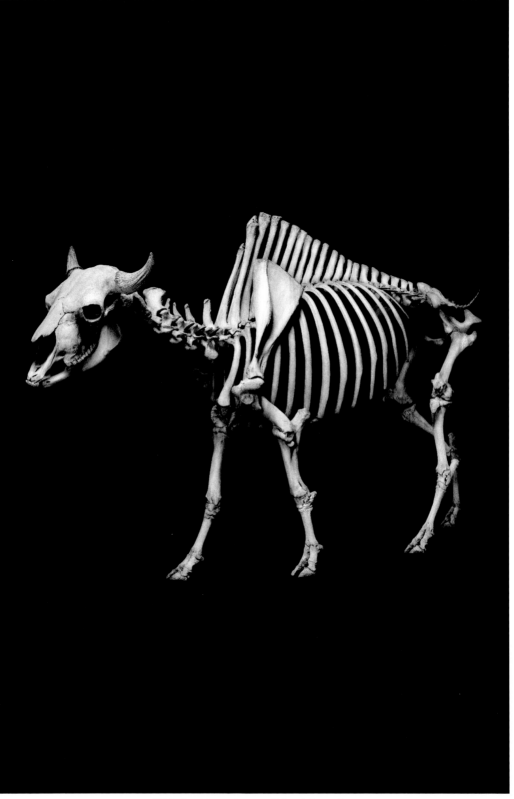

美洲野牛（*Bison bison*），北美（肩高1.50米）

第36章

消失的腿

　　"神对蛇说：你必受诅咒，比一切的牲畜野兽更甚。你必用肚子行走，终生吃土。"《圣经》上的这个诅咒昭示着人类自古以来对蛇的厌恶。不仅是人类，很多猴子也是如此。悄无声息地在地面上四处游走的蛇，在人们眼中是一种鬼鬼祟祟、防不胜防的生物，狡猾而又危险。我们甚至无法分辨哪种蛇更骇人——是长着毒牙的毒蛇，是能吞下一整只羊的蟒蛇，还是传说中似真似假的大海蛇？但其实蛇所激起的，并非只有恐惧而已。如果四肢将在未来完全退化消失，对人类来说将是非常可怕的，所以人们想知道没有了四肢，究竟为蛇带来了什么好处。与普罗大众不同的是，生物学家并不觉得消失的腿对蛇来说是什么难堪的退化，他们认为这恰恰是蛇对于某种特殊生活方式极为完美的适应。

　　蛇其实并不是唯一没有腿的爬行动物。数个科的蜥蜴都有着不长腿的属种，它们和蛇在头骨的结构与眼睑的有无上有所区别。石龙子是一类形似蜥蜴和巨蜥的爬行动物，长着细细长长的尾巴。它们的多样化程度很高，共有超过1200个属种：有长着四条大长腿的（如佛得角大石龙子），也有长着四条小短腿的（如三趾石龙子），还有完全不长腿的。帝王蛇蜥是另一种不长腿的蜥蜴，属于和巨蜥亲缘关系较近的蛇蜥科。自然界中有不长腿的蜥蜴，也有长着腿的蛇，比如蟒蛇的体表长有两个突刺，与之相连的骨骼就是脊柱之下残存的腰带和股骨。除了蟒蛇，还有其他的蛇类比如盲蛇，体内也有后肢的残余。不同于大部分蛇类细长的躯体形态，盲蛇的身体呈圆柱形，有着圆圆的头和极为细小的眼睛。它们营穴居生活，以一些小型生物如蚂蚁和白蚁为食。根据盲蛇所具有的一些原始特征，尤其是残存的后肢，我们推测它可能接近于

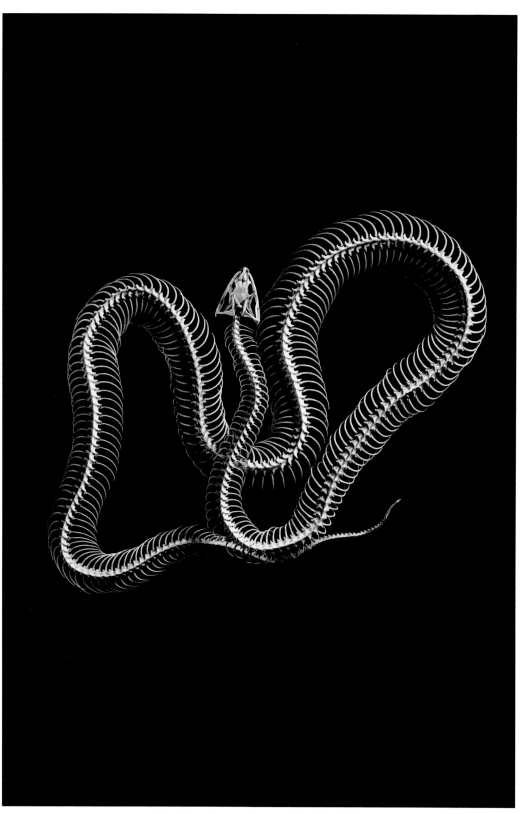

牛蛇（*Pituophis catenifer*），北美（体长1.50米）

蛇类的祖先形态，由此猜测这个祖先可能是一种长着细小后肢的穴居爬行动物。诸多长有细小的腿或者干脆不长腿的现生蜥蜴也同样掘穴而生，这进一步印证了以上的猜测。

蛇类的陆生起源除了来自现生物种的基因证据外，2015年新发现的长有四足的蛇类化石也为其提供了新的支持。这种蛇类被命名为四足蛇（*Tetrapodophi samplectus*），大约生活在1.2亿年前，群居而生。这种唯一已知的四足蛇类生活在陆地上，用已经十分退化的后肢抓握猎物或协助交配。另一个假说则认为蛇类起源于海生爬行动物，比如沧龙——一种生活在中生代的肉食性的大型海生爬行动物，和巨蜥有些许亲缘关系，四肢已变成游泳用的桨状肢。一些两足蛇类化石表现出了对海洋环境的适应性，但现生的海生蛇类却与巨蜥没什么亲缘关系。此外，由于目前人们还没有发现过任何海生爬行动物重返陆地的演化案例，现生海蛇的海生习性推测应当只是次生适应，一如多种龟类[①]、鬣蜥[②]和巨蜥[③]。如果蛇类的确起源于陆地，那么接下来就需要解释它们的四肢是如何丢失的。蜥蜴的细小体型往往伴随着椎体数目的增多，由此引发的躯体加长和四肢退化，都有利于它们波浪状蜿蜒前进的移动方式，更易于溜进岩石缝隙中或是钻到地下。腐殖质和松软的泥土里生活着丰富多样的生物：如昆虫、啮齿类和鼹鼠等。蛇作为掠食性的爬行动物，这些生物都是它潜在的猎物。如果蛇长有粗大的四肢，那么当这些猎物钻进地下洞穴时，它就无法灵活地钻进去继续追捕了。

蛇在陆地上的移动方式一般是水平波浪状蜿蜒爬行，与蜥蜴相类似，而后者躯体的波浪状前进则与四肢相协调。由此可见，蜥蜴的运动方式是与没有腿的动物相一致的，这自然也就部分地解释了腿的消失为什么在这一类群中频繁地独立出现。当四肢变得非常细小时，其活动便与脊柱再无关联。这些长有迷你四肢的蜥蜴向前游行时，会将细小的四肢紧贴着身体，以避开地面的障碍物。这与完全不长脚的蜥蜴和蛇别无二致。它们已经不再会用这些孱弱的腿去挖掘沙土，而是赋予了它们其他的功能，比如与繁殖有关的装饰性展示——这些四肢的残迹在某些属种的雄性中较雌性更为发达。某些蛇类残存的股骨有时还会与雄性分叉的生殖器官相连，以协助其在交配时插入雌性的泄殖腔中。

目前世界上生活着2500万种蛇，分布在除南极洲以外各个大陆的各种生态环境之中，着实是一个极为成功的演化案例。不只是蛇，一些其他动物的四肢也有着类似的演化现象。鲸类就同样丢失了后肢，而且与蛇类似，有着椎体数目增多的趋势。我们已经发现鲸类化石也具有几近蛇蜓的蜿蜒姿态，推测它们可能采用某种类似于蛇但为纵向的波浪形运动姿势。对于蛇类和鲸类后肢的消失，生物学家对于发现二者在基因作用上是否存在共同之处满怀期待。

尽管穴居的生活方式是蛇类最初的演化动力，但它们继而也发生了向其他方向的演化，出现了树栖和水生的属种。如今的海蛇体型不大，但历史上曾有过对巨型海蛇的描述，比如北欧神话中的大海蛇④以及尼斯湖水怪⑤。这些巨型海蛇在雕塑作品中总是呈现出纵向的波浪形，环形的躯体一部分露出水面之外。其实如果真的存在这些巨型海怪的话，它们应当和鲸类有关系，而与蛇并无瓜葛。

译注

①虽然半甲齿龟的发现指出龟类极有可能是水生起源的，但海龟的起源依然不甚明了，很可能还是由陆生的龟类迁入海洋。

②有学者认为加拉帕戈斯群岛上能够短暂入海的海鬣蜥，是由南美洲的陆地迁至加拉帕戈斯群岛演化而来。

③在某些假说中，一些陆生的早期巨蜥类逐渐演化出了海生的沧龙类。

④尘世巨蟒约尔曼冈德，又称耶梦加得，是北欧神话中的巨大海蛇。它首尾相衔，环绕着整个尘世，最终在末日之战中与宿敌雷神索尔同归于尽。

⑤传言中生活在英国苏格兰尼斯湖中的水怪，广为流传的形象类似蛇颈龙。暂时没有其真实存在的确凿证据。

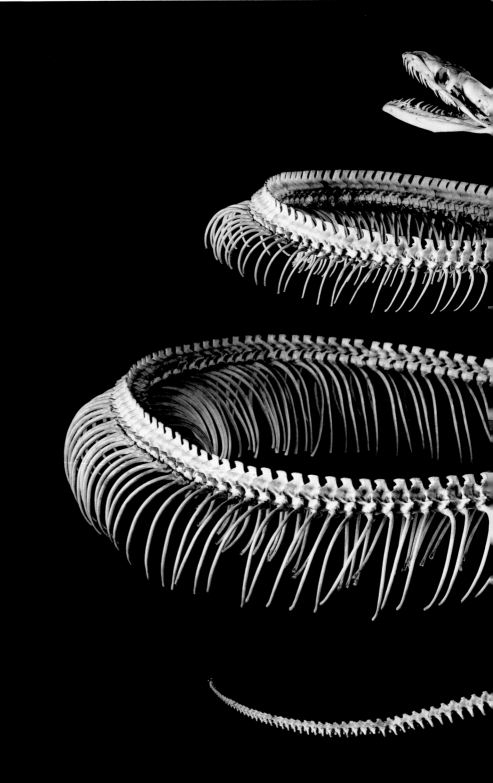

蟒蛇，未定种（*Python sp.*），非洲热带地区、亚洲及澳大利亚（体长2.30米）

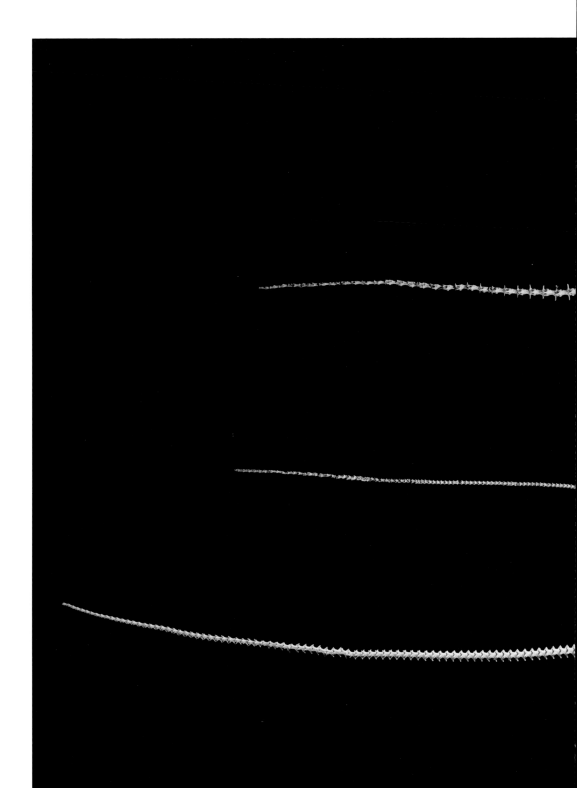

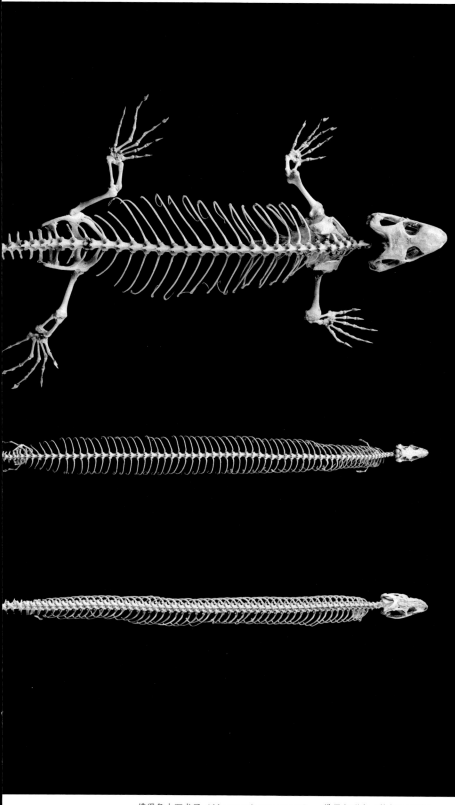

佛得角大石龙子（*Macroscincus coctei*），佛得角群岛（体长55厘米）
三趾石龙子（*Chalcides chalcides*），欧洲西南部及北非（体长55厘米）
脆蛇，未定种（*Ophisaurus sp.*），南美（体长92厘米）

第37章

食蚁为生

　　有些四足类（tetrapods）没有脚，有些食肉类（carnivores）吃的是草，而有些贫齿类（Edentata）则长着牙——这些动物的特征与所属分类单元的名称似乎彼此矛盾，而产生这一矛盾的原因来自它们的演化历史。关于这些动物的分类问题招致了近三个世纪的论战，也映射出了其自身的演化历程。不长脚的蛇类其实演化自长有四肢的祖先，因而的确是"四足类"（见第36章）。尽管大熊猫如今只吃竹子，它们却和熊的亲缘关系非常近，是名副其实的"食肉类"（见第30章）。贫齿目由居维叶创建于1798年，最初包括那些牙齿消失或极度退化、指甲异常坚硬的动物，比如食蚁兽、犰狳、穿山甲（一种身披鳞片的食蚁动物）以及土豚。绝大多数的贫齿类都没有门齿和犬齿，仅某些属种有退化成细小圆柱状且不具珐琅质的臼齿。它们的骨骼看上去很像，但个体的外形却大有不同：食蚁兽浑身覆盖着皮毛，穿山甲身披角质鳞片，犰狳外覆相互关节的甲壳，土豚的皮肤则几近裸露[这也是它俗名为"土里的猪"（earth pig）的原因]。

　　动物学并不是一经认定就不再更改的僵化学科。贫齿目这一分类单元如今已经被废除，因为它并不是一个自然类群，其中所含物种的相似性与它们内在的遗传学联系无关，而只是源自彼此相似的生活方式。曾被归入贫齿目中的动物都以蚂蚁或白蚁为食，这一特殊的食性给它们带来了巨大的好处：这种优质的食物几乎取之不尽，而且蛋白质含量很高。据估计，地球上生活着多达数千万亿只的蚂蚁，其物种生物量①高达百万吨级。虽然体型微小，但它们通常大量聚居成群落，单个蚁群中的个体数量可达2000万只。与蚂蚁相比，白蚁的生活范围局限于气候温暖的地区，但同样也可以形成数目惊人的群落。

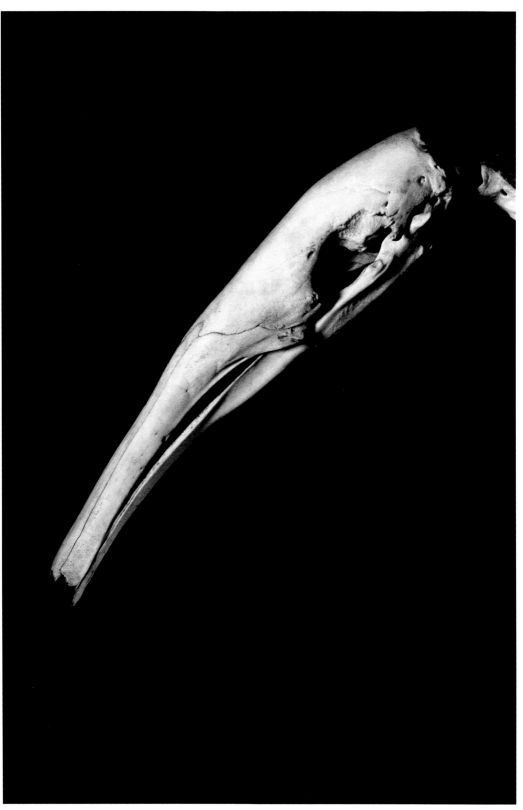

大食蚁兽（*Myrmecophaga tridactyla*），南美（体长1.67米）

在这些食蚁为生的动物之中，最有名的无疑是大食蚁兽。它们强有力的前肢可以挖出深藏在地下的蚁巢，加长的吻部和里面黏糊糊的长舌头，可以一次性捕食成百上千只蚂蚁。大食蚁兽的眼睛变得非常小，降低了被蚂蚁蜇伤的风险。除了眼睛，它们身体上其他用处不大的器官也都有所缩小。由于取食蚂蚁时只需囫囵吞下，不需要杀死它们甚至无需咀嚼，所以大食蚁兽的牙齿发生了明显的退化，只剩下一些细小的臼齿。此外，哺乳动物面部由一系列弧形骨骼组成的颧弓构造——通常用于支撑颌部肌肉，在食蚁兽的头骨上也已经退化消失了。

南非的土豚主要以白蚁为食，曾经也被归入了贫齿目中。如今动物学家已经将它和食蚁兽划分开，认为它可能是大象和海牛的近亲，从而移出了贫齿目而建立了仅有它一个成员的管齿目（即"具有管状的牙齿"）。穿山甲也已经被移出了贫齿目，依据是它具有一些独有特征，如身上的鳞片和适宜于消化昆虫的胃。现生的七种穿山甲组成了一个独立的分类单元——鳞甲目（即"身披鳞片组成的盔甲"）②，通常认为其近亲是食肉类。

如此一来，严格意义上的贫齿目成员最终仅剩下四种食蚁兽、二十种犰狳③和五种树懒（唯一不吃蚂蚁的贫齿类）④。它们所组成的分类单元名称也由贫齿目改成了异关节总目（即"具有与众不同的关节"），得名于其脊椎之间有着其他哺乳动物所没有的附加关节这一特征。除此之外，异关节类的腰带与几节脊椎紧紧相连，形成了一个坚固而独特的结构；哺乳动物的颈椎数目通常为七枚，而异关节类的颈椎数目却不是固定的——这些特征都显示出它们能够组成一个独立的动物学类群。美洲之外的其他食蚁动物在脊椎关节上则明显不同于异关节类，无法形成一个自然类群——即由一个共同祖先衍生出的所有后代物种所组成的类群。

异关节类动物最初起源于近6000万年前、尚未与北美洲相连的南美洲地区。它们曾经有着很高的多样性分化，出现过一些体型巨大的属种比如大地懒和雕齿兽——后者是一种长达3米、所披甲壳重达1吨的巨型犰狳⑤。在距今2500万年前北美洲与南美洲连接到一起之后，这些巨大的异关节类从此绝迹于世。在美洲食蚁动物扩散到其他地方之前，它们的生态位在当地被别的物种所占据：有袋食蚁动物占据着澳大利亚，穿山甲占据着非洲和亚洲，土豚则占据着南非。也就是说，每一块大陆上都有着以白蚁和蚂蚁为食的生物。这些食蚁生物的外形并不十分相像，因此被归入了不同的科。它们在体型（小至兔子，大至家猪）、外貌、行为甚至于繁殖模式上都有所区别，但它们的骨骼却十分相似，这源于食蚁这一特殊生活方式的需要：食蚁生物必须能够探入通常深藏在地下的蚁穴，还必须能够快速而大量地捕食猎物，使捕猎中耗费的能量小于食物消化后所最终提供的能量。

在演化的进程中，这些食蚁动物都是各自独立演化出来的。它们的祖先并没有什么特别的相似之处，只是由于向着同一个方向发生了演化，最终后代才具有了较大的相似性——动物学家将这一机制称为"趋同演化"（见第38章）。发生趋同演化的物种间相似性并非来自共同祖先的遗传，而是来自对同一种高度特化的生活方式（用以利用某种丰富而难以获得的自然资源）的适应。曾经的贫齿目就包含着一些趋同演化却亲缘关系较远的物种，因而最终被三个独立且符合各自演化历史的分类单元——异关节总目、鳞甲目和管齿目——所取代。

译注

① 生物量（biomass）指单位面积或体积的栖息地内，所含一个或一个以上物种所有活体的总量或总干重。

② 在某些分类观点中，穿山甲属则有八个种，即中华穿山甲（*Manis pentadactyla*）、马来穿山甲（*Manis javanica*）、印度穿山甲（*Manis crassicaudata*）、菲律宾穿山甲（*Manis culionensis*）、大穿山甲（*Manis gigantea*）、南非穿山甲（*Manis temmincki*）、树穿山甲（*Manis tricuspis*）和长尾穿山甲（*Manis tetradactyla*）。

③ 犰狳科共有九属二十一种，其中角犰狳（*Peltephilus ferox*）已灭绝，因此作者此处指的是现生的二十种犰狳。

④ 目前一般认为树懒亚目共有两科六种，包括树懒科中的侏三趾树懒（*Bradypus pygmaeus*）、鬃毛三趾树懒（*Bradypus torquatus*）、白喉三趾树懒（*Bradypus tridactylus*）和褐喉树懒（*Bradypus variegatus*），以及二趾树懒科中的霍氏树懒（*Choloepus hoffmanni*）和二趾树懒（*Choloepus didactylus*）。此处不确定作者五种树懒的分类方案。

⑤ 目前认为雕齿兽是科级分类单元，与犰狳科关系密切，同属于异关节总目中的有甲目，但并没有将雕齿兽归入犰狳之中。

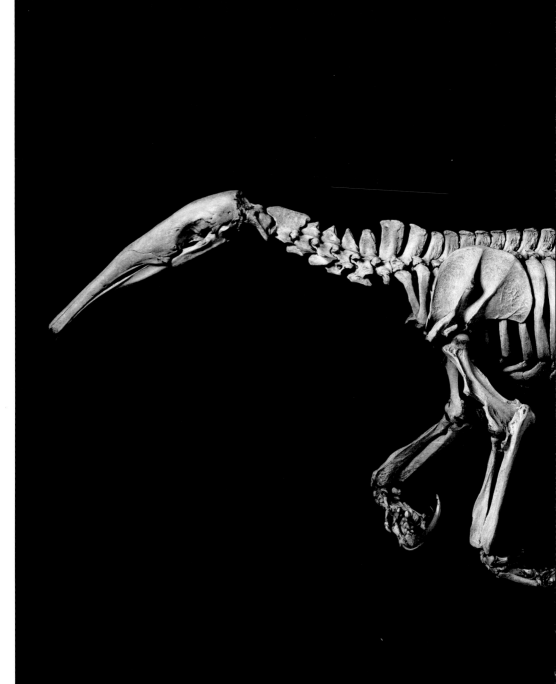

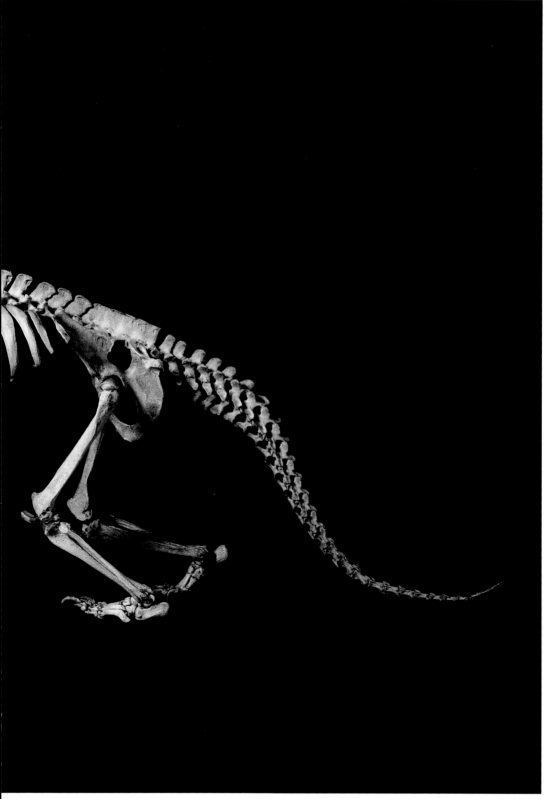

大食蚁兽（*Myrmecophaga tridactyla*），南美（体长1.67米）

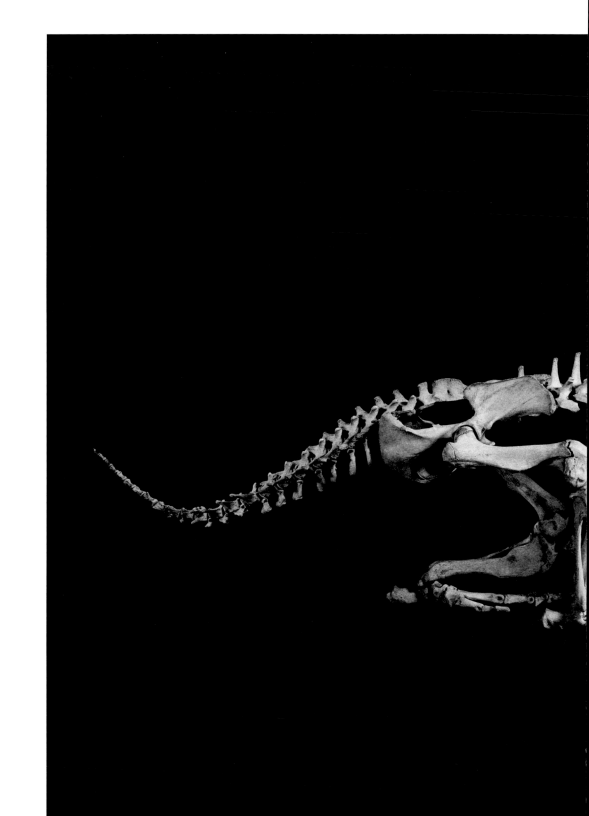

土豚（*Orycteropus afer*），撒哈拉以南非洲地区（体长1.36米）

马来穿山甲（*Manis javanica*），东南亚（体长72厘米）

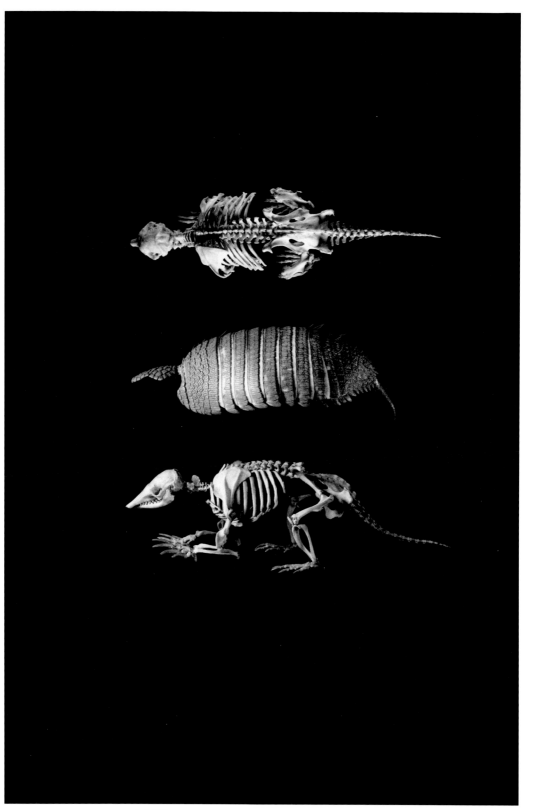

七带犰狳（*Dasypus septemcinctus*），南美（体长33厘米）

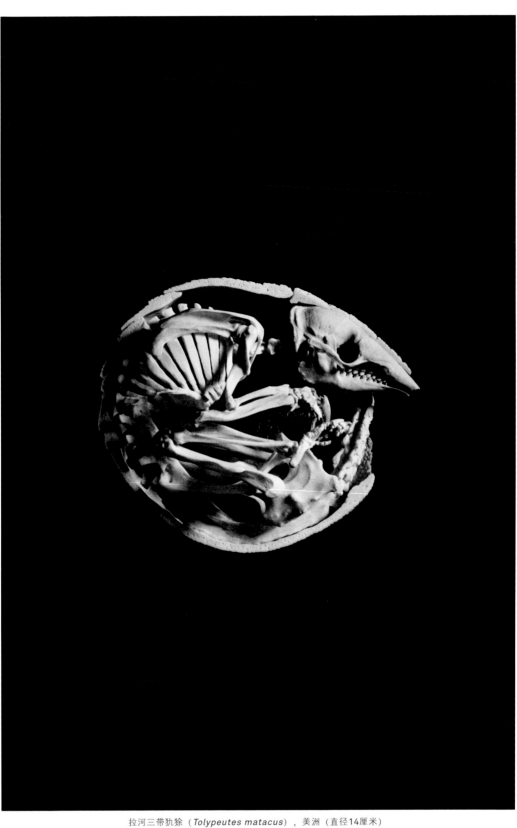

拉河三带犰狳（*Tolypeutes matacus*），美洲（直径14厘米）

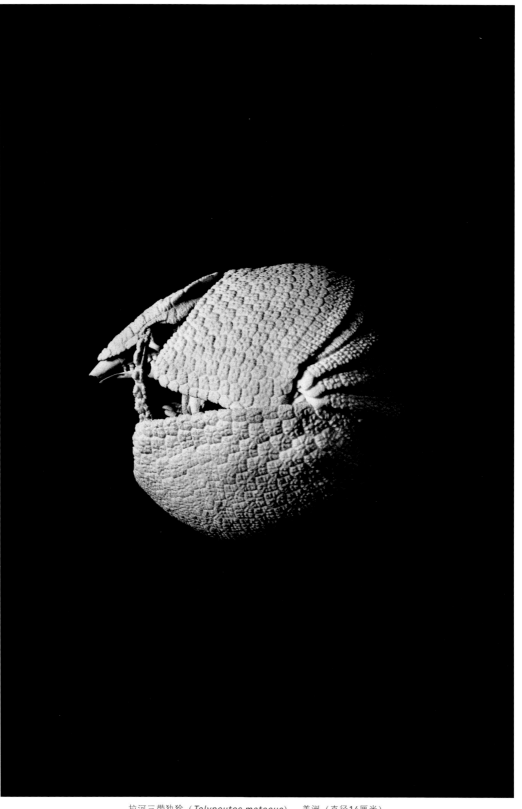

拉河三带犰狳（*Tolypeutes matacus*），美洲（直径14厘米）

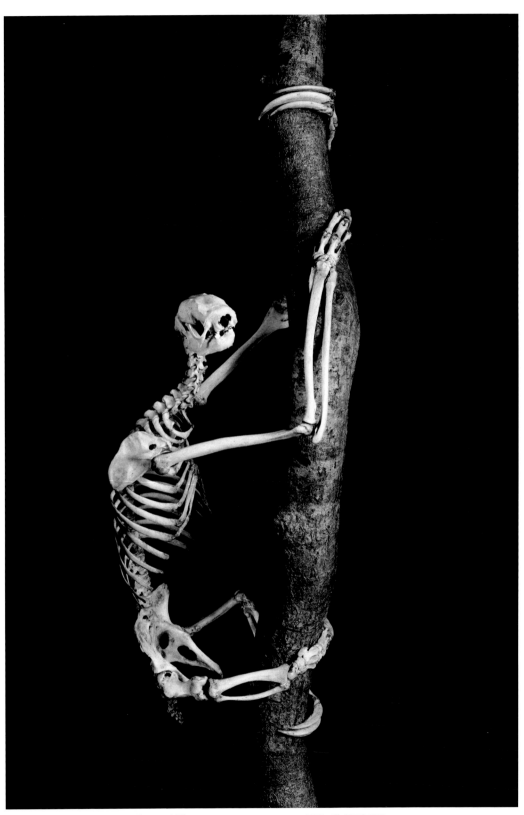

鬃毛三趾树懒（*Bradypus torquatus*），巴西（体长60厘米）

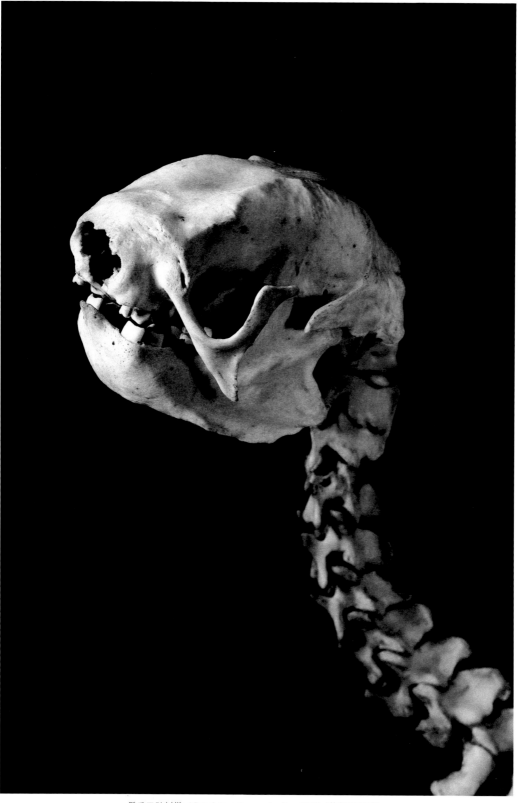

鬃毛三趾树懒（*Bradypus torquatus*），巴西（体长60厘米）

第38章

—————

镜像大陆

在登上小猎犬号开启环球之旅时，22岁的查尔斯·达尔文已经积累了英国动植物的大量相关知识。对他而言，随后的五年航海生涯是对生物界不断产生新惊叹与新疑问的源泉。在地球的另一端，即使是最微小的昆虫和最平凡的花，都与他之前熟悉的物种有着显而易见的区别，同时也有着出人意料的相似——这一切都深深地震撼着他。无论是过去还是现在，当我们目睹澳大利亚的鼹鼠明显有别于世界其他地方的鼹鼠，或是形似非洲鸵鸟的鸟类在南美大地上奔驰，内心必然会生出对生命历史强烈的好奇。

澳大利亚拥有着大量这样的"镜像物种"，它们与其他大陆上的某些动物有些相像，又有着深刻的不同。袋鼬就是一种仅分布于澳大利亚的小型肉食性哺乳动物，也被称为袋猫，实际上其外形和生活方式都更像是貂。袋鼬和貂都能钻进树丛捕食一些小型哺乳动物、鸟类和昆虫，因此它们的头骨和头后骨骼都非常相似。另一个例子是袋鼹，它在体型、外貌和生活方式上都非常像欧鼹，都能挖掘地道以捕食地下的小型动物。尽管分别生活在澳大利亚和欧亚大陆，袋鼹和欧鼹却都有着极差的视力和适于掘穴的骨骼构造——前肢短粗，指爪强壮。

尽管这些生活在不同大陆上的物种有着一目了然的相似性，但它们也有着本质上的区别：繁殖模式的不同。在有胎盘哺乳动物中[1]，胚胎可以通过胎盘间接从母体获取营养得以发育，而在有袋类哺乳动物比如袋鼠中，幼崽出生时几乎未经发育。这些幼崽皮肤裸露且没有视力，必须抓着母亲的皮毛，爬到育儿袋中乳头的位置，然后留在育儿袋中继续发育。骨骼上通常难以发现有关繁

欧鼹 (*Talpa europaea*), 欧亚大陆 (体长14厘米)
袋鼹 (*Notoryctes typhlops*), 澳大利亚 (体长11厘米)

殖的直接信息，但某些骨骼特征依然能够对这两个类群（有胎盘类和有袋类）加以区分，例如有袋类具有一对用于支撑腹壁的小骨头——上耻骨或称袋骨，以及下颌骨后侧特殊的角状突起，而这些特征有胎盘类则都没有。在距今一亿多年以前，有袋类就已经分化出来形成了一个独立的类群，它们与外形相似的有胎盘类具有不同的共同祖先（严格来说，是它们的共同祖先需要再回溯很远）。也就是说，袋鼹、袋鼬和袋鼠的亲缘关系远远近于它们和欧鼹等有胎盘类。

如果有袋类和有胎盘类已经分别独立演化了如此长的时间，那为什么它们中的某些物种还会如此相像呢？谜底在地质学和生态学中，而与演化无关。澳大利亚在距今约5000万年前与其他大陆相分离，分离时其上还没有出现有胎盘哺乳动物。这样一来，当美洲及欧亚大陆上的有袋类在与有胎盘类的竞争中失败，导致几近完全灭绝时，澳大利亚的有袋类却没有遭遇到有胎盘类的任何威胁。它们因此得以不断适应于获取环境中的各种资源，占领各种生态位，而这些生态位在别的大陆上则被与它们看似同源的有胎盘类所占据。海獭、食蚁兽和小鼠在澳大利亚都有着与之相似、互为镜像的有袋类物种。环境中强有力的生态学条件使得这些动物发生了平行演化，它们之间的相似性已经不再与基因有关，而是来自环境的压力。

趋同并不一定是形态趋同，也可能是生态趋同，袋鼠就是一个例子。澳大利亚没有瞪羚和鹿一类的草食性四足动物，取而代之的是以草和树叶为食的各种袋鼠。灰袋鼠和小羊驼（一种与羊驼亲缘关系较近的有蹄类）的头后骨骼有着相当大的差异，但它们的头骨却显示出了相似的适应性。作为食草动物，它们都有着狭长的颌骨，利用颌骨上的门齿咬住和扯断草丛。它们的门齿和臼齿之间都存在一个不长牙的空隙，称为"牙间隙"（diastem），使得舌头在咀嚼过程中能够协助挪动食物。摄取营养的方式一直都是演化的重要动力之一，这也诱发了以上物种颌骨的明显趋同。与趋同的颌骨相对应的，是它们身体其他部分的巨大差异。袋鼠以跳跃作为主要的运动方式，后肢强壮有力，长长的尾巴来保持平衡，相比而言前肢则羸弱得多。小羊驼则通常用四足着地进行奔跑。虽然运动方式不同，但它们都能达到很高的移动速度来躲避天敌。有袋类演化出在广袤的草原上觅食的食草动物不足为奇，但谁也想不到它们竟然没有采用四足奔跑而是采用了跳跃前进的运动方式。

这些发生在澳大利亚的故事也相似地发生在了南美洲之上。在很长一段时间里，南美洲都是一块独立的大陆，但它经常受到一些来自北美或非洲的哺乳动物的入侵。这些哺乳动物以树枝为筏，在洋流的帮助下横渡大洋抵达南美。距今约3500万年前，一些小型猴类（或许源自非洲）就是这样来到了南美洲的丛林地带，随后便在大洋两端分别开始了演化。这两个演化分支在鼻子形态和牙齿数量上有所差异，但都演化出了适宜于在丛林中穿梭的类群：亚洲的长臂猿和南美的蜘蛛猴。二者最大的区别在于后者长着具有抓握功能的长尾巴，而前者则完全没有尾巴。

鸸鹋是一种澳大利亚独有的善于奔跑的大型鸟类，旧大陆②上与之类似的则是曾经在亚洲和非洲都有分布的鸵鸟，南美也有两种善于奔跑的"鸵鸟"即两种不同的美洲鸵。这四种鸟类的共同祖先可能生活在6500多万年前的中生代，但它究竟是起源于非洲还是南美暂时还不得而知。在各块大陆还没有彼此远离时，这一祖先物种的后代就已经由起源地逐渐侵入了其他的大陆。在19世纪时，一个年轻的博物学家描述了南美两种美洲鸵中的一种。那时他还尚未架构起可以首次解释这些奔跑型鸟类的相似性的理论体系，而这一理论最终使他名扬天下，也使得人们后来将他所命名的这种美洲鸵昵称为"达尔文美洲鸵"。

译注

① 有胎盘类哺乳动物这一名称目前为真兽类所取代。后者包括所有现生的有胎盘哺乳动物，以及一些与现生有胎盘哺乳动物亲缘关系较近的已灭绝哺乳动物。

② 旧大陆（Old World）指哥伦布发现新大陆前欧洲人所知的世界，包括欧洲、亚洲和非洲，与之对应的是包括北美、南美和大洋洲的新大陆。澳大利亚即是新大陆中大洋洲的主要组成部分。

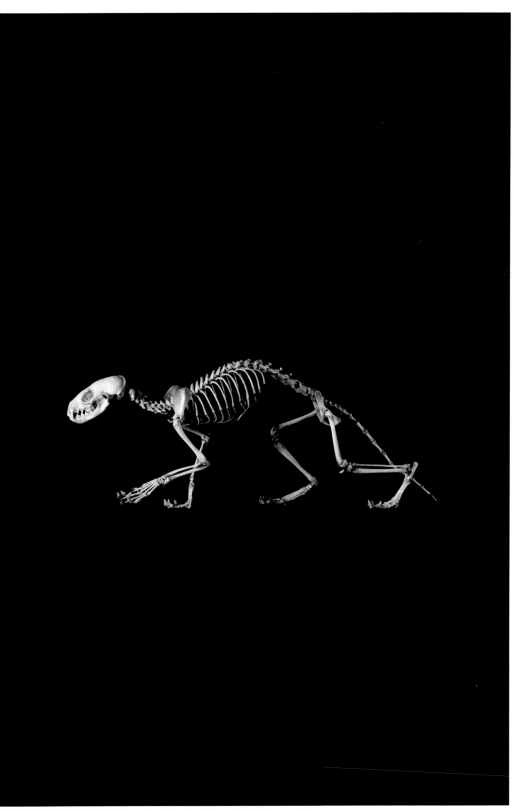

石貂（*Martes foina*），欧亚大陆（体长67厘米）

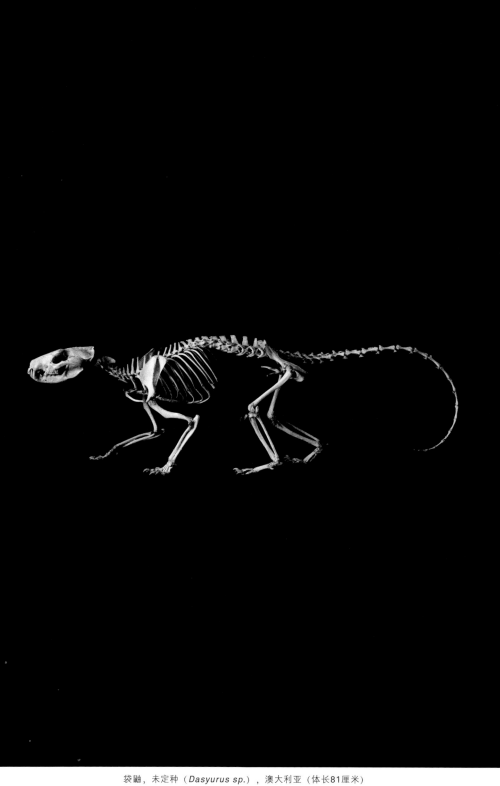

袋鼬，未定种（*Dasyurus sp.*），澳大利亚（体长81厘米）

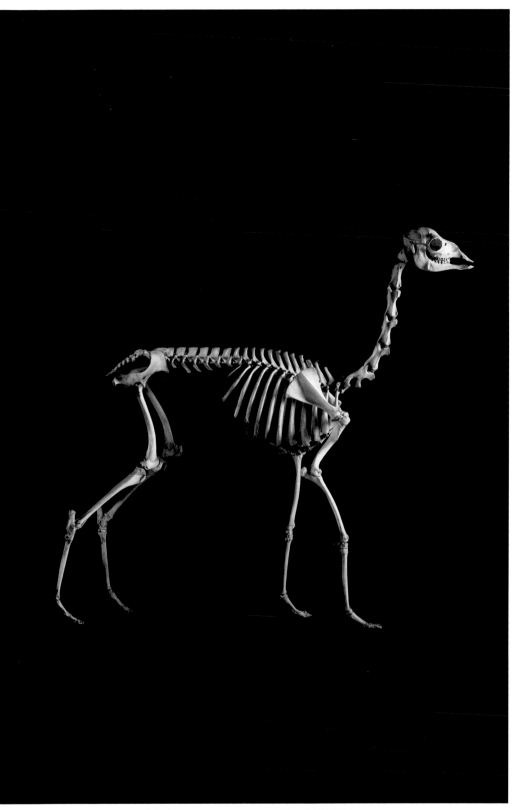

小羊驼（*Vicugna vicugna*），南美（肩高80厘米）

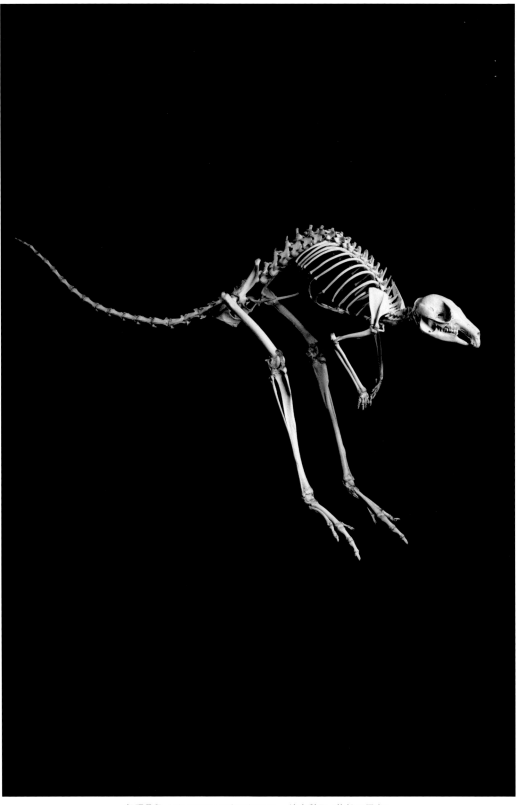

红颈袋鼠（*Macropus rufogriseus*），澳大利亚（体长86厘米）

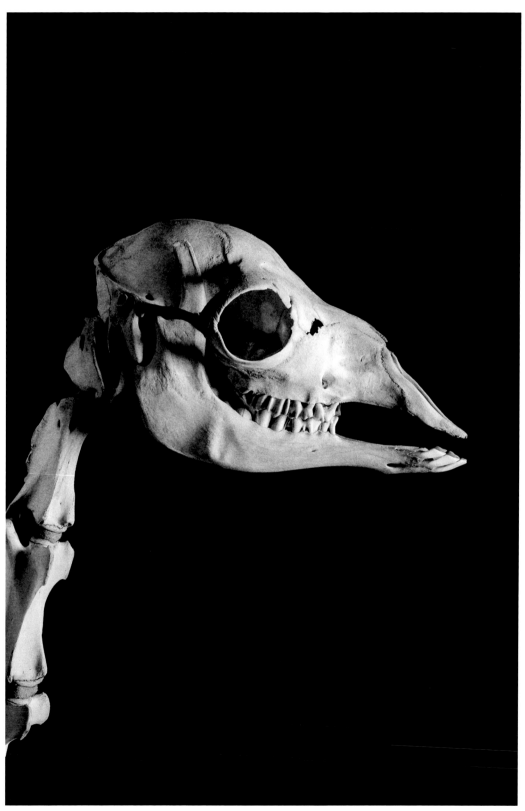

小羊驼（*Vicugna vicugna*），南美（肩高80厘米）

红颈袋鼠（*Macropus rufogriseus*），澳大利亚（体长86厘米）

鸵鸟（*Struthio camelus*），非洲及阿拉伯半岛（身高2.15米）

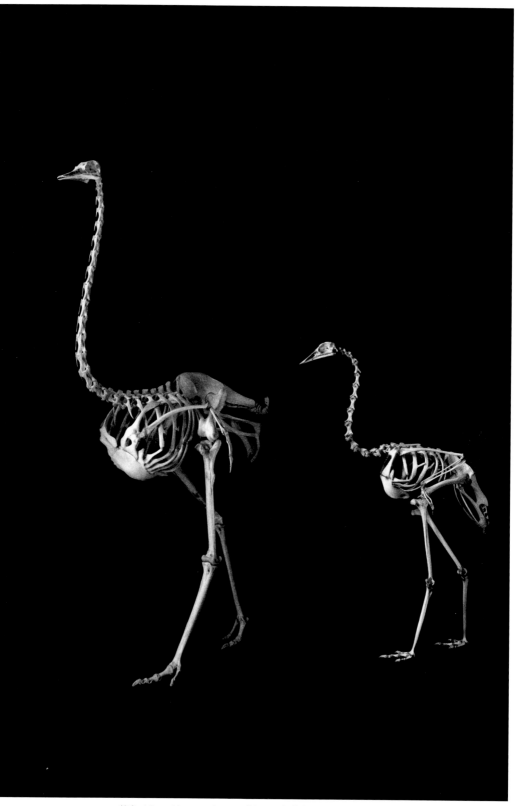

鸵鸟（*Struthio camelus*），非洲及阿拉伯半岛（身高2.15米）
大美洲鸵（*Rhea americana*），南美（身高1.20米）

普通绒毛猴（*Lagothrix lagotricha*），南美（体长94厘米）

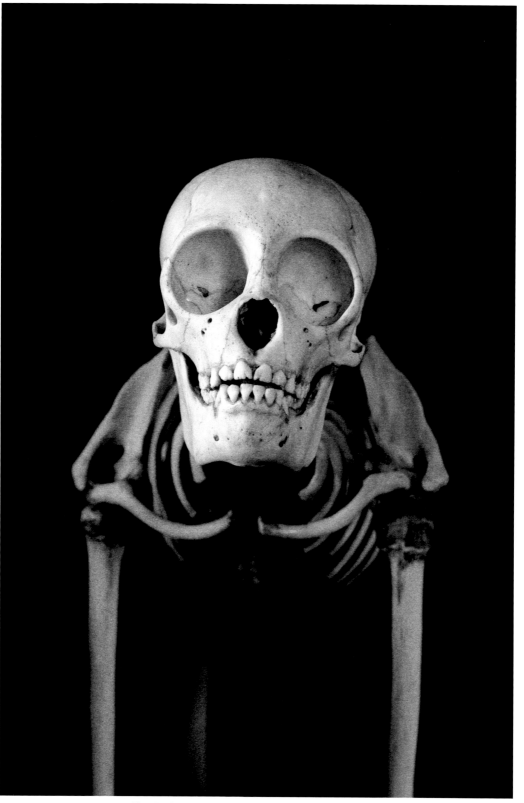

普通绒毛猴（*Lagothrix lagotricha*），南美（体长94厘米）

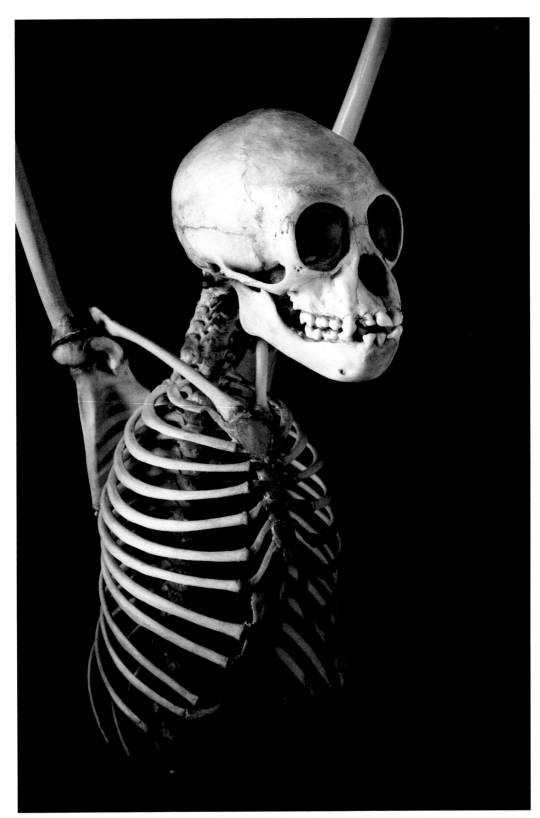

白颊长臂猿（*Hylobates leucogenys*），中国、老挝及越南（身高90厘米）

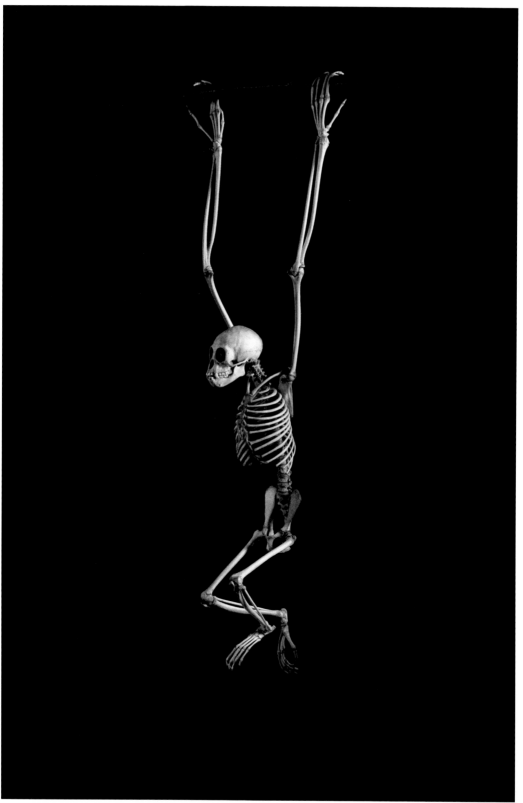

白颊长臂猿（*Hylobates leucogenys*），中国、老挝及越南（身高90厘米）

第39章

硕大的头颅

既是死亡的一贯象征，又是脑部的保护外壳，无论从符号学还是生物学意义上看，头骨对人类都是一个举足轻重的结构。男人与女人间，种族与种族间，人类与其他灵长类间——带着一些先验性的假设，人类对头骨狂热的观察与对比在超过两个世纪的时间里经久不衰。头骨的外形和容量比较容易测量，同时也包含着大量信息，因此成为诸多研究者的关注热点所在。颅容量一定程度上反映着脑容量的大小以及所含神经细胞的数量多少。头骨的形状则能够揭示出从最早的脊椎动物到现在，它一路所经历的演化过程。

在对不同的物种进行比较时，脑容量的绝对大小并不是一个非常有用的参数，例如我们人类的大脑明显小于大象或者鲸，但如果把体型大小考虑在内，问题就迎刃而解了。通常在同一个动物类群中，个体的脑容量大致与其体重成正比，原因可能是身体越庞大，控制它所需的神经细胞就越多。除了体重，还有一系列因素都对动物的脑容量有所影响，比如新陈代谢——哺乳动物需要保持体温恒定，其脑容量就大于变温的爬行动物。其他的影响因素大多与遗传及生活方式有关，这也是灵长类的脑容量大于绝大部分其他哺乳类的原因。人类的平均脑容量约为1400立方厘米，超出了灵长类的正常值范围，但仍然与个体体型成比例，只不过这一比例落在了与海豚相似的范围之内。

尽管如此，个体的脑容量大小却并不与其能力高低相对应。人类的脑容量变化范围从1000至2000立方厘米不等，但没有任何迹象表明脑容量不同的个体具有能力上的相应差异。比较不同的物种时则会发现，除了脑容量的大小，脑部的形状也具有重要意义，不同的区域对应着不同的能力如视觉、嗅觉或平

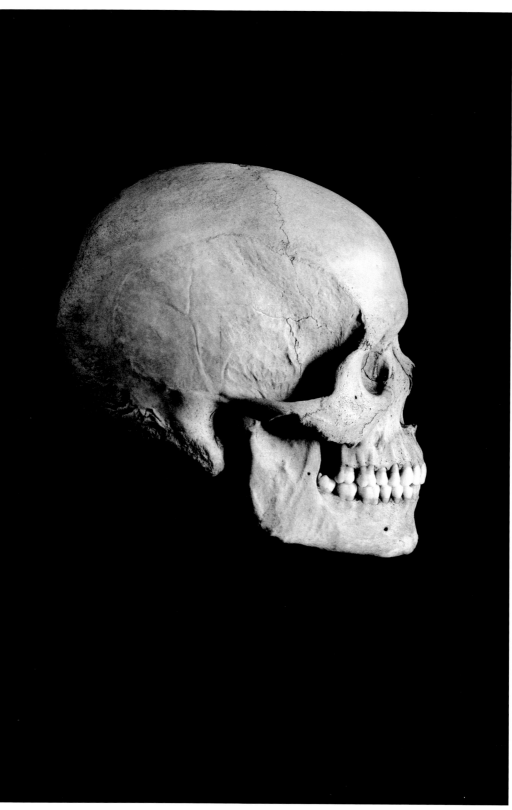

智人（*Homo sapiens*），全世界（身高1.70米）

衡感。除此之外,面部的骨骼形态也能提供一些信息:例如灵长类的眼窝点是朝向前方,使得左右眼的视野几乎能够完全叠加在一起,形成了完美的立体视觉和景深感知——这对于树栖起源的物种至关重要。化石证据显示在灵长类早期演化的过程中,脑容量发生了大幅的增加,而与视觉相关的区域则在其中扮演了重要角色。

在灵长类脑部的演化过程中,最重要的影响因素也许不是觅食的需要,而是扩大族群的需要。最早的灵长类都是植食性的,这意味着它们并不是特别需要很高的智力,只要能辨认出食物(果实和树叶),记住食物所在的位置就足矣了。和绝大多数动物一样,发现和躲避天敌也是它们所必备的基本能力之一。相比于植食性动物,肉食性动物为了完成捕猎,有时还需要预测猎物的反应,对于智力的要求相对高一些。对于社会性生物而言,社会群落中的所有个体形成了一个格外复杂多变的环境。时刻了解和掌握族群中各个成员的社会地位,以及彼此的敌友关系,是每个个体在日常生活所有活动中都必备的能力。灵长类学家已经发现了在绝大多数灵长类如猕猴和黑猩猩中,社会关系的重要性。黑猩猩的社会关系尤其复杂,有证据显示它们已经能够判别出同类的认知能力和心理情绪。在族群扩增时,族群内部成员所需要处理的信息量呈指数增加,于是增大的脑部就变得非常有利。这一特征在性选择上具有优势,大为自然选择所青睐。

社会关系还可能是人类产生某些特殊能力的基础,比如语言。其他的灵长类无法掌握人类的语言,但可以通过声音、面部表情、手势和其他肢体语言实现彼此间的信息交流。它们非常注重个体间的接触,喜欢互相整理皮毛。有些狒狒甚至会将20%的时间都倾注在这项活动上,它的首要功能似乎是舒缓族群内部的紧张情绪。这能够显著提高族群的凝聚力,在觅食与抗敌时相当重要。当族群扩增到超过几十个成员时,所有的成员间都进行这样的肢体接触变得难以实现。语言能力作为肢体接触的替代品,因其对族群存活的重要性而得以被选择。不过它也可能只是个附属品,一种在信息处理能力发展过程中偶然出现的能力。人类的读写能力就是如此。虽然如今阅读和书写是人类不可或缺的能力,但这显然并不是由自然选择塑造出来的结果。我们的大脑能够学习如何读写,但这并不是这样的大脑最初被选择的原因。

不论脑容量增大最初的原因究竟是什么,它所带来的认知能力的提升都是一个巨大优势。然而除了优势性,这些史无前例的硕大头颅其实还伴随有影响生育过程的副作用,造成了母体和幼崽死亡的攀升。灵长类的初生幼崽如果脑袋太大,便会引起分娩的困难,如果不够大,又无法使脑部达到匹敌其他哺乳类的初生发育水平——这似乎是个难以调和的矛盾。事实上，人类的婴儿在出生时，神经中枢远远没有达到成熟状态。对比成年人的脑容量，人类的孕期需要持续16或17个月，诞下的初生儿才能达到与其他哺乳类相当的发育水平——比如足以使他能够自主活动。然而人类的孕期并没有持续如此之久，因此，人类在生物学意义上的早产意味着在子代的生命初期，亲代对它们的投入要远远多于其他的大型猿类。如果现在我们的脑部大于人类祖先的脑部，那么可以推测我们后代的脑部可能也会继续增大。不过除非女性的骨盆也有相应的扩大，否则脑部大小不可能有过多的增长。只要自然选择没有向这一方向发生作用，我们就不用担心有一天人类会像科幻电影里的火星人一样，顶着一颗无比硕大的脑袋。

婆罗洲猩猩（*Pongo pygmaeus*），苏门答腊岛及婆罗洲（身高1米）

幼年黑猩猩（*Pan troglodytes*），非洲赤道附近地区（身高50厘米）

渡渡鸟（*Raphus cucullatus*），毛里求斯（身高60厘米）

第六篇

——

演化与时间

大部分的生命演化历程都长于人类的历史，远远超出了历史学家和考古学家研究的范畴。古生物学家最常用的基本时间单位是百万年，而历史学家和考古学家讨论的不过是千百年以来的事情。地球生命自起源以来，已经走过了至少35亿年的演化历程。最早的多细胞动物出现在8亿至6亿年前，甚至更早。如此之长的时间尺度已经远远超过了人类正常的认知甚至想象范畴，但却是演化的一个必备条件——亿万代生命积累下大量的突变，并在自然选择的作用下优胜劣汰。

　　时间还有另外一个重要的方面：方向性。我们都见过周期性的现象，比如季节更迭或世代交替，然而演化的时间是线性的。整个生命演化历程可以由生态环境的骤变以及生命的变化划分为几个阶段。每个重大地史事件仅出现过一次，而且出现时的特殊环境后来便不复存在。路易·巴斯德①否定了自然发生论——生命可由无机物直接产生——这一结论一度成为演化论的重要障碍，因为这与演化中最重要的事件不符：最初生命的起源。直到科学家们重新构建了地球之初缺氧而充满碳化合物的原始大气条件，并用实验证明在这种与今日十分不同的原始条件下，生命可以在其中自然发生（尽管我们仍未知晓其中的具体机制）②。在距今几亿年前，植物和动物都是生活在水中，而水可以防止它们遭受太阳紫外线的伤害。藻类通过新陈代谢可以产生大量的氧气。随着氧气在大气中的积累，逐渐形成的臭氧层为生命征服陆地创造了可能性。

　　对演化发生时具体环境的考量也使我们更容易理解"微演化"与"宏演化"之间的关系（见第二篇）。尽管种群内或亲缘种之间的基因差异与高级生物分类单元之间的差异并没有质的差别，但"门"一级分类单元的形成的确需要十分特殊的条件。在化石记录中，我们可以看到5.4亿年前各种大型动物（几十厘米以上）的突然出现，而在此之前，生命都是极其微小的，而且分异度很低。在这个时期，生物多样性极大地提高，因此被古生物学家称为"寒武纪生命大爆发"。化石记录显示，几乎所有现存"门"一级的生命种类都在那个时候出现了，包括一些在后来的演化历史中灭绝的类群。相较而言，自那以后便鲜有真正的新型生命结构出现。或许是因为在寒武纪之前生物种类太少了，所以那时的选择压力较小，新型生命突然灭绝的可能性也较小。当生物多样性大大提高后，新生的种类就要面对密集、复杂的物种关系网，其中有竞争者、捕食者还有寄生者。在这种环境下，生命形式的巨大变革不那么容易出现了，因此只能在已有的"门"中进行分化。这种演化假说的另一个证据是，大型的生命辐射演化都发生在生命大灭绝之后，同样是生命种类较为贫乏的时期。

　　达尔文理论的一个重要方面是演化的速率问题。物种的演变以及新物种的出现有时是可以非常迅速的，只要几百或几千年的时间。生物学家观察到许多近期发生的例子，比如隔离生活在湖泊或岛屿而形成的新物种（见第40章）。相反，有些动物，比如腔棘鱼，则经历了上亿年都没有发生变化。这些"活化石"缓慢的演化速率也很让人费解（见第41章）。此外，各物种不同器官的演化速度也不尽相同，这样的演化现象我们称之为"镶嵌演化"。比如鸭嘴兽，它的许多特征都与古老的哺乳动物相同，比如卵生的繁殖方式，而另一些特征却是较晚的哺乳动物才有的，比如它的鸭嘴（见第42章）。达尔文猜测微小变异的积累经历足够长的时间后，将会使物种发生巨大的改变。而他的批评者则宣称，若果真如此，那么所有物种变化的中间形态都应该发现相应的过渡类型化石。因此，许多博物学家致力于发现这种"缺失环节"来证明物种的演化。我们的确发现了一些过渡类型，比如爬行动物与鸟类之间的始祖鸟（*Archaeopteryx*），但仍远不够填补所有的演化空白。化石的形成是一种偶然现象，而且许多化石仍深理在人类难以获取的岩石中。因此，我们没有找到所有的演化缺失环节也就不足为奇了，因为无论陆生动物还是海生动物，较好的化石保存状况都是十分少见的。

早在20世纪70年代，古生物学家史蒂芬·杰·古尔德（Stephen Jay Gould）和奈尔思·埃尔德里奇（Niles Eldredge）提出，即使这些残缺的化石记录，依然可以在演化的框架下得到合理的解释。他们认为，化石所呈现出的演化是爆发式的，而非渐进式的：各物种已经与相对稳定的环境之间形成了较为理想的适应，因此长时间保持不变，而当环境骤变时，物种也会发生急剧的变化。此外，快速的演化一般发生在个体较少的种群中，这些小规模种群形成化石的几率也是较低的。这两个因素最终导致了过渡形态物种化石较少的现象。这个被称作"间断平衡"的理论现在仍然是学界讨论的焦点。因为这个理论构建在缺失的化石记录上，因此比渐进式的演化更难检验。同时，这个理论还需要证明，重要的突变可以突然出现，并且既允许一个新物种的出现，又不会危害到变异个体的胚胎发育过程。同源异型基因（homeotic genes）的发现——主要在胚胎早期形成中起作用，并存在于所有动物类群中（见第二篇）——以及动物胚胎发育的"异时性"（见第32章）已经为这种突变提供了案例。古生物学家为渐进式和间断平衡式这两种演化模式都找到了许多证据，尤其在沉积连续、可以保存长时期生物群落变化的海洋沉积地层中。最终，这两种演化模式从相互冲突变为相互补充：当一个物种发生变化，便会形成一个新的子物种，然后这两个物种平行演化。在这种情况下，原来的物种持续繁盛，而新的物种却突然出现。

古生物学和分子生物学对演化论的贡献形成了两种完全不同时间尺度的

共存：长久形成的化石和短时间发生的突变。这两种尺度的碰撞导致了许多新概念的出现，比如"分子钟"。将两个现生物种进行比较，可以推算出二者在一个基因或一组基因上发生的突变次数。此外，对岩石绝对年龄的测定让我们可以推测出二者最近共同祖先所生活的时代。这样一来，我们就可以推导出演化的速度，比如100万年里发生的突变次数。一旦这种测算方法被校准，分子钟就可以通过基因发生的突变次数推算同一类群不同物种出现的时间。这种技术从思路上讲是非常激动人心的，不过应用较难，因为不同支系的突变速率也存在差异。但是我们可以通过进一步开发DNA不同区域的信息，来比较亲缘关系不同的物种。一些区域积累的突变较少，可能是因为其中包括一些重要的基因，在此区域发生的大部分突变都会带来有害的结果，因此这些突变被选择进程消除掉了。这些变化较少的基因可以用来对比亲缘关系较远的物种。相反，DNA在有些区域积累的突变较多，可能是因为它们的精确序列不太重要而不太受选择进程的影响。这些区域可以用于对比亲缘关系较近的物种。

分子钟使我们可以将形态差异与基因变异联系起来。比如人类和黑猩猩有一个负责编码肌球蛋白——一种负责构建肌肉的蛋白的基因不同。这个基因主要影响咀嚼肌的体积，而黑猩猩的咀嚼能力要更强一些。化石记录显示，早期人类的咀嚼能力要比晚期人类弱。分子钟测定人类与黑猩猩在这个基因上的变异发生在240万年前左右，比最早的人属成员出现略早。然而分子钟所提供的信息与化石记录有时并不相符。因此，一些古生物学家认为人类与黑猩猩的分化出现在1200万至1000万年之间，而遗传学家认为二者的分化出现在700万至500万年之间。最古老的人科化石，俗名"托迈人"，被测定为出现在大约700万年前。一些科学家认为它更接近于人类支系，另外一些则认为它与黑猩猩和大猩猩的共同祖先更加相似。因此，"托迈人"也很可能是这三个支系的共同祖先。

现代人，也就是晚期智人（*Homo sapiens*），出现在15万至10万年之前，此后很快就在地球历史进程中取得了与其种群数量不相称的重要地位。自5万年以来，人类的扩散与许多物种的灭绝时间相耦合。末次冰期时气候的急剧变化对许多物种的生存产生了巨大的挑战，而人类的捕猎则是雪上加霜，直接导致了第四纪时期许多大型动物的灭绝，比如马达加斯加的巨型鸟类和北美洲的乳齿象。与非洲和亚洲的动物群相比，这些物种在演化过程中没有与人类接触过，因此当人类到来时，它们完全无法适应。大约1万年前，最早的农耕者出现在世界各地，并开始改变自然地貌。耕地代替了森林，狩猎以及畜牧也深刻地改变了大部分生态系统（见第44章）。人类还直接干预了驯化物种的演化进程，根据自己的需要对其进行塑造。饲养者通过选择对物种进行的改变实际

倭狐猴（*Microcebus murinus*），马达加斯加（体长12厘米）

上就是达尔文阐释自然选择机制的模型（见第43章）。

现在，人类的演化似乎突然加速了，只是发生在文化层面，而非生物层面。我们面临的压力也从自然选择变成了文化选择，这一进程更快，因为它服从拉马克的演化原则，通过个体的后天获得特征的遗传进行作用。我们对环境的影响似乎也在以相同的速度进行着。人类出现对动植物群落所产生的破坏并不比地球历史上的某些阶段更加严重，但我们引起自然界的巨变仅仅用了几十年时间：全球变暖，物种灭绝，生态系统毁灭，污染造成的食物链破坏，外来物种入侵……我们留给后代的将是一个贫瘠的地球，甚至无法保证我们这个物种的基本生存需求。这个未来或许并不遥远了，如果我们继续这样过度开发环境，大概只要几十到几百年。然而，从长远的角度来看，无论人类存在与否，地球都可以在几百万年间恢复过去的生物多样性，而那只不过是漫漫演化历程中的一瞬间。

译注

① 路易·巴斯德（Louis Pasteur, 1822—1895）法国微生物学家、化学家。用实验方法证明了发酵原理，疫苗接种，发明了巴氏灭菌法，并开创了微生物生理学，对现代医学产生巨大影响。巴斯德通过发酵研究证明微生物不会自然发生，食品上滋生的细菌等微生物来自接触到的空气，从而否定了自然发生论。

② 这项模拟假设性早期地球环境的实验被称为"米勒-尤里实验"（Miller-Urey experiment），由芝加哥大学的史丹利·米勒与哈罗德·尤里于1953年主导完成，其结果以《在可能的早期地球环境下之氨基酸生成》为题发表，证明早期地球环境使无机物合成有机化合物的反应较易发生。

第40章

鹮的瞬间

　　"对过去的时间有一些概念是极其重要的，不管我们的认识有多不完善……在过去漫长的岁月里，生命发生世代更替的次数肯定难以想象！"（《物种起源》）对于达尔文而言，认识到地球历史的古老性是接受物种可变的基本要素。其实，这也是一个古老的问题。早在达尔文半个世纪之前，居维叶和拉马克已经就鹮的变化问题进行过交锋。这具鹮标本是圣伊莱尔参加拿破仑科学远征从法国统治时期的埃及（1798—1804）带回来的动物木乃伊之一。居维叶研究后认为，这个防腐保存的鹮与现代鹮别无二致："现在的个体与法老时期的个体是一样的。虽然这只是两三千年前的标本，但这个道理在远古也是一样。"而拉马克则认为，如此短暂的时间根本不足以发生什么变化，何况这种动物"没有受到需要改变习性的压力"，因为它们的生存环境没有发生变化。

　　达尔文不仅要找出新物种出现的机制，还要证明这个机制有足够的时间发挥作用。为了让读者们信服，他需要证明地球的历史果真如地质学家设想的那样，有上亿年那么长，但如此长时间尺度的演化是无法直接观察的。基因和基因突变的发现使得生物学家可以观察到较短时间内生物发生的变化。细菌和果蝇基因突变的结果可以在几天或几周内观察到。但实验室内的观测是不够的。我们需要证明，这种机制也可以在大自然中发挥作用，可以导致新物种的产生，并且与其母物种具有不同的形态。为了实现这一点，生物学家找到了一些系统演化历史可以重建的亲缘物种，而且可以测定出其演化历史上的重要演化事件发生的时间，以及演化过程中哪个基因发生了变化。相对隔离的环境更加有趣，因为这样的环境可以促使生物快速演化。最令人惊讶的

埃及圣鹮 (*Threskiornis aethiopicus*)，非洲（体长40厘米）

例子发生在东非的大型湖泊中，这些生活在湖中的鱼类的演化历史既短暂又富有变化，是研究"实时"演化的理想群体。

东非的马拉维湖中生活着500多种鱼类，其中大部分属于慈鲷科（cichlid）。这一科的鱼类也分布在南美和印度，大小和形状差异很大，但具有相同的解剖学特征。马拉维湖中的慈鲷生活习性也不尽相同。有一些种生活在湖底，喜欢布满沙泥或岩石的区域。其他一些种生活在开放水域，并且分布在各种不同的深度。根据地质标记，这个湖泊大概形成在一两百万年前。DNA的分析结果显示这些不同种的慈鲷的共同祖先在大概7万年前来到这个湖中，随后演化为几百个不同的种。显然，这些慈鲷的演化历史中发生了三次重要的事件。首先是分化为两大类，一种生活在沙泥中，另一种生活在岩石附近。后者又分化出一个食性不同的类群。这三类慈鲷因捕食对象不同而分别演化出三种颌，比如有些吃小型甲壳类，有些吃蠕虫。其中有些种类是寄生的，剥食其他鱼类的鳞片和皮肤。在维多利亚湖域的一项研究发现，这些寄生慈鲷又可以根据捕食对象的不同分为两类。慈鲷演化历史上的第三次重要事件与雄性体色的变化有关。性选择在这里起了重要作用，促成了种群的隔离和分化。

维多利亚湖中同样生活着几百种不同种类的慈鲷（顺便说一句，由于尼罗河尖吻鲈的入侵，其多样性遭到了严重的打击），它们进入这一水域的时间大概只有1.25万年，其演化发生得更晚。这些慈鲷的母物种与马拉维湖中的慈鲷祖先并不相同，但演化使二者产生了相似的适应现象。在几万年的时间里，这两个物种贫乏的湖泊内两个早期到来的物种发生了迅速的辐射演化。生物学家已经确定了几个在演化过程中起到重要作用的基因，如十几个基因的变异影响了颌的形状，一个基因的变异引起了牙齿形状的改变。这样一来，我们便逐渐揭开了这些慈鲷的具体演化机制。

同样的现象也发生在加拉帕戈斯群岛这样的火山岛屿。这些岛屿由于火山喷发从海底突然形成，然后由偶然到达的外来物种逐渐占领。冰期与间冰期的交替也会促成类似的成种案例。大约10万年前，冰川融化造成的海平面上升使得一些马鹿被隔离在一个岛上（后来逐渐形成了英吉利海峡中的泽西岛）。跟其他一些被各种偶然事件所隔离的哺乳动物一样，这些马鹿的体型明显减小，平均体重从200公斤减小到36公斤。冰川序列具有良好的测年数据，使我们可以估算出，这一体型的转变只用了不到6000年的时间。

现在，鹦的故事已经不再被作为反对演化发生的证据。慈鲷、马鹿以及其他许多物种的演化都证明，在相对很短的时间之内，物种可以发生相当可观的量变和质变。演化论的反对者曾认为我们人类的大脑不可能在短短600

万年间增加五倍之多。但是泽西岛上的马鹿却仅用了千分之一的时间便将体型缩小了几乎相同的倍数。当然，人类的大脑也发生了质的飞跃，但600多万年的时间在原则上来说要完成这一点也是绰绰有余的。

埃及圣鹮（木乃伊标本）

埃及圣鹮（*Threskiornis aethiopicus*），非洲（体长40厘米）

第41章

活化石

1938年，一条在印度洋被打捞上来的鱼被鉴定为腔棘鱼类，一种在此之前只有化石保存的鱼类。于是人们立刻称这种鱼类为"活化石"，不仅它模样古老，同时也因为古生物学家一直认为它早已和恐龙一起在中生代末灭绝了。化石腔棘鱼类一共有70多种，生活时代从3.8亿年前一直持续到7000万年前左右。现生的腔棘鱼与这些化石惊人地相似，似乎从7000万年以前就没再发生什么变化。"活化石"这个词从科学上来说并不准确，古生物学家常常十分反感，却代表着一类在外形等方面十分有趣的动物。它们一方面为灭绝物种的模样提供了一些线索，而另一方面，在理论上，也让大家想到了演化速率的问题。

这种过去仅在化石记录中存在，随后又被发现仍存活在地球上的物种是十分稀少的。其中大部分是海洋生物，比如一种叫*Gymnocrinus*的现生海百合，过去认为早在1.4亿年前就灭绝了。"活化石"也适用于一些与远古生物几乎相同的物种，比如节肢动物中的蟑螂和蝎子，脊椎动物中的鲨鱼和鳄鱼。但是，这个词从不会用在蜜蜂和蚂蚁上，尽管二者中的许多类群与1亿年前的昆虫也极其相似。由此可见，这个词的含义是很难界定的。而"活化石"这个词也存在一定的误导性，腔棘鱼就是这样。虽然它们在总体形态和骨骼结构上与化石十分相似，但其祖先的软组织和生活习性我们并不知晓。无论化石还是现生生物，外形相似的物种可能在食性、习性和生理方面千差万别。尽管含义模棱两可，"活化石"仍是一个非常有启发性的词。现生腔棘鱼和化石腔棘鱼起码属于同一个门类，它仍然给了我们一个古代腔棘鱼的大致模样。腔棘鱼的鱼鳍运动方式和四足动物的行走方式惊人地类似，这在化石中是无法观察到

黑耳负鼠（*Didelphis marsupialis*），中美及南美地区（体长82厘米）
海地沟齿鼩（*Solenodon paradoxus*），海地、多米尼加共和国（体长46厘米）

的。古生物学家根据现生物种来重建灭绝物种的模样和生活环境。比如，有袋类和食虫类常常被作为复原中生代及古近纪小型哺乳动物的模型，因为这些原始的哺乳动物的化石十分罕见，只有牙齿和很少一部分骨骼。

北美负鼠是生活在美洲大陆上的75种负鼠之一。负鼠也是生活在澳大利亚和新几内亚之外的唯一一种有袋类。负鼠有长长的吻部，狭长的头骨顶部完全骨化。负鼠的牙齿非常多，有50颗左右，这与大部分古老哺乳动物很类似。负鼠在生态方面是个多面手，食性复杂。通过对握的后脚趾和会卷曲的尾巴，负鼠在树上的移动能力跟在地上差不多。它的体温比其他哺乳动物低，由此可以节省很多能量。得益于这种多方面的适应性，负鼠在众多脑子更大、更聪明的哺乳动物中仍成功地大量增殖。它们的骨骼结构自1亿多年前的白垩纪以来就再没有太大的改变。在此之后，新出现的有胎盘类哺乳动物逐渐取代了大部分大陆上的有袋类哺乳动物。负鼠的分化支系很少，大部分的体型大不过一只猫。负鼠常常被拿来与同样具有许多原始特征的食虫类进行比较，比如鼹鼠、鼩鼱和刺猬。这些食虫类中体型最大的是沟齿鼩，大概有1千克重。沟齿鼩只生活在加勒比海的一些小岛上，在地下挖洞，以吃昆虫和蠕虫为生。在其第二下门齿的根部有一个毒腺，是少数几种有毒的哺乳动物之一。食虫类有许多原始的特征，比如这种有毒的牙齿对于中生代的古老哺乳动物就是十分有用的特征。因此，食虫类为我们重现了6000多万年前的古近纪早期哺乳动物的大致模样。

除了为我们提供许多现生动物祖先的有趣信息之外，"活化石"的存在还为我们提出了一个有趣的问题：为什么有些物种变化如此之小，看上去似乎没有发生什么演化呢？第二种现生腔棘鱼最近现身印度尼西亚海域，而这两种腔棘鱼有着类似的生存环境——几百米深的水下由岩浆凝固形成的洞穴和裂隙的火山斜坡附近。这种深水环境是非常稳定的，即便在长时间的地史上来看也是如此。这些腔棘鱼一开始分布在广阔的区域，逐渐缩小到很小的生态范围之内，这里不再有持续不断的竞争者和天敌，因此便躲过了自然选择的鞭策。与此相同，许多其他的"活化石"生活在澳大利亚和马达加斯加这些与大陆相隔的大型岛屿上，生活在这些岛屿上具有许多古老特征的动物避免了与更多现代动物群的竞争。另一方面，蟑螂和鲨鱼却分布在全世界的各种生态环境中，它们没有发生太大变化的原因则与其他古老的动物完全相反：因为它们在生存方面是"多面手"，因此可以轻易地适应环境的变化。

因此，"活化石"既可能是被隔离保护起来的一朵奇葩，也可能完全相反，是可以适应任何环境的"万花筒"。这些例子实在非常不同，因此很难给出一个统一的解释。关于这一点有很多假说，但最简单的一种基于自然界中的生物统计：动物物种的平均生存时间是500万到1000万年，但其中一些出现不久便走向衰亡，而另一些则持续生活很长时间。同样的，在这些动物的演化过程中，其中一些物种发生了巨大的变化，而另一些则始终保持最初的模样。对于"活化石"，不论是那一支奇葩还是无所不能的万花筒，不都恰恰证明着生命世界是多么的变化多端吗？

第42章

演化的谜团

鸭嘴兽早在1798年就被西方博物学家发现，但是它最重要的特征——繁殖方式，却在一个世纪之后才揭开谜底。关于鸭嘴兽的最初描述看上去简直就像一次脑洞大开的动物狂想，像是哺乳动物、爬行动物和鸟类的大混合。演化论的支持者将其视为爬行动物与哺乳动物之间的"缺失环节"；而不变论者则坚持认为它是一种哺乳动物，而且绝对不可能下蛋。同时发现的针鼹也成为了辩论的对象，只是没有鸭嘴兽那么出名。今天，鸭嘴兽不再是一个令人惊讶的谜团，而是探寻哺乳动物早期生活的有趣证据。

鸭嘴兽的体型和猫差不多，浑身覆盖着棕色的毛发，头上长着覆盖一层薄皮的扁嘴。它有海狸一样又宽又扁的尾巴，其中贮藏着许多脂肪，而没有多少肌肉，脚和手各有五个指头。鸭嘴兽行动缓慢，以一种匍匐的方式前进，加速时用爪子略微撑起身体。它迈步时会伸出位于两侧的前肢和后肢，但同侧的协调性较差。鸭嘴兽擅长游泳，用带蹼的爪子划水，手臂向两侧水平移动。它的后肢和尾巴可以控制游动的方向，但对前进则没有多大用处。

鸭嘴兽属于半水生动物，用大量时间在河床上挖掘小型动物食用。在水下，它会闭上眼睛、耳朵和鼻孔，主要靠充满神经末梢并对轻微磁场变化极其敏感的嘴来了解周围环境。雌性鸭嘴兽产蛋，但也会哺乳自己的幼崽。因为没有乳头，鸭嘴兽的乳汁直接分泌到皮肤外面。幼年鸭嘴兽长有退化的牙齿，随后快速脱落，到成年时被角质板代替。

鸭嘴兽无疑是一种哺乳动物，因为它既长有毛发又会哺育幼崽。尽管叫鸭

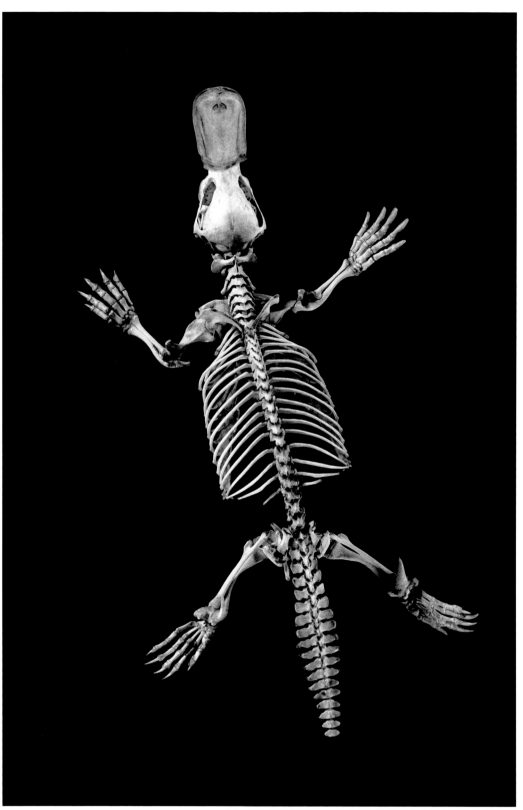

鸭嘴兽（*Ornithorhynchus anatinus*），澳大利亚（体长37厘米）

嘴兽,但它的"鸭嘴"跟鸭子的角质喙是完全不同的结构。它那长着蹼的脚跟鸟类脚上的蹼也不一样。它的蛋外没有硬壳包裹,而由一层包裹在黏性物质中的硬膜保护。鸭嘴兽的某些特点的确很像爬行动物。它的颈椎和背-腰椎都被肋骨拉长了,这在爬行动物中比较普遍,而在哺乳动物中则很少见。它的肩带不仅由肩胛骨和锁骨组成,还包括5块其他骨骼,这也是爬行动物的特征。鸭嘴兽基本是恒温的,但体温只有30摄氏度,明显低于其他哺乳动物。它的繁殖系统也更接近爬行动物。最明显的是,鸭嘴兽有泄殖腔①——肠道、尿道和生殖道的唯一出口,这也是典型的非哺乳动物特征。其精子细胞很像有袋类,但与鸟类和爬行类也很类似。

与鸭嘴兽同时被发现的两种针鼹也很奇特。它们浑身长着刺,像一个刺猬,吻部狭长。它们没有牙齿,下颌缩小成一块薄薄的骨板。前肢骨骼粗壮,可以附着大量肌肉,跟娇小的体型十分不对称。它们用强壮的爪子挖掘土中的蚂蚁和白蚁当食物。跟鸭嘴兽一样,它们下蛋,而且哺育幼崽。这三种奇特的动物构成了单孔类,与有袋类(袋鼠、考拉、负鼠等)和有胎盘类(其他所有哺乳动物)同为三大哺乳动物类群。单孔类身上这一系列古老的特征与早期哺乳动物,甚至似哺乳爬行动物(哺乳动物的爬行类祖先)十分类似。它们和有袋类一样具有上耻骨,由此证明这也是一个古老的特征,而非有袋类后来演化出来的新特征。而最晚出现的有胎盘类则已经丢失了这些骨骼。

鸭嘴兽是少数有毒的哺乳动物。它的毒液藏在四肢后面的角质刺上。很多爬行动物可以产生毒液,并用来捕食和自卫。但鸭嘴兽的毒液主要用来在雄性之间打架时使用,这个假说主要基于它们在求偶阶段毒液分泌会增多的事实。雌性刚出生的时候这个角质刺更小,随后消失。角质刺由单独的骨骼支撑。针鼹也有这种角质刺,但是无毒。少数食虫类也有毒,比如鼩鼱和沟齿鼩。跟鸭嘴兽一样,它们也具有一些古老的特征。但是,目前我们仍不知道制作毒液是单孔类和食虫类单独演化出来的新特征,还是唯一被它们从爬行动物祖先那里继承下来的古老特征。

鸭嘴兽不能算是一种可以让我们了解古老哺乳动物生活的"活化石",它是长期演化导致习性高度特化的一个结果。最早的单孔类或许并没有半水生的习性,也没有那个独特的鸭嘴。而其他如针鼹等单孔类则经历了完全不同的演化历程。对环境的适应使得它们与其他大陆上的食蚁类具有相似的形态。最早的单孔类动物化石出现在1.6亿年前,发现在南美洲的巴塔哥尼亚地区。化石材料只有一段下颌,上面长有牙齿,与现生单孔类完全不同。因此,对于鸭嘴兽和针鼹而言,仅存的三个物种和零星的化石还不足以廓清它们的演化历程,我们需要更多的新发现来揭开它们身上的未解之谜。

译注

①也叫"共泄腔"(cloaca)，动物的消化管、输尿管和生殖管最末端汇合处的空腔，有排粪、尿和生殖等功能。蛔虫、轮虫、部分软骨鱼类及两栖类、单孔类哺乳动物、鸟类和爬行类都具有这种器官，而圆口类、全头类（银鲛）、硬骨鱼和有胎盘哺乳类则是肠管单独以肛门开口于外，排泄与生殖管道汇入泄殖窦 (urogenital sinus)，以泄殖孔开口体外。

第43章

受控的演化

"奶牛有四个乳房，但一胎只生一个牛犊，少数时候是两个，而其他的乳房则是为人类提供乳汁用的。母猪有十二个乳房，但却可以哺育十五只小猪。二者的乳房比例似乎是有缺陷的。但如果前者乳房数量比哺育所需要的多，而后者的乳房数量则不够，那是因为前者为人类提供它剩余的牛奶，而后者则为人类献上多余的幼崽"。（《自然研究》，1784）18世纪末期，雅克-亨利·伯纳丹·德·圣皮埃尔①是一位公开的"自然神学"倡导者，这门学问是为了在自然中寻找上帝存在的证据。对他来说，家养动物是专门为人类提供食物而创造的。讽刺的是，这些家养动物也为达尔文提供了研究模型，他用饲养者的人工选择过程类推出了自然选择理论。

18世纪的博物学家已经知道，狗和狼、家猪和野猪都可以交配繁殖，而且它们的后代也是完全可以生育的。他们也已经认识到，家猪由野猪驯化而来。而关于狗的祖先则存在一些争论，有些人认为是狼，有些人认为是豺，或者是由二者杂交形成的。牛、山羊、绵羊和猫都被认为是野生物种的后代，尽管它们的祖先并不确定。这些家养特征是由生活条件和食物造成的，并且遗传给了下一代。但达尔文随后指出，将它们的全部转变归因于圈养的生活方式是错误的，这弱化了最早驯化它们的饲养者所起到的决定性作用。

通过对考古材料的观察，最早驯化的家养动物是狗，大概出现在1.4万年前。DNA也显示，狗的祖先无疑是狼。而驯化使二者成为两个不同的亚种。大部分狗的头部很小，而且形状圆润，看起来比狼更加娇小。它们会发出清脆的叫声，而且行为更像幼年的狼。因此无论在形态上还是行为上，成年的

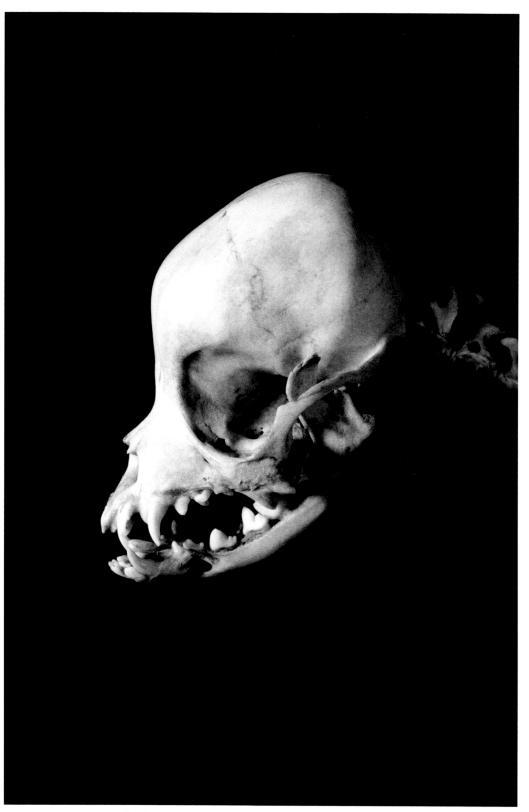

狗（*Canis lupus familiaris*），驯化亚种，全世界（肩高30厘米）

狗很像一只未成年的狼。这种发育时间的滞后让人想起幼态持续的两栖类（见第32章）。狗的这种情况可能是人类选择了较为温驯、行为稚嫩的动物进行驯化的结果。

在狼之后，人类在一万年前左右驯化了山羊和绵羊，几百年后又驯化了猪和牛。它们同样发生了快速的转变，体型明显变小，尤其是较于野外极其危险的野牛和野猪，这可能是因为饲养者选择了小而温驯的个体，让它们繁殖，而禁止其他的个体这么做。也可能是因为，那些圈养状态下较为倔强的个体总是十分紧张，以至于无法繁殖，并且很快死去，形成了一种自发的选择。这种情况现在依然存在，比如农民在驯化野牛时，有些暴躁的个体会死于心脏病。除了体型的减小，家养动物还会与野生祖先显示出一些骨骼特征上的差别，比如头骨和角的形状。它们的生活条件和饮食的确造成了一些个体差异，但更大的变化发生在整个驯养族群身上。即便放归山林，狗不会加入狼群，而家猪也不会融入野猪。选择机制改变了家养动物的遗传基因，这同样不仅发生在个体层面。

现在已经证实，即便是微小的选择行为也会产生巨大的结果。生物学家曾试图驯化银狐，进行选择的唯一标准就是行为乖巧又不具有侵略性，于是得到了温驯、友好的狐狸，与野生狐狸完全不同。这些家养狐狸具有低垂的耳朵，杂色的毛发上长有白色的大斑点。这些特征出现在许多家养动物身上：狗、猪、牛、马、山羊、绵羊、猫和兔子等。温驯的性格也与许多形态特征有关，这种关联在基因层面也得到了解释。比如黑色素是一种重要的体表色素，但通过代谢转化，它对神经反应也具有重要的作用。对啮齿类的研究显示，同样的突变会产生杂色毛发且更加温驯的动物。突变还会导致甲状腺发育能力的下降，从而让动物变得更小，更安静，耳朵下垂。同时，这些新奇的特征——由基因突变导致的形态、体色和行为的变化一般会被自然选择抹去。并不是驯化导致了这些突变的发生，而是在突变发生时，饲养者会对其进行选择，这选择的标准则与自然选择完全不同。狗常常出现吻部扁平或下颌变形等面部特征的异常，北京哈巴狗和英国斗犬就属于这种情况。猫或狗偶然会出现无毛或短腿现象，以此培育出的新品种会吸引许多买家，原因在于这种突变的稀有性，而非有益于动物本身。

尽管并不知道基因的存在，达尔文仍然认识到，对家养动物的选择是一种十分重要的生物演化机制。在写作《物种起源》时，达尔文访问了大量的饲养者，而且亲自饲养鸽子："人类可以对自然寄予的变异进行选择，并按着自己的需要让这些变异积累起来，从而让动植物适应他自己的喜好和要求……这种无意识的选择过程正是大量独特而且有用的家养品种形成的基本原理。而在人工驯养过程中如此高效的原理，必然在自然状态下也在发挥作用。"（《物种起源》）对于达尔文和所有的现代生物学家而言，牛和猪等家养动物并不是为人类而生的，而是人类自己创造出来的。

译注

① 雅克-亨利·伯纳丹·德·圣皮埃尔 (Jacques-Henri Bernardin de Saint-Pierre, 1737—1814)，法国作家，植物学家。

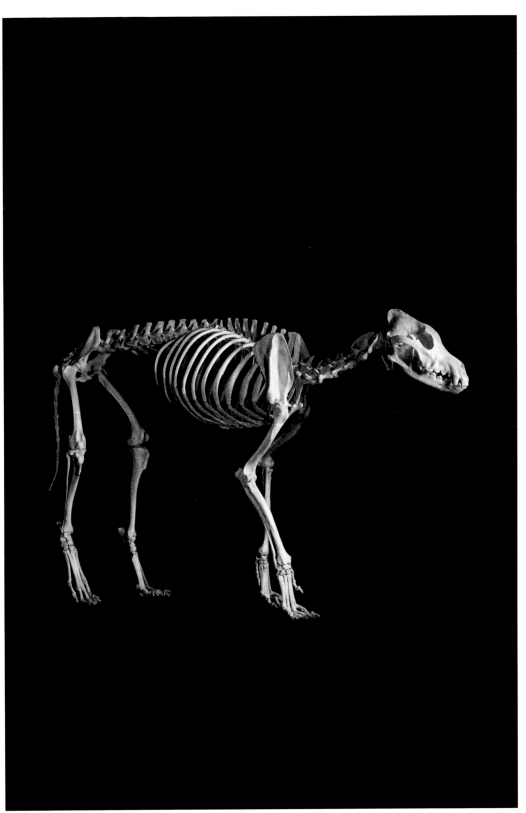

狼（*Canis lupus*），欧亚大陆及北美（肩高65厘米）

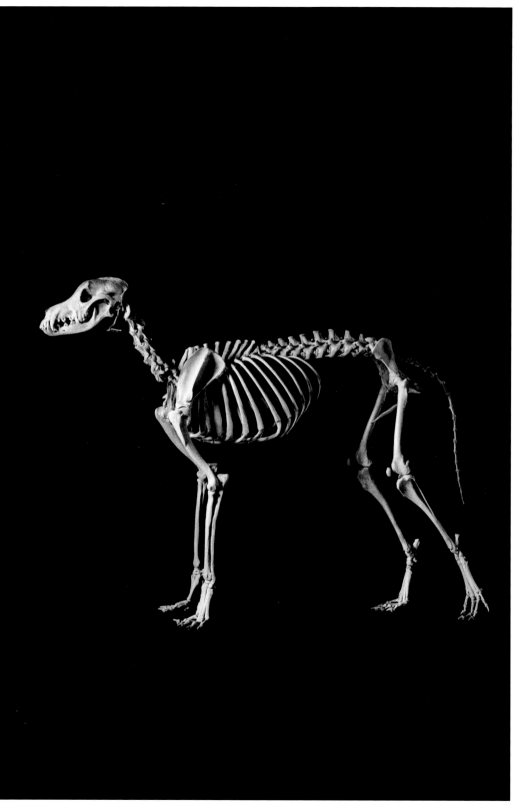

格雷伊猎犬（*Canis lupus familiaris*），驯化亚种，全世界（肩高68厘米）

猫（*Felis catus*），驯化种，全世界（肩高30厘米）

细嘴乌鸦（*Corvus enca*），东南亚（翼展37厘米）

第44章

———

人类时代

自生命诞生以来，地球上共出现了上亿个物种，其中只有很少的一部分存活到了今天。发生演化和遭到淘汰都会导致物种的消失。在激烈的生存竞争和气候波动中，物种并不总有足够的时间发生演化，并适应生存环境的变化。而生命的灭绝也是一种持续的"噪声"，干扰着化石记录为我们提供的资料。大部分过去的昆虫和蠕虫除了它们的后裔之外，都没有留下任何的痕迹。相较而言，脊椎动物的数量一直不多，但它们坚硬的骨骼却更容易形成化石。

古生物学家通过对化石记录的细致研究发现，生命的灭绝速度有时会骤然升高。化石记录中反映出来的"大灭绝"事件证明，古代生命曾经历过多次严重的生存危机。最严重的一次发生在2.5亿年前，那时96%的海生物种和70%的陆生物种突然灭绝。而最著名的一次则是发生在6500万年前以恐龙为首的各个物种的灭绝。全球气候变化以及随之而来的海平面变化、频发的火山爆发以及大规模流星雨都可能是生物大灭绝的原因。而随着末次冰期的到来，人类也走上了对地球环境的绝对掌控地位。气候的快速变化和人类的捕杀共同导致了猛犸象、南美大树懒以及大洋洲和马达加斯加的走禽等物种的灭绝，而这两种因素有时是很难区分的。而最近，物种灭绝的速度又大幅度提高：300至350种脊椎动物在过去的四个世纪中灭绝，这比之前的灭绝速率高出100倍。渡渡鸟、海牛以及袋狼等是这次灭绝中比较有代表性的物种。

渡渡鸟是一种大型的陆栖鸟类，在人类船只到达之前生活在毛里求斯岛上。渡渡鸟可能是由亚洲迁徙过来的尼柯巴鸠的后裔，在毛里求斯岛上没有天敌，生活了几百万年，并在这个过程中体型不断增大，同时失去了飞行能力。渡

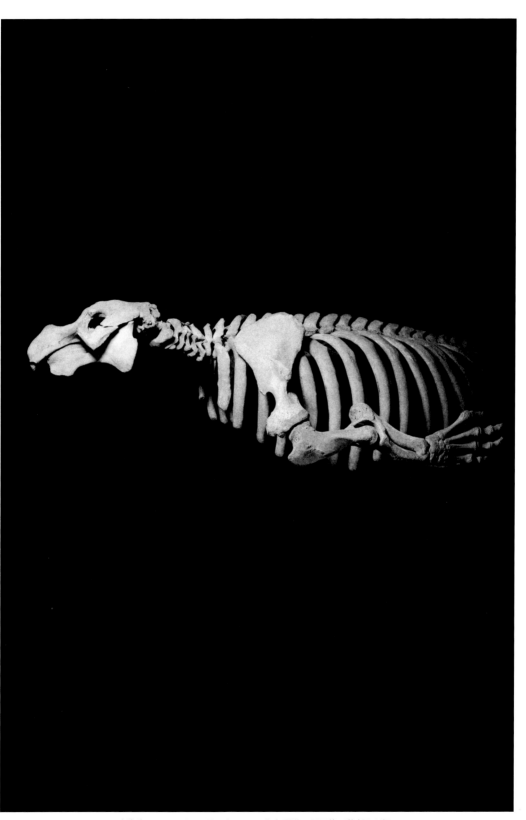

大海牛（*Hydrodamalis gigas*），北太平洋，已灭绝（体长6.6米）

渡渡鸟对人类没有畏惧，看到人也不会逃跑。人类为了食用它的肉将其捕杀，而它的蛋则被随着人类船只到来的狗和老鼠毁坏。渡渡鸟最终在18世纪中期灭绝。

大海牛是一种大型海生哺乳动物，体型与大象近似，生活在北太平洋。自1741年被俄国探险队发现后，海牛立刻因其肉多皮厚而成为人类肆意捕杀的对象。这个物种的种群数量并不大，分布也十分有限，在发现后27年便走向灭绝。近期在从日本到美国加州的整个北太平洋沿岸都发现了海牛的化石，由此人们认为海牛是最后一种曾经广泛分布而最终全部因人类捕杀而灭绝的动物。

袋狼又被称为塔斯马尼亚虎。之所以有人称之为虎，是因为它的背上有一些类似虎皮的条纹，但实际上它与老虎在体型、形态和行为上都十分不同，而它的骨骼与狼出奇相似。袋狼属于有袋类，与袋鼠的亲缘关系比狼更近（尽管其有袋类特有的上耻骨已经消失）。袋狼经常出现在澳洲土著民的壁画上，但随后便因早期人类土著的捕杀，以及与人类带来的澳洲野狗的竞争中走向衰亡。残留在塔斯马尼亚岛上的袋狼最终被欧洲殖民者彻底猎杀殆尽。最后一头袋狼于1936年死在动物园中。袋狼也是最近由于人类捕杀而直接灭绝的哺乳动物之一。

现在，共有5000多种脊椎动物都在不同程度上面临着即将灭绝的威胁，其中包括三分之一两栖类、一半龟类、四分之一哺乳动物和八分之一的鸟类。大多数濒危的大型哺乳动物和鸟类至少都在短期内受到法律的保护。而对于其他物种而言，无论昆虫、蠕虫还是其他软体动物，灭绝的速率都与地史时期的大灭绝事件近似。捕杀和渔猎经常因此而备受指责，但更主要的威胁则来自自然环境的破坏、外来物种入侵以及各种各样的污染及全球气候变暖。这一大灭绝不仅意味着自然界失去了很多美好的财富，同时也对从野生生命中获取食物、医疗及居住资源的几十亿人类造成严重的威胁。实际上，我们要比想象中更加依赖生活在陆地、海洋和森林中的各种生命。

物种的灭绝也是生命演化的一部分。尽管会带来许多灾难性的后果，但过去发生的大灭绝事件在演化过程中扮演着重要的角色，使许多动物类群"重新洗牌"。在每次灭绝事件以后，生物多样性又会因一些类群的快速辐射演化而重新提高，比如恐龙灭绝导致的哺乳动物繁盛。但演化的时间不是人类的时间，演化发生在上百万年的时间尺度上，而非短短百年。当老虎、犀牛和其他一些经历漫长演化历程的物种走向灭绝的时候，留下来陪伴人类的将是苍蝇、蟑螂和老鼠这些适应能力极强、可以在任何环境下大量繁衍的生命。

"人类，被鲸身上的种种珍宝所吸引，便打破鲸的祥和，闯入它的孤寂，除了令人却步的极地、冰冷的荒原，人类将屠杀所见的一切……只要尚有一头存活，鲸将一直是人类贪婪和欲望的祭品。人类的奇技淫巧终会使他们征服地球的每一个角落，而鲸也终将无处藏匿，直至灭亡。"（拉西帕德①，《鲸的自然史》，1804）

译注

①伯纳德·杰尔曼·德·拉西帕德（Bernard Germain de Lacépède, 1756—1825），法国博物学家，共济会成员，在布封死后秉承其遗志完成44卷巨著《自然史》的后8卷。

袋狼（*Thylacinus cynocephalus*），澳大利亚，已灭绝（体长1.24米）

袋狼 (*Thylacinus cynocephalus*)，澳大利亚，已灭绝 (体长1.24米)

附录

———

分类

从16世纪开始，西方博物学家们就开始给生物罗列系统性的清单，以此来厘清由诸多食用、药用及染色用植物等的当地俗名造成的混乱。依作者的不同，其划分动物分类单元的标准，从形态学的，到地理分布的，甚至按字母顺序的，不一而足，但都是服务于当时的核心目标，就是识别物种。还有一个更长远的逐步达到的目的：揭示大自然的丰富性。给生物分类旨在探察上帝所创造的大自然的隐含秩序，继而有助于理解上帝的意图。给动物分门别类，就需要挑选出能构建出分类体系的特征，这些特征应该是"固有的"、稳定的，且众所周知的。

在传统分类学中，动物的类群，或分类阶元，比如"夜间的猛禽""鸟类""脊椎动物"都代表着不同的层级。最基本的一级是"种"（species），包括能相互交配的一群动物；往上一级是"属"（genus）（详见第10章），包括了一些十分相似的种，例如狮、豹、虎这三个种；几个属被归为一个"科"（family），而多个科又归入逐级递增的这些阶层：目（order），纲（class），门（phylum）。所以，狮子依次属于脊索动物门，哺乳动物纲，食肉目下面的猫科。门是在此最高一级的分类阶元，包括所有基本结构相同的动物（详见第9章）。

在19世纪初期，分类学基于的是动物（或植物）的解剖结构，但不同物种之间并不带有任何假设的天然的联系。随着演化思想的发展，人们倾向于在不同层级的类群及其可能的近亲类群间建立一种平行关系。例如，达尔文主张，分类应完全基于系统发育关系——物种之间和类群之间的联系。选择分类的特征依据的时候，需要考虑演化的维度——比如，要甄别出同一阶层中，那些平行但又是独立演化出来的相似特征。所以，金枪鱼和海豚虽然整体外形一致，但这样的相似点来源于它们对相同环境的适应，而不是其亲缘关系。从19世纪60年代起，系统分类学家们渐渐接受了"分支系统学"，这种理论只着眼于"共有衍征"——动物学意义上的一组动物中，每个成员都要具备的，且只存在于它们身上的一系列特征。这些特征能划分出起源于共同祖先的所有后裔物种。

以往对鸟类和爬行动物的分类，与分支系统学方法得出的结果有些出入。鸟类组成了一个特征一致的分类阶元，它们中的所有成员都具有一个全新的演化特征：羽毛。它们是唯一一群具有羽毛的动物（至少在现存物种当中）[①]，它们被认为起源于带有这一变革性演化特征的共同祖先。在这一点上，传统分类学与分支系统学是达成共识的。但对于爬行动物的分类，分支系统学理论持有不同观点：事实上，鳄类和鸟类的亲缘关系，相较于其与龟鳖类的要更近（见第412至413页的脊椎动物系统发育树）。站在分支系统学的立场，如果爬行纲包含所有现生的爬行动物，那么它也应该包含鸟类。所以"蜥形纲"就要包括爬行动物和鸟类，由主龙类（鳄目、恐龙和鸟类）、鳞龙超目（蜥蜴和蛇）和龟鳖目（龟鳖）组成。

由分支方法构建的"树"，并没有表示出现代动物们的祖先。化石物种在分类体系中有标注，但只是作为现生类群祖先的"姊妹群"，而不是那个确切的共同祖先。这些化石可能会和那些祖先物种极其相似，但依然有一些特征让它们不足以成为真正的祖先。这样去认识化石，可以避免"缺失环节"这样的提法，这个概念显示出对演化本质的误解，因为在许多处于化石和现代物种之间，起到联系作用的那些过渡类型，依旧缺少化石记录。实际上，过渡类型的缺失也不难解释，因为化石的形成本身就十分偶然，不管我们能不能找到，很多物种可能根本就没有留下化石代表。而且，演化中的形态转变，更多是发生在那些小的孤立群体之中，这就造成了从它们中形成化石的概率更是低得可怜。即使我们找到了与其很接近的化石，对于今天这些动物的真正祖先还是无从知晓。

为了构建系统发育树，系统分类学家们要将大量的解剖学和生理学特征，还有来自分子生物学的发现，统统纳入考虑。生物学家们比对了动物的分子组分，先是蛋白质，之后是DNA。总体来看，两个物种中发挥同样作用的蛋白质之间所含有的差别的多少，取决于它们从同一祖先分开以来，经过的时间的长短。编码这些蛋白的基因也有同样特性，基因数据用起来会更加精确。实际操作中，先要对基因进行测序——检测这些基因的具体排列，然后与其他基因比对，找出排列上的不同。接下来，经过复杂的数学运算，树图得以构建，基因之间一连串的相似点和不同点都会以图表的形式被列出。这项因计算机的发展才得以广泛运用的技术，证实了所有生物源自共同祖先，因为它们都分享着共同的分子基础（比如那些DNA复制或细胞呼吸所必需的蛋白质）。分子生物学构建的系统发育树，往往能与早期基于解剖结构的树相互对应，这样在有的情况下能解决一些过去遗留的老问题。但是，分子信息有时也会和解剖方面的信息产生矛盾。

所得出的系统发育树需要随时随地，根据重新测序而做出调整，因为总会有新发现的或刚被破译的特征出现。

分类学不仅引发了动物学家们的兴趣，还有它的实用之处——例如，有助于立法保护物种（详见第10章），还可以为医学研究选定合适的模式动物。分类学还有一定的哲学意义——将人类界定为灵长类之一，一个与其他所有动物同宗同源的物种。分支系统学对我们在系统发育树上的位置有所调整：与黑猩猩亲缘关系最近的表亲，不再像传统上认为的那样是大猩猩，而是我们人类。

译注

①保存精美的化石证据表明，很多种类的翼龙和恐龙身上都存在丝状的皮肤衍生物，被认为是原始的羽毛，所以羽毛的起源甚至可以追溯到原始的主龙类。在许多进步的小型兽脚类中已经出现了与今天鸟类的羽毛几乎一样的现代羽毛，而越来越多的各方面证据显示，鸟类很可能起源于兽脚类恐龙中的一支。

附录

脊椎动物系统发育树

　　此系统发育树根据2006年的研究结果修改而来，仅是现生动物完整系统发育树的其中一部分。古生物学家和动物学家的新发现，以及现生物种的基因组研究成果，都可能更正人类对于物种间的亲缘关系，及其在系统发育树上相对位置的正确认识。例如，啮齿类最近被移至与灵长类更近的位置，而在此之前则相距甚远。

　　图中所示的物种间关系并非直系亲缘关系，而是旁系亲缘关系。人族（包括人类和黑猩猩）的最近姐妹群是其左侧的最近演化分支（或演化节点）——大猩猩族（包括大猩猩）。胼足亚目（包括骆驼）在图中也位于人族旁边，但其实需要在发育树上回溯很远才能将它们联系到一起，因此二者的亲缘关系很远。绝大多数的演化分支（或称"分类单元"）都有相关联的动物学类群名称，有些广为人知（如"鸟类"），有些则是为了填补分类需要而新近添加的（如"北方真兽类"）。

　　图中最左侧的演化节点代表着比右侧节点更古老的演化事件，但发育树的分支长度并不代表这一演化分支实际存在的时间跨度。图中有一些化石物种，但它们不是现生类群的祖先，而是其近亲。

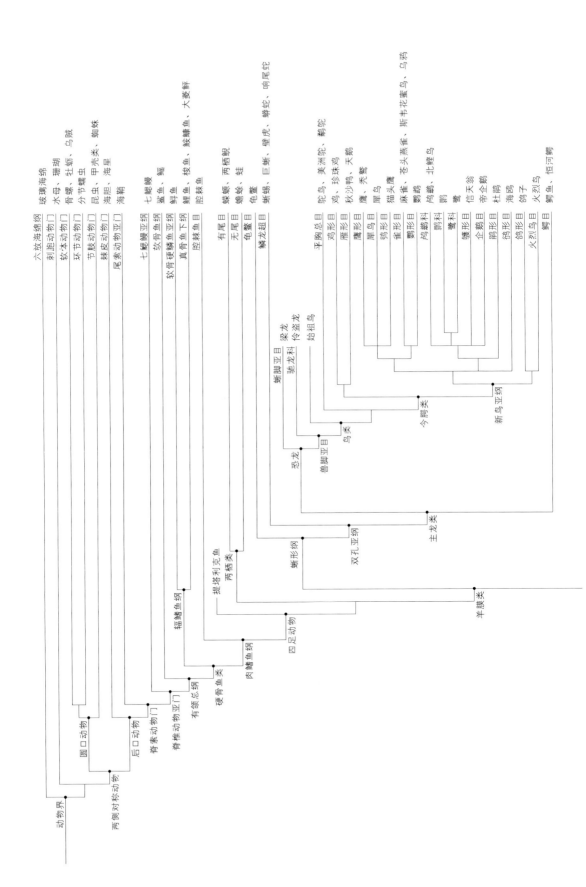

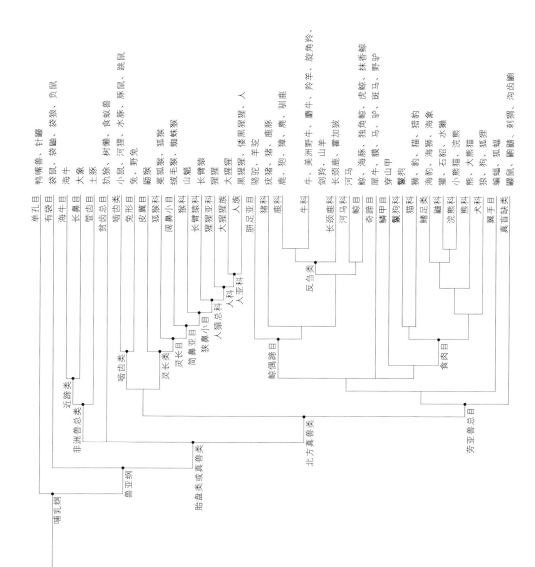

脊椎动物系统发育树

术语表

适应（adaptation）：动物或植物历经若干世代，在解剖、生理或行为方面，针对其周围环境条件（气候、土壤成分和其他物种）而产生的调整变化。

生物多样性（biodiversity）：生物的多样性。该术语可以指同种之中个体的多样性（多态性），特定环境中生物物种的多样性，或是生态系统的多样性。

细胞（cell）：生物体的基本单元，任何生物都由单个或一组细胞构成。在多细胞动物中，细胞存在不同的分工：例如神经、肌肉、骨骼、血液等。

染色体（chromosomes）：由DNA和蛋白质组成的细胞成分，在显微镜下可见。DNA在每条染色体上交织缠绕，携带有一系列基因。在大部分动植物中，一个个体的染色体一半来自父方，另一半来自母方。

分类学（classification）：根据解剖或基因标准，将生物分组。分支分类学是一种基于系统发育模型的分类，涉及物种间的演化关系。

协同演化（co-evolution）：两种物种（或两组物种）的形态变化间存在相互影响的演化过程。

竞争（competition）：物种间或个体间为了利用相同资源而存在的关系。这些资源对于掠食性物种而言可以是猎物，对于植物而言可以是地下水，对于同种之中的雄性而言可以是雌性。

趋同（convergence）：两个物种（或两个分类阶元）之间，在演化过程中独立出现的那些相似之处。例如，海豚和鲨鱼的体型，或章鱼和脊椎动物的眼睛。

发育（development）：从卵细胞形成，到由这个卵细胞受精后发育而成的生物体的死亡，其间的一系列现象。同义词为**个体发生**。

分化（differentiation）：可以指在胚胎发育过程中，细胞的特异化过程；也可以指在成种过程中，两个物种在解剖和行为方面产生的分歧。

DNA（脱氧核糖核酸，deoxyribonucleic acid）：含有控制细胞功能和动物从受精卵（由受精作用形成）发育的所有信息的化学物质。这些信息由四种化学编码（核苷酸A、T、G和C）呈链状编码，集结成对每个物种独一无二的序列。在每个细胞内，DNA交织成条状物，叫作染色体。

生态位（ecological niche）：物种在生态系统中的位置，包括其栖息地，取食习惯，与其他物种的关系，等等。两个物种不能在相同环境中占用同样的生态位，否则竞争也会限制其中一者的生存。

生态系统（ecosystem）：物质环境及栖息其中的生物。生态系统的描述，还包括二者间的相互作用。

受精（fertilization）：雄性配子（例如一个游动的精子）和雌性配子（例如卵细胞）的融合，然后形成一个细胞整体，受精卵。

物种不变论（fixism）：主张物种永恒不变的学说，认为自从被上帝创造以来，物种就没有丝毫变化。

基因（gene）：由DNA组成的，含有一个或多个细胞功能所必需信息的染色体片段。基因对细胞蛋白质的合成至关重要，还确保细胞功能的正常发挥。

基因组（genome）：物种或个体的一套基因。

异时发育（heterochrony）：物种发育过程中存在时间上的偏差的演化模式。例如，个体身体总体长大和性成熟之间的先后。亦可见**幼态持续**。

同源（homology）：由于演化自同一个原始器官，两个器官在结构上体现出的相似性。如果两组基因源自同一组原始基因，它们也可被称为是"同源的"。

杂交（hybridization）：两个不同物种间的交叉繁殖。

混合繁殖力（interfecundity）：来自两个不同种群的个体之间交配繁殖的能力。

新陈代谢（metabolism）：细胞中的一系列化学反应，与能量生产及分子物质的合成或去除相关。

变态（metamorphosis）：从幼体到成体所经历的一系列变形，到成体时形态会截然不同（例如毛毛虫到蝴蝶，蝌蚪到蛙）。

微演化（microevolution）：微小的突变造成的种内的演化。与之相对的是宏演化，它描述的是动物分类阶元间的主要分化，由物种中深层的结构变形引起。

单系（monophyletic）：由所有这些物种的共同祖先及其所有后裔所组成的一个类群。"鸟类"就是一个单系，而"爬行类"就不是：后者不包含鸟类，而鸟类是一些爬行动物的后裔。

突变（mutation）：基因或染色体的变化（或这种变化造成的结果）。一个突变能导致动物在生理、解剖或行为方面或大或小的变化。生殖细胞内的突变可在后代中传递。

自然选择（natural selection）：依据其生存和繁殖能力，对某个物种的个体们的筛选。为了在选择中生存下来，个体必须各有不同，这些不同之处是可遗传的，并且必须能影响生存和繁殖能力。

幼态持续（neoteny）：异时发育的一种形式，以性成熟相对早于身体其他部分的发育为特点。

成年个体保留着幼年的特征。

个体发生/个体发育（ontogeny/ontogenesis）：参见发育。

寄生（parasitism）：动植物从其他生物身上获利的生活方式，一定程度上干扰后者的生长发育或其他活动，但不会将其立刻置于死地。

系统发育（phylogeny）：生物的演化历史。系统发育树是物种之间关系的图形化表示，基于对它们的基因、解剖或生理特征的比较进行重建。

胎盘类（placental）：其胎儿在胎盘上发育的哺乳动物。在哺乳纲中，只有有袋类（比如袋鼠）和单孔类（比如鸭嘴兽）是无胎盘的。

多态性（polymorphism）：种内个体之间在解剖、生理或基因方面的多样性。

演化（或适应性）辐射（radiation, evolutionary or adaptive）：一个动物群随着进入全新的地区或其他类群的消失，为了填补空缺的生态位，而产生的快速而剧烈的多样化。

序列（sequence）：构成DNA或蛋白质的连续或关联的组分（对于DNA而言是核苷酸A、T、G和C，对于蛋白质而言是氨基酸）。

测序（sequencing）：测绘DNA或蛋白质序列。对两个个体或两个物种的基因测序，有助于对其演化层面上差异程度的估测。

两性异形（sexual dimorphism）：除了生殖器官本身的不同之外，同一物种的雌雄之间在解剖结构方面的一系列差异。

成种（speciation）：一个或几个新物种从祖先物种中脱离出现的过程。

系统学（systematics）：对生物进行分类的科学。系统发育体系是基于物种间的基因联系。

跗骨（tarsus）：临近胫骨的组成足的一部分的那些小骨头的统称。

阶元或分类单元（taxon or taxonomic unit）：一组拥有一项或一系列共同特征的生物。每个分类单元都专指一个动物类型，处于分类体系中的一个指定的阶级：门、纲、目、科、属和种。例如"软体动物"门、"鸟"纲，以及"人"科都是阶元。

四足类（tetrapod）：具有四肢的脊椎动物，或者是具有此特征的动物的后裔，比如蛇类和鲸类。

退化器官（vestigial organ）：在一个物种或一群物种身上，与其带有正常发育的部分的亲缘物种相比，处于退化状态的器官。与发育完全者相比，它可能具有完全不同的功能。

参考文献

图书

Beaumont André, and Pierre Cassier. *Biologie animale. Les Cordés: anatomiecomparée des Vertébrés.* Paris: Dunod,2005.

Buffetaut, éric. Cuvier. *Pour la science.* Paris: Belin, 2002.

Buffon, Georges Louis Leclerc, Comte de,and Louis-Jean-Marie Daubenton. *Discours sur la nature des animaux, suivide De la description des animaux.* Paris: Rivages, 2003

*Nouveau dictionnaire d'histoire naturelle.*Ed. J.F. Deterville. Paris, 1816

Coppens, Yves, and Pascal Picq. *Aux origines de l'humanité.* Vol. 1. Paris:Fayard, 2001.

Cuvier, Georges. *Discourse on the Revolutionary Upheavals on the Surfaceof the Earth.* Trans. Ian Johnston,Liberal Studies Department, Malaspina University College, Nanaimo, British Columbia, May 1998.

Darwin, Charles. *The Descent of Man, and Selection in Relation to Sex* London, 1871.
——*The Origin of Spooico.* London, 1859.

Dawkins, Richard. *The Selfish* Gene. Oxford: Oxford University Press, 1976.

Gasc, Jean-Pierre. *Histoire naturellede la tête. Leçons d'anatomie comparée.* Paris: Vuibert, 2004.

Goldschmidt, Tijs. Darwin's Dreampond:*Drama in Lake Victoria.* Trans. Sherry Marx-MacDonald. Boston: MIT Press, 1998.

Gould, Stephen Jay. *Ever Since Darwin.* New York: W.W. Norton & Company, 1977.
——*Full House: The Spread of ExcellenceFrom Plato to Darwin.* New York:Harmony, 1996.
——*Wonderful Life: The Burgess Shale and the Nature of History.* New York:W.W. Norton & Company, 1989
——*The Panda's Thumb.* New York:W.W. Norton & Company, 1980.
——*Hen's Teeth and Horse's Toes.*New York: W.W. Norton & Company, 1983.

Grassé, Pierre Paul. *Traité de zoologie.* Paris: Masson.

Hartenberger, Jean-Louis. *Une brèvehistoire des mammifères.* Paris: Belin, 2001.

Jacob, Français. *Le jeu des possibles. Essai sur la diversité du vivant.* Paris:LGF—Livre de Poche, 1986.

Jouventin, Pierre. *Les confessionsd'un primate. Pour la science.* Paris:Belin, 2001.

Lamarck, J.B. *Zoological Philosophy. Trans.* Hugh Elliot. Rosamond, CA: Bill Huth Publishing, 2006.

Le Guyader, Hervé. *Geoffroy Saint-Hilaire.Un savant, une époque.* Paris: Belin, 1998.
——*L'évolution. Pour la science.* Paris:Belin, 1998.

Lecointre, Guillaume, and HervéLe Guyader. *Classification phylogénétiquedu vivant.* Paris: Belin, 2006.

Mayr, Ernst. One Long Argument:*Charles Darwin and the Genesisof Modern Evolutionary Thought.*Cambridge, Massachusetts :Harvard University Press, 1991.

Monod, Jacques. *Chance and Necessity:An Essay on the Natural Philosophyof Modern Biology.* New York:Alfred A. Knopf, 1971 .

Tassy, Pascal. *Le Paléontologue etl'évolution.* Paris, Le Pommier: 2000.

Tillier, Simon (Ed.) *Encyclopédie du règneanimal.* Paris, Bordas: 2003.

Tort, Patrick (Ed.) *Dictionnairedu darwinisme et de l'évolution.* Paris,PUF: 1996.
——*Darwin and the Science of Evolution.Discoveries.* New York: Harry N. Abrams,1991.

Waal, Frans de. *Quand les singesprennent le thé. Trans.*Jean-Paul Mourlon. Paris:Fayard, 2001.

论文

Abzhanov, A., M. Protas, *et al.* "Bmp4 and Morphological Variation of Beaksin Darwin's Finches." *Science* 305 (2004):1462-1465.

Albertson, R.C., J.A. Markert, *et al.* "Phylogeny of a Rapidly Evolving Clade:The Cichlid Fishes of Lake Malawi, East Africa."*Proceedings of the National Academy of Sciences of the United States of America* 96-9 (1999): 5107-5110.

Bejder, L., and B.K. Brook. "Limbs in Whales and Limblessnessin Other Vertebrates: Mechanisms of Evolutionary and Developmental Transformation and Loss."*Evolution & Development*4-6 (2002): 445-458.

Berglund, A., A. Bisazza, and A. Pilastro. "Armaments and Ornaments:An Evolutionary Explanation of Traits of Dual Utility", *Biological Journal ofthe Linnean Society* 58 (1996) :385-399.
Boursot, P., J-C Auffray, *et al.* "The Evolution of House Mice." *Annual Review of Ecology and Systematics* 24(1993): 119-152.

Bramble, D. M., and D. E. Leiberman. "Endurance Running and the Evolution of Homo", *Nature* 432 (2004): 345-352.

Chatti, N., J. Britton-Davidian, *et al.* "Reproductive Trait Divergence and Hybrid Fertility Patterns between Chromosomal Races of the House Mouse in Tunisia: Analysis of Wild and Laboratory-bred Males and Females",*Biological Journal of the Linnean Society*84 (2005): 407-416.

Chen, Y., Y. Zhang, et al. "Conservation of Early Odontogenic signaling Pathwaysin Aves," *Proceedings of the National Academy of Sciences of the United States of America* 97-18 (2000): 10044-10049.

Clutton-Brock, T. H., S. D. Albon,and P. H. Harvey. "Antlers, Body Sizeand Breeding Group Size in the Cervidae." *Nature* 285 (1980): 565-567

Danley, P. D., and T.D. Kocher. "Speciation in Rapidly Diverging Systems: Lessons from Lake Malawi." *Molecular Ecology* 10:1075-1086.

Delsuc, F., J.-F. Mauffrey, and E. Douzery. "Une nouvelle classification desmammifères." *Pour la science* 303: 62-66.

Dobney, K., and G. Larson. "Genetics and Animal Domestication: New Windows on an Elusive Process." *Journal of Zoology* 269-2 (2006): 261-271.

Ericson, P. G., C.L. Anderson, *et al.* "Diversification of Neoaves: Integration of Molecular Sequence Data and Fossils." *Biology Letters* 2-4 (2006): 543-547.

Grant, P. R., and B.R. Grant. "Unpredictable Evolution in a 30-Year Study of Darwin's Finches." *Science* 296(2002): 707-711.

Irwin, D. E., S.Bensch, *et al.* "Speciationby Distance in a Ring Species." *Science* 307: 414-416.

Jouventin, P., R. J. Cuthbert, and R. Ottval. "Genetic Isolation and Divergence in Sexual Traits: Evidence for the Northern Rockhopper Penguin Eudyptes moseleyibeing a Sibling Species." *Molecular Ecology* 15-11 (2006): 3413-3423.

Liebers, D, P. de Knijff, and A.J. Helbig. "The Herring Gull Complex is not a Ring Species." *Proceedings of the Royal Society of London.* Series B, Biological Sciences 7-271-1542 (2004): 893-901.

Lindberg, J., Björnefleldt, S., *et al.* "Selection for Tameness has changed Brain Gene Expression in Silver Foxes." *Current Biology* 15-22 (2005): 915-916.

Lindenfors, P., and B. S. Tullberg. "Phylogenetic Analyses of Primate Size Evolution: The Consequences of Sexual Selection." *Biological Journal of the Linnean Society* 64-4 (1998): 413-447

Lisle Gibbs, H., M. D. Sorenson, *et al.* "Genetic Evidence for Female Hostspecific Races of the Common Cuckoo." *Nature* 407 (2000): 183-186.

Loison, A., and J. M. Gaillard. "What Factors Shape Sexual Size Dimorphismin Ungulates?" *Evolutionary Ecology Research* 1 (1999): 611-633.

Mitsiadis, T. A., J. Caton, and M.

Cobourne. "Waking-up the Sleeping Beauty: Recovery of the Ancestral Bird Odontogenic Program." *Journal of Experimental Zoology.* Part B. Molecularand Developmental Evolution 306-3(2006): 227-233.

Olaf, R., P. Bininda-Emonds, et al. "Building Large Trees by Combining Phylogenetic Information: A Complete Phylogeny of the Extant (Carnivora Mammalia)." *Biological Reviews of the Cambridge Philosophical Society* 74(1999): 143-175.

Pérez-Barbería, F. J., I.J. Gordon,and M. Pagel. "The Origins of Sexual Dimorphism in Body Size in Ungulates." *Evolution* 56-6 (2002): 1276-1285.

Pouyaud, L., S. Wirjoatmodjo, *et al.* "Unenouvelle espèce de coelacanthe:preuves génétiques et morphologiques." *Comptesrendus de l'Académie des sciences,*Série III:Sciences de la vie 322 (1999):261-267.

Robert, M., and G. Sorci. "The Evolution of Obligate Interspecific Brood Parasitism in Birds." *Behavioral Ecology* 12-2 (2001): 128-133.

Ruckstuhl, K. E., and P. Neuhaus. "Sexual Segregation in Ungulates: A Comparative Test of Three Hypotheses." *Biological Reviews of the Cambridge Philosophical Society* 77-1 (2002): 77-96

Rutila, J., R. Latja, and K. Koskela. "The Common Cuckoo Cuculus Canorusand its Cavity Nesting Host, the Redstart Phoenicurus phoenicurus: A Peculiar Cuckoo-host System?" *Journal of Avian Biology* 33 (2002): 414-419.

Sato, A., C. O'Huigin et al. "Phylogeny of Darwin's Finches as revealed by mtDNA Sequences." *Evolution* 96-9 (1999):5101-5106.

Simmons, R., and L. Scheepers, 1996."Winning by a Neck: Sexual Selection in the Evolution of Giraffe", *The American Naturalist*, 148: 772-786.

Tassy, P. "Et la trompe vint auxelephants;" *La Recherche* 305 (1998):54.

Talbot, S. L. and G. F. Shields."Phylogeography of Brown

Bears (Ursusarctos) of Alaska and Paraphyly withinthe Ursidae." *Molecular Phylogeneticsand Evolution* 5-3 (1996). 477-94.

Thewissen, J. G. M., E. M. Williams, et al."Skeletons of Terrestrial Cetaceansand the Relationship of Whales to Artiodactyls." *Nature* 413 (2001): 277-281

Tougard, C., T. Delefosse, et al."Phylogenetic Relationships of the Five Extant Rhinoceros Species (Rhinocerotidae, Perissodactyla basedon Mitochondrial Cytochrome b and 12SrRNA Genes)." *Molecular Phylogenetics and Evolution* 19-1(2001): 34-44.

Waal, F. B. M. de. "Bonobo Sex and Society." *Scientific American* 272-3(1995): 82-88.

Wiens, J. J., and J. L. Slingluff. "How Lizards turn into Snakes: A Phylogenetic Analysis of Body-form Evolution in Anguid Lizards." *Evolution* 55-11 (2001):2303-2318.

总索引

动物学索引

标本来源

法国自然历史博物馆（巴黎）

埃及圣鹮
埃及圣鹮（木乃伊）
白颊长臂猿
白犀
斑马
斑尾林鸽
杯形珊瑚
北方海狗
北极熊
苍头燕雀
赤麂
刺猬
脆蛇
大地雀
大海牛
大火烈鸟
大美洲驼
大猩猩（雌和雄）
大熊猫
袋狼
袋鼹
袋鼬
单峰驼
地中海小家鼠
帝王蛇蜥
雕鸮
杜鹃
渡渡鸟
鳄鱼
飞蜥
非洲跳鼠
非洲象
绯红金刚鹦鹉
佛得角大石龙子
负鼠
骨螺
玻璃海绵
海蟾蜍
海地沟齿鼩
海牛
海鸥
海獭
海象
海蜘蛛
河狸
河马
赫曼陆龟
黑冠夜鹭
黑猩猩
恒河鳄
红交嘴雀
红角鸮

红腿陆龟
獾
浣熊
灰熊
霍加狓
家麻雀
家鼠
角蜥
金翅雀
巨蜥
狼
鲤鱼
两栖鲵
猎豹
鬣狗
鹿豚
绿蠵龟
马
马来穿山甲
马来犀鸟
马鹿
马铁菊头蝠
麦哲伦企鹅
蛮羊
蟒蛇
美洲野牛
麋鹿（雄和雌）
冕狐猴
南海狮
南露脊鲸
扭角林羚
欧亚红尾鸲
狍
漂泊信天翁
普通秋沙鸭
七带犰狳
腔棘鱼
人
日本大鲵
山魈
麝牛
狮子
石貂
食蚁兽
水牛
水豚
斯韦花蜜鸟
碎石海胆
土豚
兔
豚鼠
鸵鸟
弯角剑羚
倭狐猴
鼯猴
鳞尾松鼠
兀鹫

响尾蛇
小鸦
小熊猫
猩猩
雪兔
雪鸮
驯鹿（雄和雌）
鸭嘴兽
亚洲野驴
鼹鼠
羊驼
印度獏
印度犀
印度小头鳖
疣猪
幼年黑猩猩
鹬鸵
獐
长耳鸮
长颈鹿
侏羚
棕头鸥
棕熊
鬃树懒

摩纳哥海洋博物馆

长肢领航鲸
独角鲸
虎鲸
尖吻鲭鲨
抹香鲸
条纹原海豚

图卢兹自然历史博物馆

北鲣鸟
赤狐
短吻鳄
港海豹
黑猩猩
红颈袋鼠
环尾狐猴
灰鳐
金雕
马
猫
美洲豹
人
绒毛猴
兔
瓦努阿图狐蝠

细嘴乌鸦
旋角羚

马赛自然历史博物馆

非洲象

国立兽医学校弗拉戈纳尔博物馆

驴
牛
狗
猪

JECO标本制作公司

鲅鲢
斑点月鱼
大鳞鲆
大菱鲆
黑色食人鱼
黑天鹅
护士鲨
家鸡
马铁菊头蝠
牛蛇
旗鱼
田鼠
小林姬鼠
珍珠鸡

史蒂夫·赫斯基博士

国王变色龙

奇境动物园（荷兰）

白琵鹭
蜂鸟
海马
黑脚企鹅
家麻雀
家鼠
狷羚
拉河三带犰狳
利氏狷羚
普通鸬鹚
雀鹰
四角羚
托哥巨嘴鸟
驼鹿

致谢

本书编辑对以下诸位的热心帮助和无私奉献
表示感谢：

法国自然历史博物馆，巴黎
André Ménez
Bertrand-Pierre Galey
Michel Van Praët
Jean-Pierre Gasc
Philippe Pénicaut
Anne Roussel Versini
Jean-Guy Michard
Anick Abourachid
Christine Lefèvre
Thomas Cucchi
Annie Orth
Hugo Plumel
Marie-Dominique de Gouvion Saint-Cyr
Cyril Roguet
Régis Cléva
Patrice Pruvost
Philippe Maestrati
Laure Pierre
Isabelle Domart-Coulon
Luc Vivès
Alain Carré
Éric Pellé

法国人类博物馆，巴黎
Philippe Mennecier

摩纳哥海洋博物馆
Jean Jaubert
Didier Théron
Patrick Piguet
Éric Bonnal
Georges Cotton
Michel Dagnino

图卢兹自然历史博物馆
Jean-François Lapeyre
Pierre Dalous
Henri Cap

迈松阿尔福市国家兽医学校及弗拉戈纳尔博物馆
Christophe Degueurce

马赛自然历史博物馆
Anne Médard-Blondel

亨利四世中学
Éric Périlleux

伯夫罗讷河畔纳恩市
Michel Legourd
Collette et Christian Cornette

设计与自然博物馆
Anne Orlowska

荷兰奇境动物园
Cees Van Dashorst
Eelco Bouwman
Henry Schonewille

克劳德自然博物商店
Claude Misandeau

模拟公司（ANALOGUE）
Serge Lestimé

Atalante/Paris设计公司
Mathilde Altenhoven
Stéphane Crémer
Aminatou Diallo
Annette Lucas

沙维叶·巴莱尔出版公司
Coline Aguettaz
Yseult Chehata
Charlotte Debiolles
Emmanuelle Kouchner
Céline Moulard
Émilie Rigaud
Perrine Somma

特别感谢
Catherine Alestchenkoff
France et Oscar Bourgouin
Frédérique Cadoret
Frédéric Dahan
Sylviane de Decker
Philippe Delmas
Diane Dufour
Hervé Dolant
Nathalie Feldman
Julien Frydman
Jean Gaumy
Éric Hazan
Anne-Marie Heugas
Marion Jablonski
Christiane et Marc Kopylov
Francis Laclocle
Christian de Pange
Roland Pilloni
Éric Reinhardt
Agnès Sire
Gilles Tarjus
Alain Touminet

以及本书的作者和摄影师
Jean-Baptiste de Panafieu
Patrick Gries

编辑
Xavier Barral
Jean-Baptiste de Panafieu

摄影
Patrick Gries
摄影助理
Alexandra Taupiac
Éric Genévrier

法国自然历史博物馆

科学顾问
Anick Abourachid
Christine Lefèvre

出版协调
Anne Roussel Versini

标本复原装架
Luc Vivès
Alain Carré
Éric Pellé

本书献给阿奈特、萝拉和玛戈

译后记

 终于完成了全书的翻译和校订，既疲惫，又兴奋。回想四个月前，出版社的马编辑在中国古动物馆科学课堂将《演化》交给张平老师和我的场景，仍历历在目。清淡幽雅的黑白照片，朴实无华的语言风格，干净简洁的排版方式——这本书的格调无一不与现在市面上五颜六色的科普读物和媒体中嬉笑华丽的科普文章形成鲜明的对比。翻开它，仿佛让人远离了喧嚣的街道、闪烁的霓虹，置身于安静的博物馆大厅，聆听一具具动物骨架讲述着生命演化历程中的神秘与惊奇……于是，尽管被告知出版时间十分紧迫，我仍然爽快地接下了这项工作，并立刻与胡晗、王维开始着手翻译——二位长久以来都是我的良师益友，每每都能分享我对博物学和科普工作的热情与兴致，而这一次也不例外。虽然翻译的过程并不容易，尤其是对于我们这样尚在学习阶段的年轻人。但随着阅读的深入，我们越发喜爱上这本独特的书，不免想把这份喜爱之情与大家分享。

 以唯美的黑白摄影作品展现动物骨骼，本书的表现方式在当今的科普书籍中实属罕见。摄影师和科学家精心呈现出的黑白画面，使我们暂时告别了动物世界的色彩斑斓，专心致志地窥探骨骼本身的科学规律。这些骨骼虽然形态各异，却又有着千丝万缕的联系——所有的动物都源于同一个祖先，而骨骼上的每一个特征，都是演化的结果。这正是古脊椎动物学最基本的研究范式——通过研究骨骼化石的特征变化，复原远古生命的演化历程。时下，生命科学的各研究领域早已进入分子水平，而通过骨骼形态去理解演化，这种古老而经典的方式反而令人既陌生，又新颖。

 本书的文字十分简洁，一个个短小精干的演化故事读来毫不花哨。这种内敛、严谨又不失生动的文风，正是法国人常被忽略的理性一面的象征。长久以来，法国都给我们一种浪漫而充满激情的印象。但纵观历史，法国作为欧洲大陆上最早统一的国家之一，曾一度站在世界文化的巅峰，成为理性思潮的重要策源地。卢梭、德拉克洛瓦、雨果、波德莱尔、杜拉斯这些浪漫主义的作家和艺术家来自法国，而笛卡尔、费马、拉格朗日、拉瓦锡、巴斯德、居里夫妇等伟大的科学家同样来自法国。就本书涉及的领域——动物学这门古典主义的学科而言，布封、居维叶、拉马克、法布尔等都是名垂史册的一流动物学家，在人类探索生命世界的进程中留下了不可磨灭的印记。

本书在翻译过程中同时参照了法文原本和英文译本。其中，缘起、前言、绪论、第二篇、第六篇，以及附录的致谢部分由我负责；第一篇、第五篇，以及附录的脊椎动物系统发育树、总索引、动物学索引部分由胡晗负责；第三篇、第四篇，以及附录的分类、术语表、标本来源部分由王维负责。我们对文本做了必要的译注，以期提供完备的知识背景，方便读者更顺畅地理解书中的内容。在遇到难以解决的问题时，三人会进行讨论，然后将一致认为最妥当的译文呈现给大家。因此，三人排名虽有先后，实则付出了同等的时间和努力。同时，作为后学晚进，虽已尽力而为，匆忙之中，纰漏之处仍在所难免，我们真诚地希望得到读者的批评和指正。

感谢周忠和院士在百忙中为本书作序，鼓励后辈，并对本书提出许多宝贵意见。感谢中国古动物馆馆长王原研究员对本书的细心校对，并对我们的翻译工作给予支持和体谅。感谢中国古动物馆副馆长张平老师将这样一本好书交由我们三人翻译。也感谢北京美术摄影出版社的马步匀编辑在本书翻译过程中对我们的理解、信任与帮助，定稿前四人围坐一起最后修订全书、谈天论地的时光真是令人怀念。

最后，我们要把这本书献给中国古动物馆小达尔文俱乐部的小会员们。一年以来，我们三人和古动物馆的同事们共同策划、组织了许多科普活动，与"小达尔文"们一起挖化石、捕昆虫、认植物、参观博物馆。能和这些博学多才的"小达尔文"们共同学习和成长，是我们的荣幸。希望《演化》这本书可以带给你们阅读的喜悦，并在你们成为"智慧之光"的路上给予一点力量。

邢路达
中科院古脊椎所北楼
2015年10月16日

作者简介

让－巴普蒂斯特·德·帕纳菲厄（Jean－Baptiste de Panafieu, 1955—），法国海洋生物学博士，教授，科学纪录片导演、编剧。著有《动物进化奇遇》《大自然奇遇记：城市的虫子》等多部科普书籍，并被译为多种语言在世界各国出版。

摄影师简介

帕特里克·格里斯（Patrick Gries, 1959—），法国摄影师，出生于卢森堡，在比利时完成学业后，赴美国学习摄影。1992年起定居巴黎，从事当代艺术、设计，以及摄影方面的工作，并与卡地亚当代艺术基金会、凯布朗利博物馆、梵克雅宝、路易威登等机构和品牌长期合作。

译者简介

邢路达，中国古动物馆社教部主管，专业领域为旧石器时代考古学与人类演化。

胡晗，中国科学院古脊椎动物与古人类研究所博士研究生，专业领域为古鸟类演化。

王维，中国科学院古脊椎动物与古人类研究所博士研究生，专业领域为古爬行动物演化。

版权声明

Published by arrangement with Editions Xavier Barral, Paris
Original title: Evolution
Original edition © Edition Xavier Barral, Paris, 2007 and 2011
This edition © BPG Artmedia, Beijing, 2015

图书在版编目（CIP）数据

演化 ／ （法）帕纳菲厄著 ； （法）格里斯摄 ； 邢路达，胡晗，王维译. — 北京 ： 北京美术摄影出版社，2016.3
书名原文：Evolution
ISBN 978-7-80501-877-5

I. ①演… II. ①帕… ②格… ③邢… ④胡… ⑤王… III. ①物种进化—普及读物②黑白照片—摄影集—法国—现代 IV. ①Q111-49②J431

中国版本图书馆CIP数据核字（2015）第242697号

北京市版权局著作权合同登记号：01-2015-8713

责任编辑：马步匀
责任印制：彭军芳
装帧设计：杨　峰

演化
YANHUA

[法]让－巴普蒂斯特·德·帕纳菲厄（Jean－Baptiste de Panafieu）　著
[法]帕特里克·格里斯（Patrick Gries）　摄
邢路达　胡晗　王维　译

出　版　北京出版集团公司
　　　　北京美术摄影出版社
地　址　北京北三环中路6号
邮　编　100120
网　址　www.bph.com.cn
总发行　北京出版集团公司
发　行　京版北美（北京）文化艺术传媒有限公司
经　销　新华书店
印　刷　广州市番禺艺彩印刷联合有限公司
版　次　2016年3月第1版 2018年12月第3次印刷
开　本　170毫米×240毫米　1/16
印　张　26.5
字　数　220千字
书　号　ISBN 978-7-80501-877-5
定　价　298.00元
质量监督电话　010-58572393